南开大学公共数学系列教材

经济类数学分析

(下册)

(修订版)

编 著 张效成 张 阳 徐 铁

内容简介

本书是南开大学根据新世纪教学改革成果而编写的系列教材之一.全书分上、下两册,本书为下册.内容包括:空间解析几何与向量代数、多元函数微分学、重积分及级数.

与经济类传统的高等数学教材相比,本书加强了基础理论的阐述,大致相当于理科数学分析的深度.在内容上注重对学生抽象思维和逻辑上严谨论证的训练,同时也兼顾对学生数学运算能力以及运用能力的培养.

本书可作为对数学有较高要求的经济管理类专业本科生的教材,也可作为理科数学的参考教材.

图书在版编目(CIP)数据

经济类数学分析.下册/张效成,张阳,徐锬编著.
—天津:天津大学出版社,2006.1(2023.8重印)
ISBN 978-7-5618-2252-4

Ⅰ.经...　Ⅱ.①张...②张...③徐...　Ⅲ.数学分析-高等学校-教材　Ⅳ.017

中国版本图书馆CIP数据核字(2006)第001661号

出版发行　天津大学出版社
出 版 人　杨欢
地　　址　天津市卫津路92号天津大学内(邮编:300072)
电　　话　发行部:022-27403647
网　　址　publish.tju.edu.cn
印　　刷　北京虎彩文化传播有限公司
经　　销　全国各地新华书店
开　　本　169mm×239mm
印　　张　12.75
字　　数　280千
版　　次　2006年1月第1版
印　　次　2023年8月第12次
定　　价　25.00元

修订版前言

转眼之间,本书的第一版已经使用三年了.作为编者同时又是使用者,每讲授一次就会发现若干问题,有的是我们自己发现的,有的是同事们发现的,还有的是学生们发现的.随着时间的推移,问题也就渐渐地多了起来,于是就有了修订的必要.借此机会向给本书提出过意见或建议的热心读者表示衷心的感谢.

本次修订在体例上没有作大的改动,一些文字上的错误得到了纠正,一些疏漏与不足得到了完善或改进.比较明显的改进之一是将目录细化到“目”一级,这样会更便于阅读.

此外,借此机会我们想做一点补充说明.

本书是南开大学经济类专业高等数学课程改革的一项成果。自 2004 年以来,南开大学经济类各专业本科生要用第一学年的两个学期学完微积分,每周安排 4 课时的讲授和 2 课时的习题课,所用教材是我们编写的《经济类数学分析》上册和下册;要用第二学年的两个学期学完线性代数、概率论与数理统计,每周安排 4 课时的讲授;第三学年要用一个学期学完经济应用数学课程(包括微分方程、最优化和随机过程初步三部分内容),所用教材是我们编写的《经济应用数学教程》,每周 4 课时的讲授.因此,本书是为后续的数学课程打基础的.

本书修订版的出版,得到了天津大学出版社的大力支持,在此表示衷心的感谢.

修订版中存在的问题,欢迎广大专家、同行和读者批评指正.

编者于南开大学数学科学学院

2008 年 4 月

前　言

多年来,高等数学一直是南开大学非数学类专业本科生必修的校级公共基础课.由于各个学科门类的情况差异较大,该课程又形成了包含多个层次、多个类别的体系结构.层次不同,类别不同,教学目标和教学要求有所不同,课程内容的深度与宽度也有所不同,自然所使用的教材也应有所不同.

教材建设是课程建设的一个重要方面,属于基础性建设.时代在前进,教材也应适时更新而不能一劳永逸.因此,教材建设是一项持续的不可能有"句号"的工作.20世纪80年代以来,南开大学的老师们就陆续编写出版了面向物理类、经济管理类和人文类等多种高等数学教材.这些教材为当时的数学教学做出了重要贡献,也为公共数学教材建设奠定了基础,积累了经验.

21世纪是一个崭新的世纪.随着新世纪的到来,人们似乎对数学也有了一个崭新的认识:数学不仅是工具,更是一种素养,一种能力,一种文化.已故数学大师陈省身先生在其晚年为将中国建设成为数学大国乃至最终成为数学强国而殚精竭虑.他尤其对大学生们寄予厚望.他不仅关心着数学专业的学生,也以他那博大胸怀关心着非数学专业的莘莘学子.2004年他挥毫为天津市大学生数学竞赛题词,并与获奖学生合影留念.这也是老一辈数学家对我们的激励与鞭策.另一方面,近年来一大批与数学交叉的新兴学科如金融数学、生物数学等不断涌现.这也对我们的数学教育和数学教学提出了许多新要求.而作为课程基础建设的教材建设自当及时跟进.现在呈现在读者面前的便是新世纪南开大学公共数学系列教材之一——经济类数学分析(下册).

本书主要内容是空间解析几何与向量代数、多元函数微分学、重积分与级数.和以往的经济类高等数学教材相比,其突出特点是从理科数学分析的高度,对基本理论做了较为严谨的阐述,以期为学生打下比较坚实的数学理论基础,正因为此,本书被赋予了《经济类数学分析》的名称.

我们之所以要加大经济类本科生基础数学的深度主要是基于以下的考虑.众所周知,在经济学中引入数学方法已有200多年的历史.经济学各个学科领域的发展历史一次又一次地证明,数学方法是经济学中最重要的方法之一,是经济学理论取得突破性发展的重要工具.

例如对经济学影响最大的瓦尔拉斯(L. Warlas,1834—1910)的一般均衡理论,从数学角度看始终缺乏坚实的基础.这个问题经过数学家和经济学家们80年的努力才得以解决.其中包括大数学家诺伊曼(J. von Neumann,1903—1957)在20世纪30年代的研究(他提出了著名的经济增长模型),列昂惕夫(W. Leontiev,1906—1999)的研究(他因其投入产出分析获1973年诺贝尔经济学奖),还包括萨缪尔森(P. Samuelson,1915—)

和希克斯(J.R.Hicks,1904—1989)的研究(他们分获1970年和1972年诺贝尔经济学奖).而最终在1954年给出一般经济均衡存在性严格证明的是阿罗(K.J.Arrow,1921—)和德布鲁(G.Debreu,1921—).他们两人也因此先后获1972年和1983年诺贝尔经济学奖.阿罗和德布鲁都以学习数学开始他们的学术生涯.阿罗获有数学的学士和硕士学位,德布鲁则是由法国布尔巴基学派培养出来的数学家.

再来看现代金融理论的发展过程.第二次世界大战以前,金融学是经济学的一个分支.金融学研究的方法是以定性思维推理和语言描述为主.20世纪50年代初马柯维茨(H.M.Markowitz,1927—)最先把数理工具引入金融研究,提出了投资组合理论,因此被看作是现代金融学理论——分析金融学的发端.后人把马柯维茨的工作和20世纪70年代布莱克(F.Black,1938—1995)和舒尔斯(M.S.Scholes,1941—)提出的期权定价公式称为"华尔街的两次数学革命".他们也都以其具有划时代意义的工作而获得诺贝尔经济学奖.

此外,一个非常明显的事实是,诺贝尔经济学奖得主大多都具有良好的数理基础,有的原本就是杰出的数学家.

毋庸多叙,仅仅以上这些事实就告诉我们,对于经济类专业的本科生来说,良好的数学基础及其修养是多么的重要.正是基于这样一种认识,我们修订了经济类专业公共数学课程的教学大纲,并编写了这本教材.而且,为了保证学生得到一定的训练,每周除4课时讲授外,还分小班开设了习题课.

本书也可作为管理类专业本科生教材,还可作为相关教师的参考书.

本书的编写得到了南开大学"新世纪教学改革"项目"公共数学课程建设改革与实践"的资助,得到了南开大学教务处、南开大学经济学院和南开大学数学学院的大力支持和帮助.在教材编写、录入和试用过程中,南开大学数学学院薛锋老师周密细致的组织协调工作为我们提供了有力的保障.韩志欣和单国根等同学牺牲了假期录入书稿.对来自方方面面的关心、支持和帮助,我们在这里一并表示衷心感谢.

由于我们的水平有限,缺点和不足在所难免,诚望读者批评指正.

编者

2005年10月于南开园

目　录

第 7 章　空间解析几何与向量代数

本章将简要介绍空间解析几何的有关知识,以此作为研究多元函数微积分的必要准备.我们将利用向量代数这一工具来研究三维空间中的点、线、面以及其他空间图形的数学形式与相互关系.

7.1　空间直角坐标系

7.1.1　空间直角坐标系

在空间中任取一点 O 作为原点,过 O 点引三条互相垂直的空间直线 Ox,Oy 和 Oz 作为数轴,即构成空间直角坐标系,记为 $O-xyz$,如图 7.1 所示.

数轴 Ox,Oy,Oz 分别称为 x,y,z 轴,统称**坐标轴**.空间直角坐标系三个坐标轴依不同的指向可分为右手系和左手系.若右手拇指指向 z 轴正向,其他四指握拳方向由 x 轴正向转到 y 轴正向,则为**右手系**.类似地,用左手握拳可得到左手系.图 7.1 的坐标系为右手系,今后如无特别说明,均采用右手系.

由坐标轴所决定的互相垂直的三个平面统称**坐标面**,如由 x 轴和 y 轴决定的平面称为 xOy 坐标面.类似地,其他两个平面分别称为 yOz 坐标面和 xOz 坐标面.

三个坐标面把空间分为八部分,每一部分称为一个**卦限**,如图 7.2 所示依次为第 1 至第 8 卦限(坐标面是卦限的界面,不算在卦限之内).各卦限的规定见表 7.1.

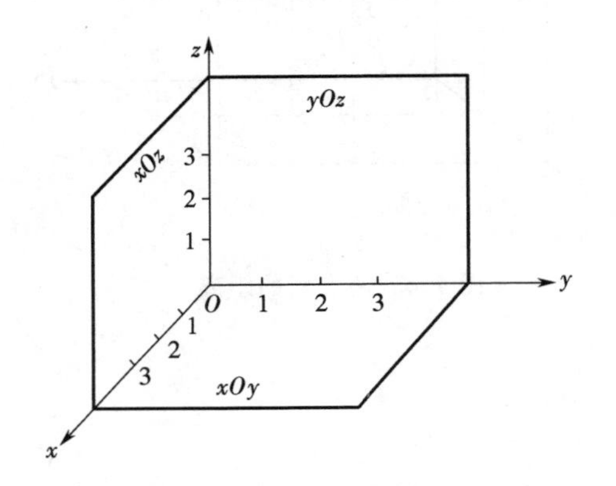

图 7.1　空间直角坐标系

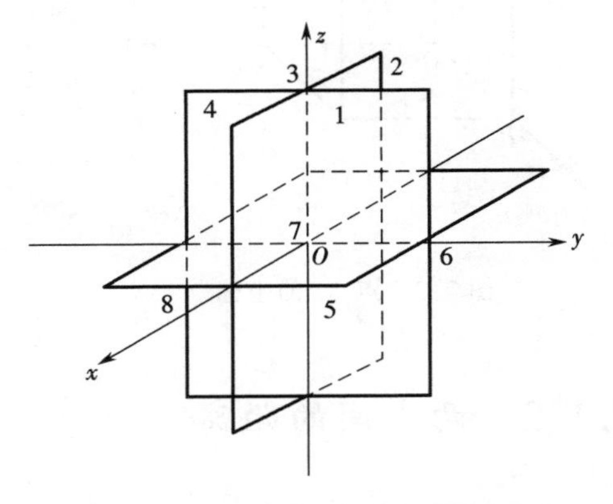

图 7.2　空间直角坐标系的 8 个卦限

表 7.1 八个卦限的规定

符号 卦限 / 坐标	1	2	3	4	5	6	7	8
x	+	−	−	+	+	−	−	+
y	+	+	−	−	+	+	−	−
z	+	+	+	+	−	−	−	−

在空间直角坐标系中，空间中任一点 M 的位置可由它关于坐标轴的相对位置唯一确定. 方法是：过点 M 分别作与三个坐标轴垂直的平面，它们与三个坐标轴的交点分别为 P、Q、R. 设 $OP=x$，$OQ=y$，$OR=z$，则称有序数组(x,y,z)为点 M 的**直角坐标**，记为 $M(x,y,z)$（见图 7.3）. x,y,z 称为点 M 的三个**坐标分量**. 这样，点 M 就与一个有序数组对应起来. 反之，任给一个有序数组(x,y,z)，我们便可以分别在三个坐标轴上得到点 P、Q、R，过此三点分别作垂直于 x、y、z 轴的平面，三个互相垂直的平面交于一点 M，点 M 就是有序数组(x,y,z)所唯一确定的点. 这样，在空间直角坐标系下，空间中的点就与三个数组成的有序数组一一对应了.

显然，原点 O 的坐标为$(0,0,0)$，各坐标轴上点的坐标分量至少有两个分量为 0，如 x 轴上点的坐标是$(x,0,0)$，各坐标面上点的坐标至少有一个分量是 0，如 xOy 平面上点的坐标是$(x,y,0)$.

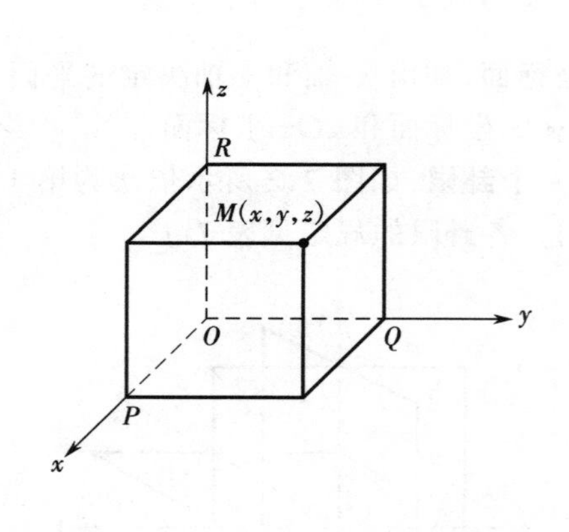

图 7.3 点 M 的坐标

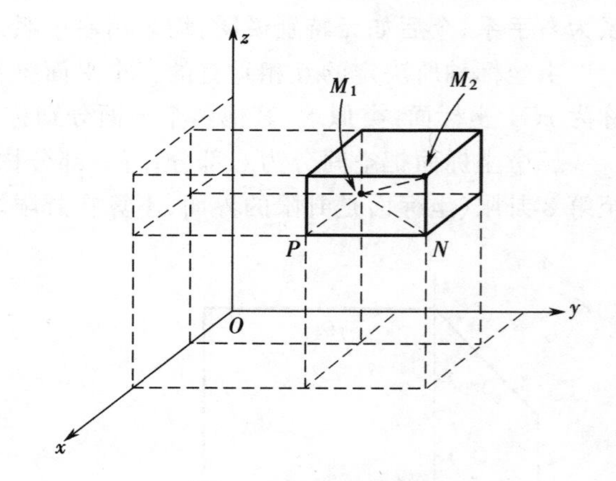

图 7.4 两点间的距离

7.1.2 两点间的距离

设 $M_1(x_1,y_1,z_1)$，$M_2(x_2,y_2,z_2)$为空间两点，我们可用两点的坐标来表示它们之间的距离 d，如图 7.4 所示. 过点 M_1，M_2分别作垂直于坐标轴的六个平面，这些平面构成以 M_1，M_2为对角线的长方体. 由立体几何知识，我们知道

$$|M_1M_2|^2=|M_1P|^2+|PN|^2+|NM_2|^2,$$

所以

$$|M_1M_2|=\sqrt{(x_2-x_1)^2+(y_2-y_1)^2+(z_2-z_1)^2}.$$

7.2　向量代数

向量是一种重要的数学工具,在科学和工程中试图运用数学方法之际,有许多量需借助它来刻画.在多元函数的讨论中,由于采用向量而可使许多概念的表述更为简单明晰.

7.2.1　向量的概念

在实际问题中,有些量只有大小,没有方向,例如时间、长度、质量、面积等.它们在取定一个单位后,可以用一个数来表示.这种量称为**数量(或标量)**.还有一些量既有大小,又有方向,例如力、速度、加速度等.这种既有大小又有方向的量称为向量(或矢量).

定义 7.2.1　既有大小又有方向的量称为**向量(或矢量)**.

向量可以用有向线段表示.有向线段的长度表示向量的大小,有向线段的方向表示向量的方向.如以 M_1 为始点,M_2 为终点的向量,记作 $\overrightarrow{M_1M_2}$(图 7.5).有时也用一个黑体字母来表示向量,例如 $\boldsymbol{a}$,$\boldsymbol{b}$.

在许多涉及向量的实际问题中,可以不考虑向量的起点位置,只考虑其大小和方向,称这样的向量为**自由向量**.下面讨论的向量,一般都指自由向量.若向量 $\boldsymbol{a}$ 与 $\boldsymbol{b}$ 的方向相同或相反,则称向量 $\boldsymbol{a}$ 与 $\boldsymbol{b}$ **平行**,记作 $\boldsymbol{a}/\!/\boldsymbol{b}$;若向量 $\boldsymbol{a}$ 与 $\boldsymbol{b}$ 大小相等且方向相同,则称向量 $\boldsymbol{a}$ 与 $\boldsymbol{b}$ **相等**,记作 $\boldsymbol{a}=\boldsymbol{b}$.也就是说,经过平行移动后能完全重合的向量是相等的.例如图 7.6,$ABCD$ 为一平行四边形,我们认为 $\overrightarrow{AB}=\overrightarrow{DC}$,$\overrightarrow{AD}=\overrightarrow{BC}$.

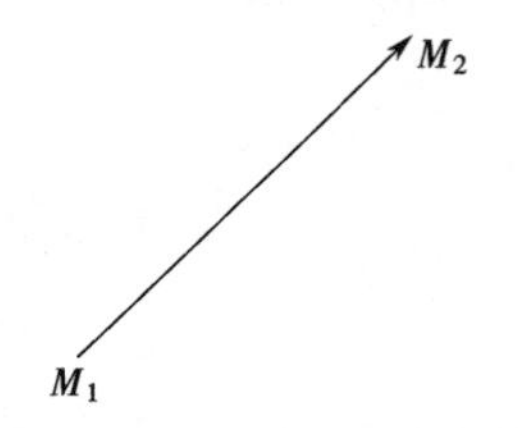

图 7.5　用有向线段表示向量

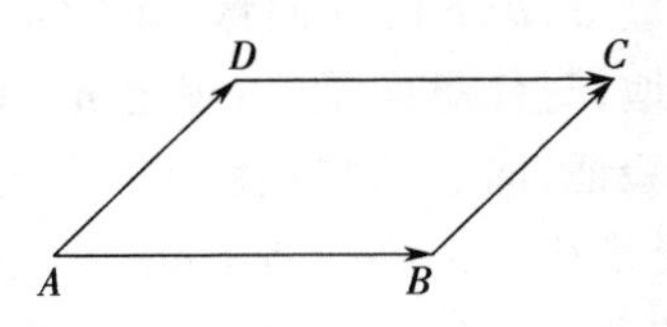

图 7.6　向量的相等

因此,一个向量在保持大小、方向都不变的条件下可以自由地平移.以后,为了方便,我们常把向量平移到同一起点来考虑.

向量的大小或长度称为向量的**模**,向量 $\overrightarrow{M_1M_2}$、$\boldsymbol{a}$ 的模依次记为 $|\overrightarrow{M_1M_2}|$ 与 $|\boldsymbol{a}|$.模等于 1 的向量称为**单位向量**.模等于零的向量称为**零向量**,记作 $\mathbf{0}$.零向量没有确定的方向,规定零向量的方向是任意的.在直角坐标系中,以坐标原点 O 为起点,向已知点

M 引向量$\overrightarrow{OM}$,则称此向量为点 M 对于原点 O 的**向径**(或**矢径**).常用黑体字母 $\boldsymbol{r}$ 表示.

设 $\boldsymbol{a}$ 为一向量,与 $\boldsymbol{a}$ 的模相等而方向相反的向量叫做 $\boldsymbol{a}$ 的**反向量**(或**负向量**),记作 $-\boldsymbol{a}$.

7.2.2 向量的线性运算

1.向量的加法

在力学中,求作用于同一质点的两个不同方向的力的合力时,常采用**平行四边形法则**或**三角形法则**进行.对于一般的向量,规定两向量的加法法则如下.

法则 1(平行四边形法则) 设有两个非零向量 $\boldsymbol{a},\boldsymbol{b}$,以 $\boldsymbol{a}=\overrightarrow{OA}$,$\boldsymbol{b}=\overrightarrow{OB}$ 为边的平行四边形 $OACB$ 的对角线所对应的向量$\overrightarrow{OC}$(图 7.7),称为向量 $\boldsymbol{a}$ 与 $\boldsymbol{b}$ 的和向量,记为 $\boldsymbol{a}+\boldsymbol{b}$.

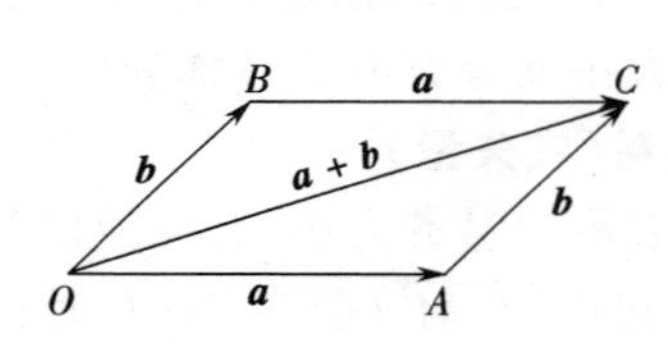

图 7.7 平行四边形法

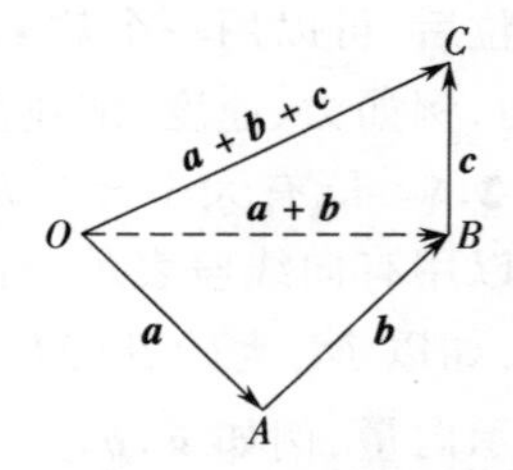

图 7.8 三个向量相加的三角形法则

从图 7.7 可得三角形法则.

法则 2(三角形法则) 以向量 $\boldsymbol{a}$ 的终点作为向量 $\boldsymbol{b}$ 的起点,则由 $\boldsymbol{a}$ 的起点到 $\boldsymbol{b}$ 的终点的向量是 $\boldsymbol{a}$ 与 $\boldsymbol{b}$ 的和向量.

向量加法的三角形法则可以推广到任意有限个向量相加的情形.在图 7.8 中$\overrightarrow{OC}$就是三个向量 $\boldsymbol{a},\boldsymbol{b},\boldsymbol{c}$ 的和向量,即$\overrightarrow{OC}=\boldsymbol{a}+\boldsymbol{b}+\boldsymbol{c}$.

特别地,对任意向量 $\boldsymbol{a}$,规定 $\boldsymbol{a}+\boldsymbol{0}=\boldsymbol{a}$.

容易验证,向量的加法满足以下运算律:

(1)交换律 $\boldsymbol{a}+\boldsymbol{b}=\boldsymbol{b}+\boldsymbol{a}$;

(2)结合律 $(\boldsymbol{a}+\boldsymbol{b})+\boldsymbol{c}=\boldsymbol{a}+(\boldsymbol{b}+\boldsymbol{c})$;

(3)$\boldsymbol{a}+(-\boldsymbol{a})=\boldsymbol{0}$.

我们看到,向量加法的运算规则与实数加法的运算规则是相同的.

2.向量的减法

向量 $\boldsymbol{a}$ 与向量 $\boldsymbol{b}$ 的反向量之和称为 $\boldsymbol{a}$ 与 $\boldsymbol{b}$ 的**差**,记作 $\boldsymbol{a}-\boldsymbol{b}$(见图 7.9),即

$$\boldsymbol{a}-\boldsymbol{b}=\boldsymbol{a}+(-\boldsymbol{b}).$$

两向量差的作图法如图 7.10 所示.为了从一向量减去另一向量,应该把它们移到共同起点,然后从减项向量的终点向被减项向量的终点引一向量,此即所求的差.

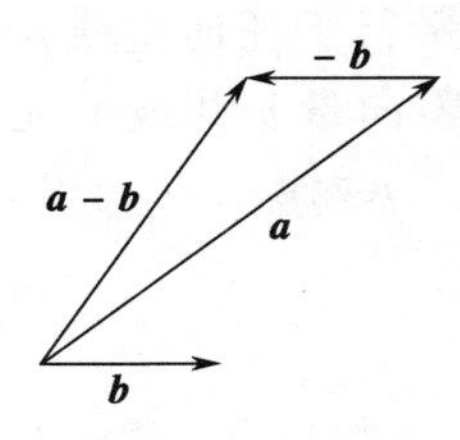

图7.9　$a-b$

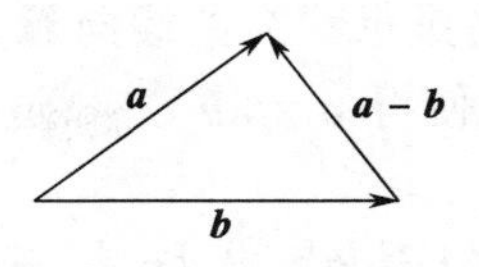

图7.10　求两向量差的作图法

任意两个向量之间,满足**三角不等式**,即有如下定理及推论.

定理7.2.1　设 $\boldsymbol{a},\boldsymbol{b}$ 为任意二向量,则 $|\boldsymbol{a}+\boldsymbol{b}|\leqslant|\boldsymbol{a}|+|\boldsymbol{b}|$.

证　若 $\boldsymbol{a}$ 与 $\boldsymbol{b}$ 同向或它们之中至少有一个零向量时,则显然有

$$|\boldsymbol{a}+\boldsymbol{b}|=|\boldsymbol{a}|+|\boldsymbol{b}|.$$

若 $\boldsymbol{a}$ 与 $\boldsymbol{b}$ 反向,则有 $|\boldsymbol{a}+\boldsymbol{b}|<|\boldsymbol{a}|+|\boldsymbol{b}|$.

若 $\boldsymbol{a}$ 与 $\boldsymbol{b}$ 不平行,则由三角形两边之和大于第三边得

$$|\boldsymbol{a}+\boldsymbol{b}|<|\boldsymbol{a}|+|\boldsymbol{b}|.$$

综上所述,得三角不等式

$$|\boldsymbol{a}+\boldsymbol{b}|\leqslant|\boldsymbol{a}|+|\boldsymbol{b}|.$$

推论1　设 $\boldsymbol{a},\boldsymbol{b}$ 为任意两向量,则 $|\boldsymbol{a}-\boldsymbol{b}|\leqslant|\boldsymbol{a}|+|\boldsymbol{b}|$.

证　$|\boldsymbol{a}-\boldsymbol{b}|=|\boldsymbol{a}+(-\boldsymbol{b})|\leqslant|\boldsymbol{a}|+|-\boldsymbol{b}|=|\boldsymbol{a}|+|\boldsymbol{b}|$.

推论2　设 $\boldsymbol{a},\boldsymbol{b}$ 为任意两向量,则

$$|\boldsymbol{a}|-|\boldsymbol{b}|\leqslant|\boldsymbol{a}+\boldsymbol{b}|,$$

$$|\boldsymbol{a}|-|\boldsymbol{b}|\leqslant|\boldsymbol{a}-\boldsymbol{b}|.$$

证　显然有

$$|\boldsymbol{a}|=|\boldsymbol{a}+\boldsymbol{b}-\boldsymbol{b}|\leqslant|\boldsymbol{a}+\boldsymbol{b}|+|\boldsymbol{b}|,$$

$$|\boldsymbol{a}|=|\boldsymbol{a}-\boldsymbol{b}+\boldsymbol{b}|\leqslant|\boldsymbol{a}-\boldsymbol{b}|+|\boldsymbol{b}|,$$

移项得证.

3.数量与向量的乘法

设 λ 是一个实数,向量 $\boldsymbol{a}$ 与 λ 的乘积(简称**数乘**),记作 $\lambda\boldsymbol{a}$.规定它为一个向量,满足:

(1) $|\lambda\boldsymbol{a}|=|\lambda||\boldsymbol{a}|$;

(2)当 $\lambda>0$ 时,$\lambda\boldsymbol{a}$ 与 $\boldsymbol{a}$ 同向;当 $\lambda<0$ 时,$\lambda\boldsymbol{a}$ 与 $\boldsymbol{a}$ 反向.若 $\lambda=0$ 或 $\boldsymbol{a}=\boldsymbol{0}$,则 $\lambda\boldsymbol{a}=\boldsymbol{0}$.

设 λ,μ 为实数,$\boldsymbol{a},\boldsymbol{b}$ 为向量,易验证向量的数乘满足以下运算律:

(1)结合律 $\lambda(\mu\boldsymbol{a})=\mu(\lambda\boldsymbol{a})=(\lambda\mu)\boldsymbol{a}$,

(2)分配律 $(\lambda+\mu)\boldsymbol{a}=\lambda\boldsymbol{a}+\mu\boldsymbol{a}$,$\lambda(\boldsymbol{a}+\boldsymbol{b})=\lambda\boldsymbol{a}+\lambda\boldsymbol{b}$.

根据向量数乘的规定,有

(1)向量 $\boldsymbol{a}$ 与 $\boldsymbol{b}$ 平行的充要条件是 $\boldsymbol{a}=\lambda\boldsymbol{b}$ 或 $\boldsymbol{b}=\mu\boldsymbol{a}$,其中 λ,μ 是常数;

(2)与非零向量 $\boldsymbol{a}$ 同方向的单位向量记为 $\boldsymbol{e}_a$,则 $|\boldsymbol{e}_a|=1$,且 $\boldsymbol{a}=|\boldsymbol{a}|\boldsymbol{e}_a$ 或 $\boldsymbol{e}_a=\dfrac{\boldsymbol{a}}{|\boldsymbol{a}|}$.

若一组向量平行于同一条直线(我们认为零向量平行于任何直线),则称它们是**共线的,这组向量也称为共线向量**.易验证向量 $\boldsymbol{a}$ 与非零向量 $\boldsymbol{b}$ 共线的充要条件是存在一个实数 λ,使得 $\boldsymbol{a}=\lambda\boldsymbol{b}$.

7.2.3 向量的坐标表示

1.向量在轴上的投影

设 $\boldsymbol{a},\boldsymbol{b}$ 为非零向量,将它们的起点都平移到某一点 O,得到向量 $\boldsymbol{a}_1,\boldsymbol{b}_1$. $\boldsymbol{a}_1,\boldsymbol{b}_1$ 所成的角(在 0 与 π 之间)称为向量 $\boldsymbol{a},\boldsymbol{b}$ 的**夹角**,记为$(\boldsymbol{a}\hat{,}\boldsymbol{b})$或$(\boldsymbol{b}\hat{,}\boldsymbol{a})$.

向量与轴的夹角就是向量与轴正向所成的角.下面给出空间一点和一向量在轴 u 上的投影.

已知空间的点 A 和轴 u,过点 A 作轴 u 的垂面 α,平面 α 与轴 u 的交点 A' 称为点 A 在轴 u 上的**投影**(图 7.11).

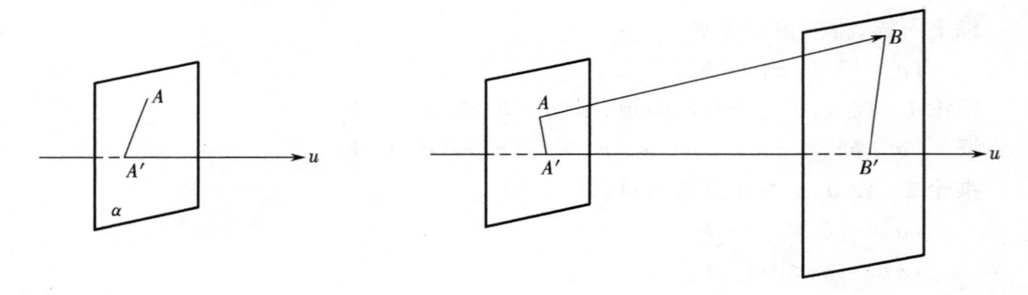

图 7.11 点在轴上的投影　　　图 7.12 向量$\overrightarrow{AB}$的起点与终点在轴上的投影

已知向量$\overrightarrow{AB}$的起点 A 和终点 B 在轴 u 上的投影分别为 A' 和 B'(图 7.12),设轴 u 的单位向量为 $\boldsymbol{e}$, $\overrightarrow{A'B'}=\lambda\boldsymbol{e}$,则数 $\lambda\triangleq A'B'$,称为向量$\overrightarrow{AB}$在轴 u 上的**投影**,记作 $\mathrm{Prj}_u\overrightarrow{AB}=A'B'$,轴 u 称为**投影轴**.

关于向量的投影,有下面两个定理.

定理 7.2.2 向量$\overrightarrow{AB}$在轴 u 上的投影等于向量的模乘以轴与向量的夹角 φ 的余弦,即

$$\mathrm{Prj}_u\overrightarrow{AB}=|\overrightarrow{AB}|\cos\varphi.$$

证 通过向量$\overrightarrow{AB}$的起点 A 引轴 u' 与轴 u 平行,且有相同正方向,则轴 u 和向量$\overrightarrow{AB}$间的夹角 φ 等于轴 u' 和$\overrightarrow{AB}$间的夹角,且有

$$\mathrm{Prj}_u\overrightarrow{AB}=\mathrm{Prj}_{u'}\overrightarrow{AB}.$$

由图 7.13 知

$$\mathrm{Prj}_{u'}\overrightarrow{AB}=AB''=|\overrightarrow{AB}|\cos\varphi,$$

所以

$$\mathrm{Prj}_u\overrightarrow{AB}=|\overrightarrow{AB}|\cos\varphi.$$

当 φ 为锐角时，投影为正；当 φ 为钝角时，投影为负；当 φ 为直角时，投影为 0.

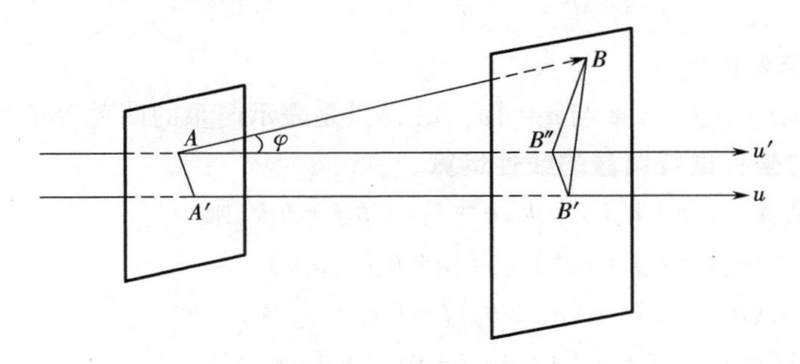

图 7.13　定理 7.2.2 图

容易得出，相等的向量在同一轴上的投影相等. 读者不难推证下面定理.

定理 7.2.3　有限个向量的和向量在轴 u 上的投影等于各向量在轴 u 上投影的和，即

$$\mathrm{Prj}_u(\boldsymbol{a}_1+\boldsymbol{a}_2+\cdots+\boldsymbol{a}_n)=\mathrm{Prj}_u\boldsymbol{a}_1+\mathrm{Prj}_u\boldsymbol{a}_2+\cdots+\mathrm{Prj}_u\boldsymbol{a}_n.$$

2. 向量的坐标表示

前面已经用几何的方法表示向量，并对向量进行运算. 但是更深入地研究向量以及用向量解决实际问题，还需借助代数的方法. 为此，引入向量的坐标概念，即用一个有序数组来表示向量，并用向量的坐标进行向量的运算.

在空间直角坐标系中，以原点为始点，终点为(1,0,0)，(0,1,0)，(0,0,1)的三个单位向量称为**基本单位向量或坐标向量**，分别记为 $\boldsymbol{i},\boldsymbol{j},\boldsymbol{k}$.

设 $\boldsymbol{a}$ 为空间任一向量. 将它平移，使其起点在坐标原点 O，终点在点 $M(a_x,a_y,a_z)$，即 $\boldsymbol{a}=\overrightarrow{OM}$，如图 7.14 所示. 点 M 在 x 轴、y 轴、z 轴上的投影依次为 $A(a_x,0,0)$，$B(0,a_y,0)$，$C(0,0,a_z)$，根据向量的加法，有

$$\boldsymbol{a}=\overrightarrow{OM}=\overrightarrow{OA}+\overrightarrow{AN}+\overrightarrow{NM}=\overrightarrow{OA}+\overrightarrow{OB}+\overrightarrow{OC}.$$

由向量的数乘运算可知

$$\overrightarrow{OA}=a_x\boldsymbol{i},\overrightarrow{OB}=a_y\boldsymbol{j},\overrightarrow{OC}=a_z\boldsymbol{k}.$$

于是

$$\boldsymbol{a}=\overrightarrow{OM}=a_x\boldsymbol{i}+a_y\boldsymbol{j}+a_z\boldsymbol{k}.$$

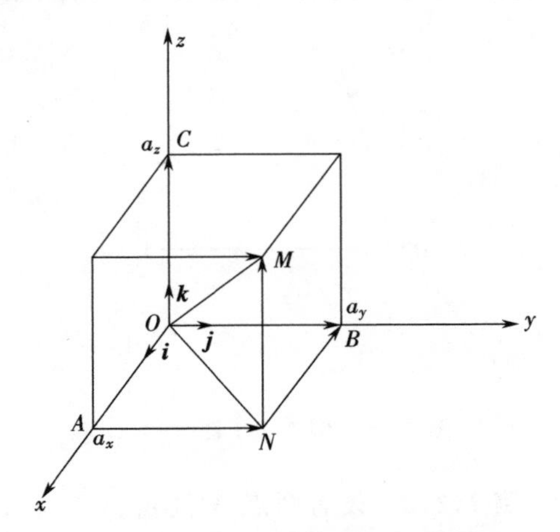

图 7.14　点 M 在坐标轴上的投影

上式称为向量 $\boldsymbol{a}$ 按基本单位向量的分解式，其中 a_x,a_y,a_z 是向量 $\boldsymbol{a}$ 分别在 x 轴、y 轴、z 轴上的投影.

定义 7.2.2　设向量 $\boldsymbol{a}$ 在 x 轴、y 轴、z 轴上的投影分别为 a_x,a_y,a_z，称表达式

$$\boldsymbol{a}=a_x\boldsymbol{i}+a_y\boldsymbol{j}+a_z\boldsymbol{k}$$

为向量 $\boldsymbol{a}$ 按基本单位向量的**分解式**,称 a_x,a_y,a_z 为向量 $\boldsymbol{a}$ 的**坐标**,并称表达式

$$\boldsymbol{a}=\{a_x,a_y,a_z\}$$

为向量 $\boldsymbol{a}$ 的**坐标表达式**.

显然,$\boldsymbol{a}=a_x\boldsymbol{i}+a_y\boldsymbol{j}+a_z\boldsymbol{k}$ 与 $\boldsymbol{a}=\{a_x,a_y,a_z\}$ 是表示向量的两种等价的形式.

3.用向量的坐标进行向量的线性运算

设有二向量 $\boldsymbol{a}=a_x\boldsymbol{i}+a_y\boldsymbol{j}+a_z\boldsymbol{k}$,$\boldsymbol{b}=b_x\boldsymbol{i}+b_y\boldsymbol{j}+b_z\boldsymbol{k}$,则

$$\begin{aligned}\boldsymbol{a}\pm\boldsymbol{b}&=(a_x\boldsymbol{i}+a_y\boldsymbol{j}+a_z\boldsymbol{k})\pm(b_x\boldsymbol{i}+b_y\boldsymbol{j}+b_z\boldsymbol{k})\\&=(a_x\pm b_x)\boldsymbol{i}+(a_y\pm b_y)\boldsymbol{j}+(a_z\pm b_z)\boldsymbol{k},\\\lambda\boldsymbol{a}&=\lambda(a_x\boldsymbol{i}+a_y\boldsymbol{j}+a_z\boldsymbol{k})=\lambda a_x\boldsymbol{i}+\lambda a_y\boldsymbol{j}+\lambda a_z\boldsymbol{k},\end{aligned}$$

即

$$\{a_x,a_y,a_z\}\pm\{b_x,b_y,b_z\}=\{a_x\pm b_x,a_y\pm b_y,a_z\pm b_z\},$$
$$\lambda\{a_x,a_y,a_z\}=\{\lambda a_x,\lambda a_y,\lambda a_z\},$$

其中 λ 为常数.

以上就是利用坐标进行向量线性运算的公式.它们说明:向量的加、减运算及数乘运算可以化为它们相应坐标的运算.

例 7.2.1 设有两点 $A(x_1,y_1,z_1)$,$B(x_2,y_2,z_2)$,求向量 $\overrightarrow{AB}$ 的坐标.

解 做向量 $\overrightarrow{OA}$,$\overrightarrow{OB}$,$\overrightarrow{AB}$,则

$$\begin{aligned}\overrightarrow{AB}=\overrightarrow{OB}-\overrightarrow{OA}&=\{x_2,y_2,z_2\}-\{x_1,y_1,z_1\}\\&=\{x_2-x_1,y_2-y_1,z_2-z_1\},\end{aligned}$$

即起点不在原点的向量的坐标等于终点坐标减去起点坐标(图 7.15).

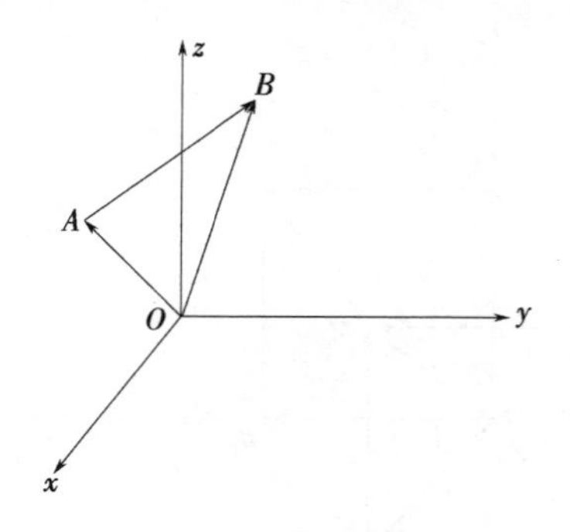

图 7.15 例 7.2.1 图

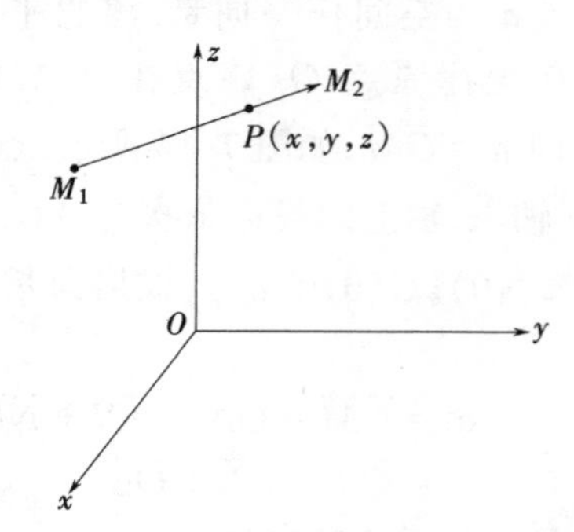

图 7.16 例 7.2.2 图

例 7.2.2 设有两点 $M_1(x_1,y_1,z_1)$,$M_2(x_2,y_2,z_2)$,点 P 分线段 M_1M_2 成定比 λ,求证分点 P 的坐标为

$$x=\frac{x_1+\lambda x_2}{1+\lambda},y=\frac{y_1+\lambda y_2}{1+\lambda},z=\frac{z_1+\lambda z_2}{1+\lambda}.$$

证 由图 7.16 知 $\overrightarrow{M_1P}=\lambda\overrightarrow{PM_2}$,即

$$\{x-x_1,y-y_1,z-z_1\}=\lambda\{x_2-x,y_2-y,z_2-z\},$$

从而

$$x-x_1=\lambda(x_2-x),$$
$$y-y_1=\lambda(y_2-y),$$
$$z-z_1=\lambda(z_2-z),$$

从中解出 x,y,z 即可.

前面 7.2.2 中给出的向量 $\boldsymbol{a}$ 与非零向量 $\boldsymbol{b}$ 共线的充要条件 $\boldsymbol{a}=\lambda\boldsymbol{b}$,也可用坐标形式表示.设 $\boldsymbol{a}=\{a_x,a_y,a_z\}$,$\boldsymbol{b}=\{b_x,b_y,b_z\}\neq\{0,0,0\}$,则 $\boldsymbol{a}=\lambda\boldsymbol{b}$,即

$$\{a_x,a_y,a_z\}=\lambda\{b_x,b_y,b_z\}=\{\lambda b_x,\lambda b_y,\lambda b_z\},$$

从而

$$a_x=\lambda b_x,a_y=\lambda b_y,a_z=\lambda b_z,$$

或写成

$$\frac{a_x}{b_x}=\frac{a_y}{b_y}=\frac{a_z}{b_z}(=\lambda),$$

即两向量 $\boldsymbol{a}$ 与 $\boldsymbol{b}(\neq\boldsymbol{0})$共线的充要条件是它们的对应坐标成比例.

应当指出,上式中若某一分母为 0,则应认为相应分子也是 0.但由于 $\boldsymbol{b}\neq\boldsymbol{0}$,因此 b_x,b_y,b_z不会同时为 0.

4.向量的模与方向余弦的坐标表示

确定一个向量,需要知道它的大小(即模)和方向,怎样用坐标来表示这两个要素呢?

定理 7.2.4　设有向量 $\boldsymbol{a}=\{a_x,a_y,a_z\}$,则它的模为

$$|\boldsymbol{a}|=\sqrt{a_x^2+a_y^2+a_z^2}.$$

证　把 $\boldsymbol{a}$ 的起点平移到坐标原点,设它的终点为 A(如图 7.17),则由两点间距离公式知

$$|\boldsymbol{a}|=|OA|=\sqrt{a_x^2+a_y^2+a_z^2}.$$

为了确定向量的方向,我们先给出以下定义.

定义 7.2.3　非零向量 $\boldsymbol{a}$ 与坐标轴正向 $\boldsymbol{i},\boldsymbol{j},\boldsymbol{k}$ 的夹角 α,β,γ 称为向量 $\boldsymbol{a}$ 的**方向角**.$\cos\alpha,\cos\beta,\cos\gamma$ 称为向量 $\boldsymbol{a}$ 的**方向余弦**.

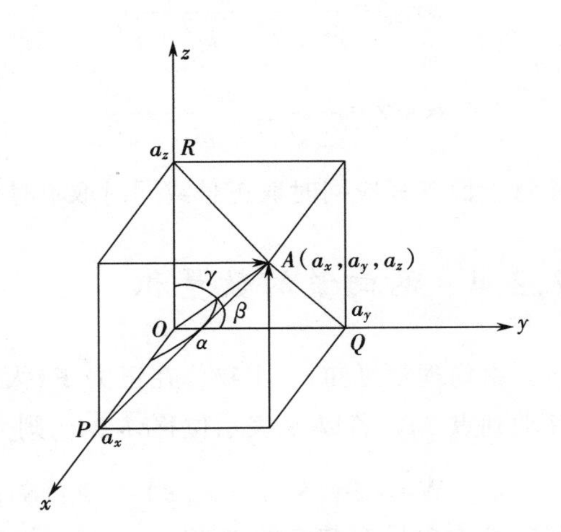

图 7.17　向量的模与方向余弦

方向角 α,β,γ 确定后,向量 $\boldsymbol{a}$ 的方向就确定了.但用坐标来表示方向角却比较麻烦.考虑到方向余弦可唯一确定方向角,并且用坐标来表示方向余弦比较方便,因此我们用方向余弦来确定向量的方向.

由图 7.17,因为$\triangle OPA$,$\triangle OQA$,$\triangle ORA$ 都是直角三角形,所以

$$\begin{cases}\cos\alpha=\dfrac{a_x}{|\boldsymbol{a}|}=\dfrac{a_x}{\sqrt{a_x^2+a_y^2+a_z^2}},\\ \cos\beta=\dfrac{a_y}{|\boldsymbol{a}|}=\dfrac{a_y}{\sqrt{a_x^2+a_y^2+a_z^2}},\\ \cos\gamma=\dfrac{a_z}{|\boldsymbol{a}|}=\dfrac{a_z}{\sqrt{a_x^2+a_y^2+a_z^2}},\end{cases}$$

此即向量方向余弦的坐标表达式.由此易得出方向余弦所满足的关系式

$$\cos^2\alpha+\cos^2\beta+\cos^2\gamma=1.$$

例 7.2.3 已知点 $A(1,2,3)$,$B(2,1,-1)$,求向量$\overrightarrow{AB}$的模及方向余弦.

解 $\overrightarrow{AB}=\{2-1,1-2,-1-3\}=\{1,-1,-4\}$,

$$|\overrightarrow{AB}|=\sqrt{1^2+(-1)^2+(-4)^2}=3\sqrt{2},$$

$$\cos\alpha=\frac{1}{3\sqrt{2}}=\frac{\sqrt{2}}{6},\cos\beta=-\frac{\sqrt{2}}{6},\cos\gamma=-\frac{2\sqrt{2}}{3}.$$

与某向量的方向余弦成比例的一组实数 l,m,n,即

$$\frac{l}{\cos\alpha}=\frac{m}{\cos\beta}=\frac{n}{\cos\gamma}$$

叫做该向量的**方向数**.

若已知某向量的一组方向数 l,m,n,则可求出该向量的方向余弦

$$\cos\alpha=\frac{l}{\pm\sqrt{l^2+m^2+n^2}},$$

$$\cos\beta=\frac{m}{\pm\sqrt{l^2+m^2+n^2}},$$

$$\cos\gamma=\frac{n}{\pm\sqrt{l^2+m^2+n^2}}.$$

注意上面三式应同时取正号或同时取负号.请读者自己证明.

7.2.4 两向量的数量积

由物理学可知,一个物体在恒力 $\boldsymbol{F}$(大小和方向均不变)的作用下沿直线从点 M_1 移动到点 M_2,若以 $\boldsymbol{S}$ 表示位移$\overrightarrow{M_1M_2}$,则力 $\boldsymbol{F}$ 所做的功为

$$W=|\boldsymbol{F}||\boldsymbol{S}|\cos(\boldsymbol{F},\hat{}\,\boldsymbol{S})=|\boldsymbol{F}||\boldsymbol{S}|\cos\theta,$$

其中 θ 为向量 $\boldsymbol{F}$ 与 $\boldsymbol{S}$ 的夹角.

以此为实际背景,我们引进两个向量的数量积.

定义 7.2.4 向量 $\boldsymbol{a}$,$\boldsymbol{b}$ 的模及它们的夹角的余弦的乘积称为向量 $\boldsymbol{a}$ 与 $\boldsymbol{b}$ 的**数量积**,记作 $\boldsymbol{a}\cdot\boldsymbol{b}$,即

$$\boldsymbol{a}\cdot\boldsymbol{b}=|\boldsymbol{a}||\boldsymbol{b}|\cos(\boldsymbol{a}\hat{,}\boldsymbol{b}).$$

数量积的记号中用一点“·”表示乘积,因此向量间的数量积也叫做向量间的**点积**或**内积**.

前面讲的功 W 就是 $\boldsymbol{F}$ 与位移 $\boldsymbol{S}$ 的数量积,即

$$W=\boldsymbol{F}\cdot\boldsymbol{S}.$$

对任意向量 $\boldsymbol{a}$,由于 $\boldsymbol{a}\cdot\boldsymbol{a}=|\boldsymbol{a}|^2$,因此通常记 $\boldsymbol{a}\cdot\boldsymbol{a}=\boldsymbol{a}^2$.

由数量积的定义可得

$$\boldsymbol{i}^2=\boldsymbol{j}^2=\boldsymbol{k}^2=1,\boldsymbol{i}\cdot\boldsymbol{j}=\boldsymbol{j}\cdot\boldsymbol{k}=\boldsymbol{k}\cdot\boldsymbol{i}=0.$$

向量的数量积满足以下运算律:

(1)交换律　$\boldsymbol{a}\cdot\boldsymbol{b}=\boldsymbol{b}\cdot\boldsymbol{a}$;

(2)分配律　$(\boldsymbol{a}+\boldsymbol{b})\cdot\boldsymbol{c}=\boldsymbol{a}\cdot\boldsymbol{c}+\boldsymbol{b}\cdot\boldsymbol{c}$;

(3)与数乘的结合律　$(\lambda\boldsymbol{a})\cdot\boldsymbol{b}=\lambda(\boldsymbol{a}\cdot\boldsymbol{b})=\boldsymbol{a}\cdot(\lambda\boldsymbol{b})$($\lambda$ 为常数).

由投影的表达式 $\mathrm{Prj}_{\boldsymbol{a}}\boldsymbol{b}=|\boldsymbol{b}|\cos(\boldsymbol{a}\hat{,}\boldsymbol{b})$,

故　$\boldsymbol{a}\cdot\boldsymbol{b}=|\boldsymbol{a}|\mathrm{Prj}_{\boldsymbol{a}}\boldsymbol{b}(\boldsymbol{a}\neq\boldsymbol{0})$,

或　$\boldsymbol{a}\cdot\boldsymbol{b}=|\boldsymbol{b}|\mathrm{Prj}_{\boldsymbol{b}}\boldsymbol{a}(\boldsymbol{b}\neq\boldsymbol{0})$,

即两向量的点积等于一向量的模乘以另一向量在这向量(设它是非零向量)上的投影.

规定零向量与任何向量垂直.不难求出:两向量 $\boldsymbol{a},\boldsymbol{b}$ 垂直,即 $\boldsymbol{a}\perp\boldsymbol{b}\Leftrightarrow\boldsymbol{a}\cdot\boldsymbol{b}=0$.

下面给出数量积的坐标表达式.

设 $\boldsymbol{a}=a_x\boldsymbol{i}+a_y\boldsymbol{j}+a_z\boldsymbol{k},\boldsymbol{b}=b_x\boldsymbol{i}+b_y\boldsymbol{j}+b_z\boldsymbol{k}$,则由数量积的运算规律可得

$$\begin{aligned}\boldsymbol{a}\cdot\boldsymbol{b}&=(a_x\boldsymbol{i}+a_y\boldsymbol{j}+a_z\boldsymbol{k})\cdot(b_x\boldsymbol{i}+b_y\boldsymbol{j}+b_z\boldsymbol{k})\\&=a_x\boldsymbol{i}\cdot(b_x\boldsymbol{i}+b_y\boldsymbol{j}+b_z\boldsymbol{k})+a_y\boldsymbol{j}\cdot(b_x\boldsymbol{i}+b_y\boldsymbol{j}+b_z\boldsymbol{k})+a_z\boldsymbol{k}\cdot(b_x\boldsymbol{i}+b_y\boldsymbol{j}+b_z\boldsymbol{k})\\&=a_xb_x+a_yb_y+a_zb_z,\end{aligned}$$

即两个向量的数量积等于它们对应坐标乘积之和.

由于 $\boldsymbol{a}\cdot\boldsymbol{b}=|\boldsymbol{a}||\boldsymbol{b}|\cos(\boldsymbol{a}\hat{,}\boldsymbol{b})$,当 $\boldsymbol{a},\boldsymbol{b}$ 均为非零向量时,可得两向量夹角的余弦的坐标表示式

$$\cos(\boldsymbol{a}\hat{,}\boldsymbol{b})=\frac{\boldsymbol{a}\cdot\boldsymbol{b}}{|\boldsymbol{a}|\cdot|\boldsymbol{b}|}=\frac{a_xb_x+a_yb_y+a_zb_z}{\sqrt{a_x^2+a_y^2+a_z^2}\cdot\sqrt{b_x^2+b_y^2+b_z^2}}.$$

由此,两向量相互垂直的充要条件是

$$\boldsymbol{a}\cdot\boldsymbol{b}=a_xb_x+a_yb_y+a_zb_z=0.$$

例 7.2.4　已知三点 $A(1,1,1),B(2,2,1),C(2,1,2)$,求 $\overrightarrow{AB}$ 与 $\overrightarrow{AC}$ 的夹角 θ.

解　从已知得,$\overrightarrow{AB}=\{1,1,0\},\overrightarrow{AC}=\{1,0,1\}$,

于是　$\cos\theta=\dfrac{\overrightarrow{AB}\cdot\overrightarrow{AC}}{|\overrightarrow{AB}|\cdot|\overrightarrow{AC}|}=\dfrac{1}{2}$,

从而 $\theta=\dfrac{\pi}{3}$.

例 7.2.5 已知向量 $\boldsymbol{a},\boldsymbol{b}$ 的模 $|\boldsymbol{a}|=2$，$|\boldsymbol{b}|=1$ 和它们的夹角 $(\widehat{\boldsymbol{a},\boldsymbol{b}})=\dfrac{\pi}{3}$，求向量 $\boldsymbol{A}=2\boldsymbol{a}+3\boldsymbol{b}$ 与向量 $\boldsymbol{B}=3\boldsymbol{a}-\boldsymbol{b}$ 的夹角.

解 因 $\cos(\widehat{\boldsymbol{A},\boldsymbol{B}})=\dfrac{\boldsymbol{A}\cdot\boldsymbol{B}}{|\boldsymbol{A}|\cdot|\boldsymbol{B}|}$，

$$\begin{aligned}\boldsymbol{A}\cdot\boldsymbol{B}&=(2\boldsymbol{a}+3\boldsymbol{b})\cdot(3\boldsymbol{a}-\boldsymbol{b})\\&=6(\boldsymbol{a}\cdot\boldsymbol{a})-2(\boldsymbol{a}\cdot\boldsymbol{b})+9(\boldsymbol{b}\cdot\boldsymbol{a})-3(\boldsymbol{b}\cdot\boldsymbol{b})\\&=6|\boldsymbol{a}|^2+7(\boldsymbol{a}\cdot\boldsymbol{b})-3|\boldsymbol{b}|^2\\&=6\times2^2+7\times2\times1\times\cos\frac{\pi}{3}-3\times1^2=28.\end{aligned}$$

同理 $\boldsymbol{A}\cdot\boldsymbol{A}=37$，故 $|\boldsymbol{A}|=\sqrt{37}$，$\boldsymbol{B}\cdot\boldsymbol{B}=31$，故 $|\boldsymbol{B}|=\sqrt{31}$，因此

$$\cos(\widehat{\boldsymbol{A},\boldsymbol{B}})=\frac{28}{\sqrt{37}\cdot\sqrt{31}}\approx0.8,\quad(\widehat{\boldsymbol{A},\boldsymbol{B}})\approx35^\circ.$$

例 7.2.6 设有 $\triangle ABC$，三边长分别为 a,b,c（图 7.18），求证余弦定理

$$c^2=a^2+b^2-2ab\cos\theta.$$

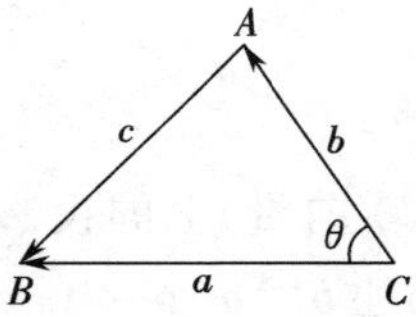

图 7.18 例 7.2.6 图

证

$$\begin{aligned}c^2&=\overrightarrow{AB}\cdot\overrightarrow{AB}=(\overrightarrow{CB}-\overrightarrow{CA})\cdot(\overrightarrow{CB}-\overrightarrow{CA})\\&=\overrightarrow{CB}\cdot\overrightarrow{CB}+\overrightarrow{CA}\cdot\overrightarrow{CA}-2\,\overrightarrow{CB}\cdot\overrightarrow{CA}\\&=a^2+b^2-2ab\cos\theta,\end{aligned}$$

其中 $\theta=(\widehat{\overrightarrow{CB},\overrightarrow{CA}})$，于是余弦定理得证.

我们看到，这里利用向量工具证明余弦定理，比中学三角里的方法来得简单.

7.2.5 两向量的向量积

在力学中，我们学过力矩的概念. 设有一根短棍，其一端 O 固定，另一端 A 受到力 $\boldsymbol{F}$ 的作用. OA 便绕点 O 转动（图 7.19）. 这时，力 $\boldsymbol{F}$ 对点 O 的力矩是一个向量，记作 $\boldsymbol{M}$. 它的模等于以 $\overrightarrow{OA}$ 及 $\boldsymbol{F}$ 为两边的平行四边形的面积，即

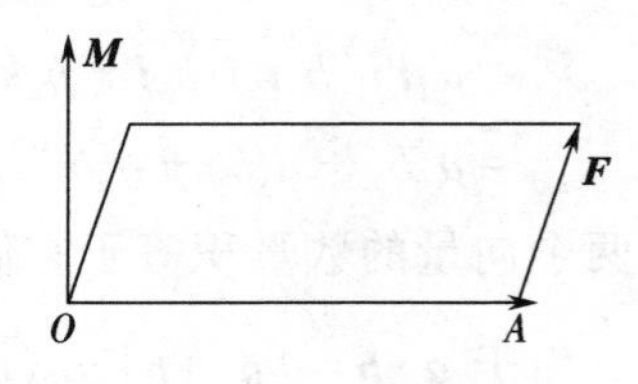

图 7.19 力 $\boldsymbol{F}$ 对点 O 的力矩

$$M=|\overrightarrow{OA}|\cdot|\boldsymbol{F}|\sin(\widehat{\overrightarrow{OA},\boldsymbol{F}}),$$

其方向垂直于 $\overrightarrow{OA}$ 及 $\boldsymbol{F}$，且当右手自 $\overrightarrow{OA}$ 至 $\boldsymbol{F}$ 的方向握住拳时，大拇指伸开的方向就是 $\boldsymbol{M}$ 的方向，即 $\overrightarrow{OA},\boldsymbol{F},\boldsymbol{M}$ 成右手系.

像力矩这样由两个向量确定另一个向量的情况，在其他物理现象中也常遇到，于是把它抽象出来，得到二向量向量积的概念.

定义 7.2.5 两个向量 $\boldsymbol{a}$ 与 $\boldsymbol{b}$ 的**向量积**（也称为**叉积**或**外积**）是一个向量，记作 $\boldsymbol{a}\times\boldsymbol{b}$，它的模为

$$|\boldsymbol{a}\times\boldsymbol{b}|=|\boldsymbol{a}||\boldsymbol{b}|\sin(\widehat{\boldsymbol{a},\boldsymbol{b}}),$$

数值上等于以 $\boldsymbol{a},\boldsymbol{b}$ 为两边的平行四边形的面积,它的方向垂直于 $\boldsymbol{a}$ 与 $\boldsymbol{b}$,且 $\boldsymbol{a},\boldsymbol{b}$ 与 $\boldsymbol{a}\times\boldsymbol{b}$ 成右手系.

若 $\boldsymbol{a}=\boldsymbol{0}$ 或 $\boldsymbol{b}=\boldsymbol{0}$,则规定 $\boldsymbol{a}\times\boldsymbol{b}=\boldsymbol{0}$.

由向量积的定义知,上述力矩 $\boldsymbol{M}=\overrightarrow{OA}\times\boldsymbol{F}$.

注　所谓三向量 $\boldsymbol{a},\boldsymbol{b},\boldsymbol{c}$ 成右手法则,是指将它们放置在同一个起点,把右手的拇指顺着 $\boldsymbol{a}$ 的方向,食指顺着 $\boldsymbol{b}$ 的方向,则 $\boldsymbol{c}$ 顺着中指的方向(图 7.20).这样顺序的三个有序向量组 $\boldsymbol{a},\boldsymbol{b},\boldsymbol{c}$ 称为右手系.

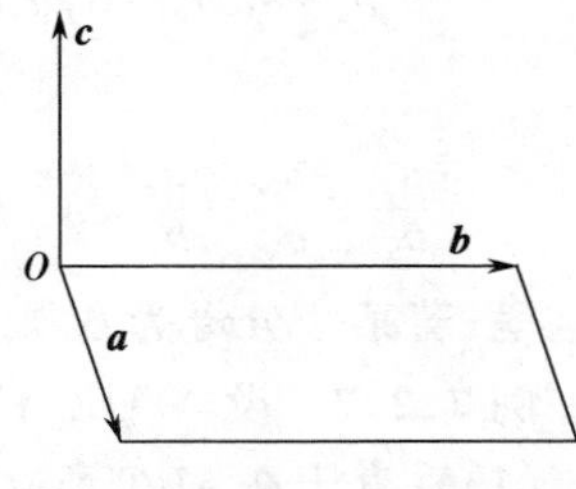

图 7.20　三向量的右手法则

由向量积的定义可得:

(1) $\boldsymbol{a}\times\boldsymbol{a}=\boldsymbol{0}$($\boldsymbol{a}$ 为任一向量);

(2) $\boldsymbol{i}\times\boldsymbol{j}=\boldsymbol{k},\boldsymbol{j}\times\boldsymbol{k}=\boldsymbol{i},\boldsymbol{k}\times\boldsymbol{i}=\boldsymbol{j}$,这里的 $\boldsymbol{i},\boldsymbol{j},\boldsymbol{k}$ 是空间直角坐标系的三个基本向量;

(3) 两非零向量 $\boldsymbol{a},\boldsymbol{b}$ 平行,即 $\boldsymbol{a}/\!/\boldsymbol{b}\Leftrightarrow\boldsymbol{a}\times\boldsymbol{b}=\boldsymbol{0}$.

由于零向量的方向是任意的,可认为它与任意向量平行,故任意两向量 $\boldsymbol{a}/\!/\boldsymbol{b}\Leftrightarrow\boldsymbol{a}\times\boldsymbol{b}=\boldsymbol{0}$.

同时,两个向量的向量积具有下列运算律:

(1) 反交换律　$\boldsymbol{b}\times\boldsymbol{a}=-\boldsymbol{a}\times\boldsymbol{b}$;

(2) 与数乘的结合律　$(\lambda\boldsymbol{a})\times\boldsymbol{b}=\boldsymbol{a}\times(\lambda\boldsymbol{b})=\lambda(\boldsymbol{a}\times\boldsymbol{b})$;

(3) 对加法的分配律　$(\boldsymbol{a}+\boldsymbol{b})\times\boldsymbol{c}=\boldsymbol{a}\times\boldsymbol{c}+\boldsymbol{b}\times\boldsymbol{c}$.

关于这些性质的证明,请读者作为练习自己完成.

下面用向量的坐标表示向量积.

设 $\boldsymbol{a}=a_x\boldsymbol{i}+a_y\boldsymbol{j}+a_z\boldsymbol{k},\boldsymbol{b}=b_x\boldsymbol{i}+b_y\boldsymbol{j}+b_z\boldsymbol{k}$,根据向量积的运算律,有

$$
\begin{aligned}
\boldsymbol{a}\times\boldsymbol{b}&=(a_x\boldsymbol{i}+a_y\boldsymbol{j}+a_z\boldsymbol{k})\times(b_x\boldsymbol{i}+b_y\boldsymbol{j}+b_z\boldsymbol{k})\\
&=a_x\boldsymbol{i}\times(b_x\boldsymbol{i}+b_y\boldsymbol{j}+b_z\boldsymbol{k})+a_y\boldsymbol{j}\times(b_x\boldsymbol{i}+b_y\boldsymbol{j}+b_z\boldsymbol{k})+a_z\boldsymbol{k}\times(b_x\boldsymbol{i}+b_y\boldsymbol{j}+b_z\boldsymbol{k})\\
&=(a_yb_z-a_zb_y)\boldsymbol{i}-(a_xb_z-a_zb_x)\boldsymbol{j}+(a_xb_y-a_yb_x)\boldsymbol{k}\\
&=\begin{vmatrix}a_y&a_z\\b_y&b_z\end{vmatrix}\boldsymbol{i}+\begin{vmatrix}a_z&a_x\\b_z&b_x\end{vmatrix}\boldsymbol{j}+\begin{vmatrix}a_x&a_y\\b_x&b_y\end{vmatrix}\boldsymbol{k}.
\end{aligned}
$$

为了便于记忆,把上式的结果仿照三阶行列式表示,并形式上按三阶行列式计算,即

$$
\boldsymbol{a}\times\boldsymbol{b}=\begin{vmatrix}\boldsymbol{i}&\boldsymbol{j}&\boldsymbol{k}\\a_x&a_y&a_z\\b_x&b_y&b_z\end{vmatrix},
$$

这样,因

$$
\boldsymbol{b}\times\boldsymbol{a}=\begin{vmatrix}\boldsymbol{i}&\boldsymbol{j}&\boldsymbol{k}\\b_x&b_y&b_z\\a_x&a_y&a_z\end{vmatrix},
$$

从行列式交换两行位置其值反号的性质,使向量积的反交换律得到了"证明",而且可得非零向量 $\boldsymbol{a}$ 与 $\boldsymbol{b}$ 平行的充要条件 $\boldsymbol{a}\times\boldsymbol{b}=\boldsymbol{0}$ 可表为

$$a_y b_z - a_z b_y = 0, a_x b_z - a_z b_x = 0, a_x b_y - a_y b_x = 0,$$

或

$$\frac{a_x}{b_x}=\frac{a_y}{b_y}=\frac{a_z}{b_z}.$$

在这里,若某个分母为0,则规定相应分子为0.

例 7.2.7 设$\triangle ABC$ 的顶点为$A(1,-2,1)$,$B(3,-4,2)$,$C(-1,-1,-1)$,求:

(1)垂直于$\triangle ABC$ 所在平面的单位向量;

(2)$\triangle ABC$ 的面积.

解 (1)显然$\overrightarrow{AB}\times\overrightarrow{AC}$垂直于$\triangle ABC$ 所在平面,若记之为 $\boldsymbol{n}$,则

$$\boldsymbol{n}=\{2,-2,1\}\times\{-2,1,-2\}$$

$$=\begin{vmatrix} \boldsymbol{i} & \boldsymbol{j} & \boldsymbol{k} \\ 2 & -2 & 1 \\ -2 & 1 & -2 \end{vmatrix}=3\boldsymbol{i}+2\boldsymbol{j}-2\boldsymbol{k}.$$

这样可得所求的两个单位向量为

$$\pm\boldsymbol{e}_{\boldsymbol{n}}=\pm\frac{\boldsymbol{n}}{|\boldsymbol{n}|}=\pm\frac{1}{\sqrt{17}}\{3,2,-2\}.$$

(2)若记$\triangle ABC$ 的面积为S,则

$$S=\frac{1}{2}|\overrightarrow{AB}\times\overrightarrow{AC}|=\frac{1}{2}|\boldsymbol{n}|=\frac{\sqrt{17}}{2}.$$

例 7.2.8 对于向量 $\boldsymbol{a},\boldsymbol{b}$,证明:$|\boldsymbol{a}\times\boldsymbol{b}|^2=|\boldsymbol{a}|^2|\boldsymbol{b}|^2-|\boldsymbol{a}\cdot\boldsymbol{b}|^2$.

证 因为

$$|\boldsymbol{a}\times\boldsymbol{b}|^2=|\boldsymbol{a}|^2|\boldsymbol{b}|^2\sin^2(\boldsymbol{a},\hat{\ }\boldsymbol{b}),$$

$$|\boldsymbol{a}\cdot\boldsymbol{b}|^2=|\boldsymbol{a}|^2|\boldsymbol{b}|^2\cos^2(\boldsymbol{a},\hat{\ }\boldsymbol{b}),$$

所以$|\boldsymbol{a}\times\boldsymbol{b}|^2+|\boldsymbol{a}\cdot\boldsymbol{b}|^2=|\boldsymbol{a}|^2|\boldsymbol{b}|^2$,从而$|\boldsymbol{a}\times\boldsymbol{b}|^2=|\boldsymbol{a}|^2|\boldsymbol{b}|^2-|\boldsymbol{a}\cdot\boldsymbol{b}|^2$.

7.2.6 三向量的混合积

定义 7.2.6 对于给定的三个向量 $\boldsymbol{a},\boldsymbol{b},\boldsymbol{c}$,称向量积 $\boldsymbol{a}\times\boldsymbol{b}$ 与$\boldsymbol{c}$ 的数量积为三向量的**混合积**,记作$[\boldsymbol{a},\boldsymbol{b},\boldsymbol{c}]$,即

$$[\boldsymbol{a},\boldsymbol{b},\boldsymbol{c}]=(\boldsymbol{a}\times\boldsymbol{b})\cdot\boldsymbol{c}.$$

混合积又称**框积**,其结果是个数量.

从几何上看,若 $\boldsymbol{a},\boldsymbol{b},\boldsymbol{c}$ 都是非零向量,则混合积的绝对值是以 $\boldsymbol{a},\boldsymbol{b},\boldsymbol{c}$ 为三条棱的平行六面体的体积.事实上,如图 7.21 所示,这平行六面体的底面积为$|\boldsymbol{a}\times\boldsymbol{b}|$,高为 $h=||\boldsymbol{c}|\cos\theta|$,其中 θ 为$\boldsymbol{c}$ 与$\boldsymbol{a}\times\boldsymbol{b}$ 的夹角,这里要取绝对值,因为 θ 可能是钝角.由平

行六面体的体积公式知该体积为

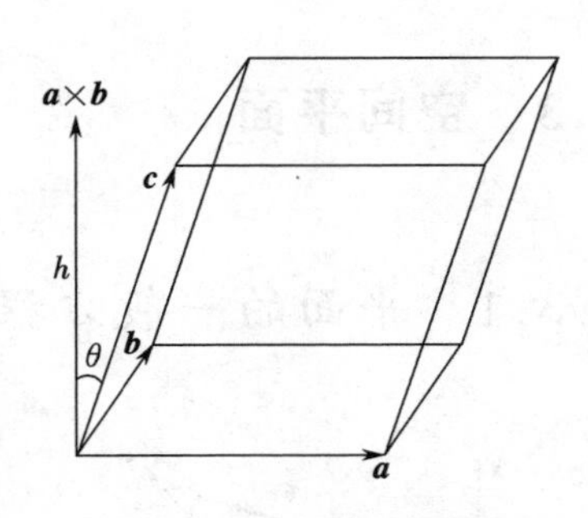

图 7.21　三向量混合积的几何意义

$$\begin{aligned} V &= \text{底面积} \times \text{高} \\ &= |\boldsymbol{a}\times\boldsymbol{b}|\cdot||\boldsymbol{c}|\cos\theta| \\ &= |(\boldsymbol{a}\times\boldsymbol{b})\cdot\boldsymbol{c}|. \end{aligned}$$

若 $\boldsymbol{a},\boldsymbol{b},\boldsymbol{c}$ 成右手系，则 $(\boldsymbol{a}\times\boldsymbol{b})\cdot\boldsymbol{c}>0$，从而 $V=(\boldsymbol{a}\times\boldsymbol{b})\cdot\boldsymbol{c}$.

若 $\boldsymbol{a},\boldsymbol{b},\boldsymbol{c}$ 成左手系，则 $(\boldsymbol{a}\times\boldsymbol{b})\cdot\boldsymbol{c}<0$，从而 $V=-(\boldsymbol{a}\times\boldsymbol{b})\cdot\boldsymbol{c}$，即 $[\boldsymbol{a},\boldsymbol{b},\boldsymbol{c}]=\pm V$. 正负号随 $\boldsymbol{a},\boldsymbol{b},\boldsymbol{c}$ 的指向是否成右手系而定.

混合积具有如下性质(**轮换不变性**)：

$$(\boldsymbol{a}\times\boldsymbol{b})\cdot\boldsymbol{c}=(\boldsymbol{b}\times\boldsymbol{c})\cdot\boldsymbol{a}=(\boldsymbol{c}\times\boldsymbol{a})\cdot\boldsymbol{b},$$

或

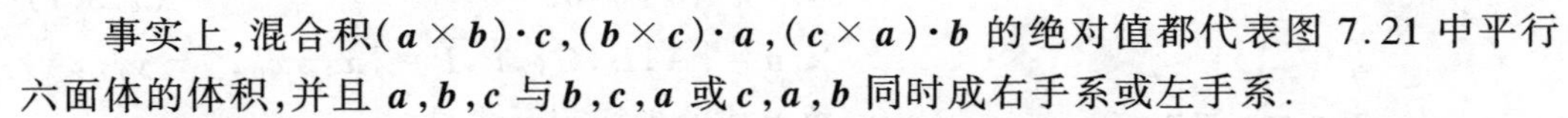

$$\boldsymbol{a}\cdot(\boldsymbol{b}\times\boldsymbol{c})=\boldsymbol{b}\cdot(\boldsymbol{c}\times\boldsymbol{a})=\boldsymbol{c}\cdot(\boldsymbol{a}\times\boldsymbol{b}).$$

事实上，混合积 $(\boldsymbol{a}\times\boldsymbol{b})\cdot\boldsymbol{c}$，$(\boldsymbol{b}\times\boldsymbol{c})\cdot\boldsymbol{a}$，$(\boldsymbol{c}\times\boldsymbol{a})\cdot\boldsymbol{b}$ 的绝对值都代表图 7.21 中平行六面体的体积，并且 $\boldsymbol{a},\boldsymbol{b},\boldsymbol{c}$ 与 $\boldsymbol{b},\boldsymbol{c},\boldsymbol{a}$ 或 $\boldsymbol{c},\boldsymbol{a},\boldsymbol{b}$ 同时成右手系或左手系.

显然，当三个向量 $\boldsymbol{a},\boldsymbol{b},\boldsymbol{c}$ 平行于同一平面(简称**共面**)时，以它们为三条棱的平行六面体的体积为零，从而它们的混合积为零，反过来也对. 于是我们有结论：

三个向量 $\boldsymbol{a},\boldsymbol{b},\boldsymbol{c}$ 共面的充要条件是混合积 $(\boldsymbol{a}\times\boldsymbol{b})\cdot\boldsymbol{c}=0$.

若已知向量 $\boldsymbol{a}=\{a_x,a_y,a_z\}$，$\boldsymbol{b}=\{b_x,b_y,b_z\}$，$\mathbf{c}=\{c_x,c_y,c_z\}$，则由混合积的定义及向量积、数量积的坐标表示式，不难推出混合积的坐标表示式

$$[\boldsymbol{a},\boldsymbol{b},\boldsymbol{c}]=\begin{vmatrix} a_x & a_y & a_z \\ b_x & b_y & b_z \\ c_x & c_y & c_z \end{vmatrix}.$$

利用行列式的性质，可容易理解三向量共面的条件以及混合积的轮换不变性.

例 7.2.9　试求以点 $A(-2,-2,0)$，$B(0,1,-1)$，$C(2,3,1)$，$D(-1,-4,3)$ 为顶点之四面体的体积.

解　若引进向量 $\overrightarrow{AB},\overrightarrow{AC},\overrightarrow{AD}$，并记以之为棱的平行六面体体积为 V，则所求体积为

$$V_1=\frac{1}{6}V=\frac{1}{6}|[\overrightarrow{AB},\overrightarrow{AC},\overrightarrow{AD}]|.$$

由于

$$[\overrightarrow{AB},\overrightarrow{AC},\overrightarrow{AD}]=\begin{vmatrix} 2 & 3 & -1 \\ 4 & 5 & 1 \\ 1 & -2 & 3 \end{vmatrix}=14,$$

故　$V_1=\dfrac{14}{6}=\dfrac{7}{3}$.

7.3 空间平面

7.3.1 平面的一般方程

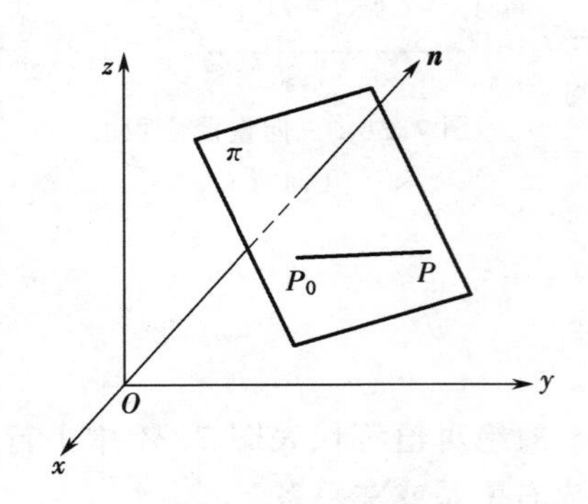

图 7.22 平面 π

如图 7.22,设在空间平面 π 上有一点 $P_0(x_0, y_0, z_0)$和垂直于平面 π 的非零向量 $\boldsymbol{n}=\{A, B, C\}$,现在我们来建立平面 π 的方程.

今设 $P(x, y, z)$是平面 π 上任意一点,因为 P, P_0在平面 π 上,自然向量$\overrightarrow{P_0P}$也在平面 π 上,又由于向量 $\boldsymbol{n}$ 亦与向量$\overrightarrow{P_0P}$垂直,即 $\boldsymbol{n} \perp \overrightarrow{P_0P}$,故

$$\boldsymbol{n} \cdot \overrightarrow{P_0P}=0. \tag{7.3.1}$$

又 $\boldsymbol{n}=\{A, B, C\}$, $\overrightarrow{P_0P}=\{x-x_0, y-y_0, z-z_0\}$,故上式的坐标表示式是

$$A(x-x_0)+B(y-y_0)+C(z-z_0)=0, \tag{7.3.2}$$

即

$$Ax+By+Cz+D=0, \tag{7.3.3}$$

其中 $D=-(Ax_0+By_0+Cz_0)$为一常数.方程(7.3.3)称为**空间平面的一般方程**.它是 x, y, z 的一次方程,并且 x, y, z 的系数 A, B, C 就是非零向量 $\boldsymbol{n}$ 的坐标分量,称 $\boldsymbol{n}$ 为平面 π 的**法向量**或**法方向**.

因为对于任何空间平面来说,我们均可以在这平面上任取一点作为 $P_0(x_0, y_0, z_0)$,也可以任取一垂直于此平面的直线作为法线,由此可以知道,任何空间平面均可用 x, y, z 的一个一次方程来表示.

反过来,也可以证明:任意一个一次方程

$$Ax+By+Cz+D=0 \tag{*}$$

都表示一个空间平面,其中 A, B, C 为常数且不同时为零.事实上,我们可以任取上述方程的一个解(x_0, y_0, z_0),即它满足

$$Ax_0+By_0+Cz_0+D=0, \tag{**}$$

用(*)式减(**)式,得

$$A(x-x_0)+B(y-y_0)+C(z-z_0)=0,$$

将上式与式(7.3.2)做比较,即知它是通过点 $P_0(x_0, y_0, z_0)$且以 $\boldsymbol{n}=\{A, B, C\}$为法向量的空间平面方程.

注 式(7.3.1)和式(7.3.2)又常称为空间平面的**点法式方程**.

7.3.2　空间平面一般方程的研究

由空间平面的一般方程(7.3.3),容易得到以下结论.

1.两个平面平行与垂直的条件

设平面 π_1,π_2 的方程分别为

$$\begin{aligned}&\pi_1: A_1x+B_1y+C_1z+D_1=0,\\&\pi_2: A_2x+B_2y+C_2z+D_2=0.\end{aligned}\tag{7.3.4}$$

两平面平行的充要条件是

$$\frac{A_1}{A_2}=\frac{B_1}{B_2}=\frac{C_1}{C_2}\neq\frac{D_1}{D_2};\tag{7.3.5}$$

两平面垂直的充要条件是

$$A_1A_2+B_1B_2+C_1C_2=0.\tag{7.3.6}$$

特别地,若两平面重合,则对平面上任意一点 $P_0(x_0,y_0,z_0)$,有

$$A_1x_0+B_1y_0+C_1z_0+D_1=0,\tag{*}$$

$$A_2x_0+B_2y_0+C_2z_0+D_2=0.\tag{**}$$

令式(7.3.5)中比值为 λ,用式(*)减 λ 倍(* *),得

$$D_1=\lambda D_2,$$

故

$$\frac{A_1}{A_2}=\frac{B_1}{B_2}=\frac{C_1}{C_2}=\frac{D_1}{D_2}=\lambda.$$

上式表明:若两个方程 $A_1x+B_1y+C_1z+D_1=0$, $A_2x+B_2y+C_2z+D_2=0$ 表示同一平面,则它们对应项系数成比例.

2.两平面的夹角

设两平面方程由式(7.3.4)给定.所谓两平面的夹角,是指两个平面法向量间的夹角.设此夹角为 θ,则由于

$$\boldsymbol{n}_1=\{A_1,B_1,C_1\},\boldsymbol{n}_2=\{A_2,B_2,C_2\},$$

故由两向量间夹角公式有

$$\cos\theta=\frac{A_1A_2+B_1B_2+C_1C_2}{\sqrt{A_1^2+B_1^2+C_1^2}\sqrt{A_2^2+B_2^2+C_2^2}}.$$

在方程(7.3.3)中,若 $D=0$,即

$$Ax+By+Cz=0,$$

则它表示一个通过原点的平面.事实上,因 $x=0,y=0,z=0$ 满足此方程,这表明原点 O 在此方程所表示的平面上.

若 $C=0$,则方程(7.3.3)变为

$$Ax+By+D=0,$$

它表示一个平行于 z 轴的平面.事实上,因为 $C=0$,且法向量在 z 轴上的投影为0,故法向量与 z 轴垂直,因而平面与 z 轴平行(或通过 z 轴,这时 $D=0$).

同理,若 $B=0$ 或 $A=0$,则方程

$$Ax+Cz+D=0 \text{ 或 } By+Cz+D=0$$

分别表示平行于(或通过) y 轴或 x 轴的平面.

若 A,B 同时为零,则方程(7.3.3)变为

$$Cz+D=0(C\neq 0),$$

它表示一个平行于 xOy 面的平面($D=0$ 时,平面与 xOy 面重合).事实上,因为 $A=B=0$,则其法向量在 x 轴和 y 轴上的投影为零,意味着法向量同时垂直于 x 轴和 y 轴,因而平面必同时平行于 x 轴和 y 轴,也就是平行于 xOy 平面.

同理,若 B,C 同时为零或 A,C 同时为零,则方程

$$Ax+D=0 \text{ 或 } By+D=0$$

分别表示平行于 yOz 面或 xOz 面的平面($D=0$ 时,分别与 yOz 面或 xOz 面重合).

7.3.3 平面的截距式方程和法式方程

1.平面的截距式方程

设一空间平面不通过原点,也不平行于任何坐标轴,并与 x,y,z 轴分别交于 $P(a,0,0)$, $Q(0,b,0)$ 和 $R(0,0,c)$ 三点(见图 7.23).该平面的一般方程为

$$Ax+By+Cz+D=0, \tag{7.3.7}$$

其中 A,B,C,D 均不为零.因 P 在此平面上,故其坐标满足式(7.3.7).以 $(a,0,0)$ 代入,得

$$Aa+D=0 \text{ 或 } A=-\frac{D}{a}.$$

同样,可以得到 $B=-\frac{D}{b}$, $C=-\frac{D}{c}$,把它们再代入式(7.3.7),并除以 $D(D\neq 0)$,得

$$\frac{x}{a}+\frac{y}{b}+\frac{z}{c}=1. \tag{7.3.8}$$

称式(7.3.8)为**平面的截距式方程**,而 a,b,c 称为平面在三个坐标轴上的**截距**.

2.平面的法式方程

事实上,平面的位置也可以由原点 O 到平面的距离及平面的单位法向量 $\boldsymbol{n}_0$ 完全确定,如图 7.24.

在平面上任取一点 $M(x,y,z)$,则 $\overrightarrow{OM}$ 在 $\boldsymbol{n}_0$ 上的投影为

$$\mathrm{Prj}_{\boldsymbol{n}_0}\overrightarrow{OM}=p,$$

即

$$\overrightarrow{OM}\cdot\boldsymbol{n}_0-p=0, \tag{7.3.9}$$

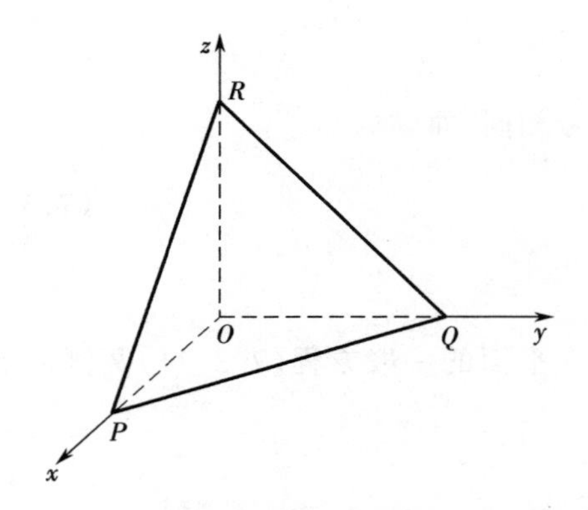

图 7.23　平面既不过原点也不平行于各坐标轴

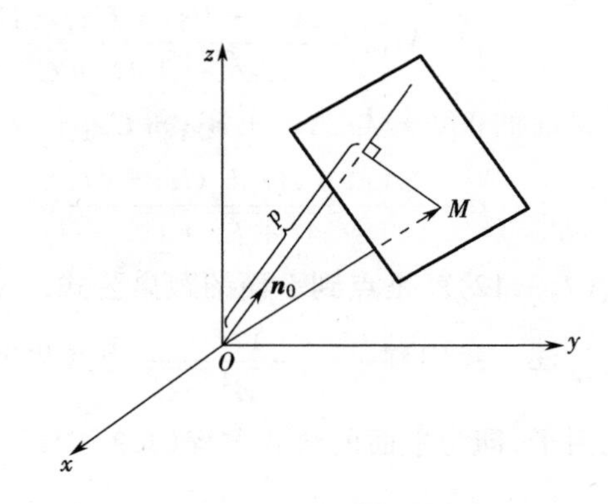

图 7.24　平面的法式方程

设 $\boldsymbol{n}_0$ 的方向余弦为 $\cos\alpha,\cos\beta,\cos\gamma$，即

$$\boldsymbol{n}_0=\{\cos\alpha,\cos\beta,\cos\gamma\},$$

则式(7.3.9)又可以写成

$$x\cos\alpha+y\cos\beta+z\cos\gamma-p=0. \tag{7.3.10}$$

式(7.3.10)称为**平面的法式方程**，p 是原点 O 到这个平面的距离.

7.3.4　点到平面的距离

设平面 π 的方程为

$$Ax+By+Cz+D=0, \tag{7.3.11}$$

$M_1(x_1,y_1,z_1)$是平面 π 外的一点，从 M_1 向平面 π 引垂线，设垂足是 $P_0(x_0,y_0,z_0)$，则$|\overrightarrow{P_0M_1}|$是 M_1 到平面 π 的距离 d.

因 P_0 在平面 π 上，故 P_0 应满足

$$Ax_0+By_0+Cz_0+D=0.$$

又因平面 π 的法向量 $\boldsymbol{n}=\{A,B,C\}$，于是$\overrightarrow{P_0M_1}$与 $\boldsymbol{n}$ 平行或重合(称为共线)，即$\overrightarrow{P_0M_1}$与 $\boldsymbol{n}$ 之间的夹角为 0 或 π，故有

$$\overrightarrow{P_0M_1}\cdot\boldsymbol{n}=|\overrightarrow{P_0M_1}||\boldsymbol{n}|\cos(\overrightarrow{P_0M_1},\widehat{\ }\boldsymbol{n})=\pm|\overrightarrow{P_0M_1}||\boldsymbol{n}|,$$

而

$$\begin{aligned}\overrightarrow{P_0M_1}\cdot\boldsymbol{n}&=A(x_1-x_0)+B(y_1-y_0)+C(z_1-z_0)\\&=Ax_1+By_1+Cz_1-(Ax_0+By_0+Cz_0)\\&=Ax_1+By_1+Cz_1+D,\end{aligned}$$

$$|\boldsymbol{n}|=\sqrt{A^2+B^2+C^2},$$

于是

$$|\overrightarrow{P_0M_1}|=\frac{Ax_1+By_1+Cz_1+D}{\pm\sqrt{A^2+B^2+C^2}}.$$

根式前的正负号与 $Ax_1+By_1+Cz_1+D$ 的符号相同.而

$$d=\frac{|Ax_1+By_1+Cz_1+D|}{\sqrt{A^2+B^2+C^2}}, \tag{7.3.12}$$

式(7.3.12)就是点到平面的距离公式.

注 我们称 $\frac{1}{\sqrt{A^2+B^2+C^2}}$ 为**法化因子**,在平面的一般方程(7.3.11)两侧乘上法化因子,即为平面的法式方程(7.3.10).

7.4 空间直线

7.4.1 直线的方程

1.直线的参数方程

假如已知一点和一个非零向量,那么过此点且与已知向量平行的直线在空间中的位置便可完全确定,称已知向量为此直线的方向向量.现设已知向量 $\boldsymbol{v}=(l,m,n)$,已知点为 $M_0(x_0,y_0,z_0)$,我们来求过 M_0 且与向量 $\boldsymbol{v}$ 平行的直线 L 的方程.

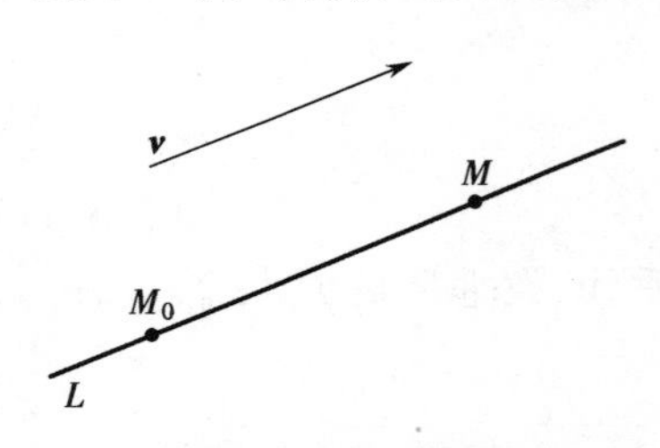

图 7.25 直线的参数方程

如图 7.25 所示,设 $M(x,y,z)$ 是直线 L 上任意一点,则显然 $\overrightarrow{M_0M}/\!/\boldsymbol{v}$;反之,若 $\overrightarrow{M_0M}/\!/\boldsymbol{v}$,则点 M 必在直线 L 上,所以点 M 在直线 L 上的充要条件是 $\overrightarrow{M_0M}/\!/\boldsymbol{v}$.

我们知道两向量平行的充要条件是:存在实数 t,使 $\overrightarrow{M_0M}=t\boldsymbol{v}$,即

$$\begin{cases}x-x_0=tl,\\y-y_0=tm,\\z-z_0=tn,\end{cases} \tag{7.4.1}$$

或

$$\begin{cases}x=x_0+tl,\\y=y_0+tm,\\z=z_0+tn.\end{cases} \tag{7.4.2}$$

式中实数 t 称作参数,当 t 取遍所有实数时,式(7.4.2)所定出的 (x,y,z) 就给出了直线上所有的点,于是我们称方程(7.4.2)为**直线的参数方程**.

2.直线的标准方程

由方程组(7.4.2)消去 t,有

$$\frac{x-x_0}{l}=\frac{y-y_0}{m}=\frac{z-z_0}{n},\tag{7.4.3}$$

称式(7.4.3)为**直线的标准方程**.

式(7.4.3)中(x_0,y_0,z_0)表示直线上的已知点,$\boldsymbol{v}=\{l,m,n\}$是直线的方向向量.凡与l,m,n成比例的任何一组数均称为该直线的一组方向数.

注 在式(7.4.3)中规定$\boldsymbol{v}$为非零向量,即l,m,n不全为零,但允许其中一个或两个数可以为零.例如,若$l=0$,则式(7.4.3)中分母出现了零,但因式(7.4.3)是由式(7.4.2)消去参数t得到的,故当$l=0$时有$x=x_0$,于是,式(7.4.3)成为

$$\begin{cases}x-x_0=0,\\ \dfrac{y-y_0}{m}=\dfrac{z-z_0}{n}.\end{cases}\tag{7.4.4}$$

这就是说,若式(7.4.3)中某一分母为零,应理解为其相应分子也为零.

例7.4.1 求过点(1,2,3)且分别以$\boldsymbol{v}_1=\{1,1,1\}$,$\boldsymbol{v}_2=\{1,0,1\}$,$\boldsymbol{v}_3=\{1,0,0\}$为方向向量的三条直线的标准方程.

解 三条直线分别为

$$L_1:\frac{x-1}{1}=\frac{y-2}{1}=\frac{z-3}{1};$$

$$L_2:\frac{x-1}{1}=\frac{y-2}{0}=\frac{z-3}{1};$$

$$L_3:\frac{x-1}{1}=\frac{y-2}{0}=\frac{z-3}{0}.$$

但按上面注中所说,应为

$$L_2:\begin{cases}y-2=0,\\ \dfrac{x-1}{1}=\dfrac{z-3}{1};\end{cases}$$

$$L_3:\begin{cases}y-2=0,\\ z-3=0.\end{cases}$$

3.直线的一般方程

一般地,两个一次方程联立起来,构成一个联立方程组

$$\begin{cases}A_1x+B_1y+C_1z+D_1=0,\\ A_2x+B_2y+C_2z+D_2=0.\end{cases}\tag{7.4.5}$$

它表示一条直线,即平面$A_1x+B_1y+C_1z+D_1=0$和平面$A_2x+B_2y+C_2z+D_2=0$的交线,称式(7.4.5)为**直线的一般方程**.

注 若$\dfrac{A_1}{A_2}=\dfrac{B_1}{B_2}=\dfrac{C_1}{C_2}$,则两平面平行;若$\dfrac{A_1}{A_2}=\dfrac{B_1}{B_2}=\dfrac{C_1}{C_2}=\dfrac{D_1}{D_2}$,则两平面重合.

4.如何化直线的一般方程为标准方程

(1)首先,求出直线上任意一点(x_0,y_0,z_0).为此可先取定x_0,y_0,z_0中某一个,代入式(7.4.5)中的两个方程中,其余两个变量可通过求解这两个联立方程而得到.

(2)求出直线的方向数或方向向量 $\boldsymbol{v}=\{l,m,n\}$. 方程组(7.4.5)中两平面的法向量为 $\boldsymbol{n}_1=\{A_1,B_1,C_1\}$, $\boldsymbol{n}_2=\{A_2,B_2,C_2\}$,而此直线应与此二法向量垂直,即 $\boldsymbol{v}\perp\boldsymbol{n}_1$, $\boldsymbol{v}\perp\boldsymbol{n}_2$,故有

$$\begin{cases}A_1l+B_1m+C_1n=0,\\A_2l+B_2m+C_2n=0.\end{cases}$$

又因 l,m,n 不能同时为零,所以由上述两个方程所确定的关于 l,m,n 的解,可通过下列比例式求得:

$$\frac{l}{\begin{vmatrix}B_1&C_1\\B_2&C_2\end{vmatrix}}=\frac{m}{\begin{vmatrix}C_1&A_1\\C_2&A_2\end{vmatrix}}=\frac{n}{\begin{vmatrix}A_1&B_1\\A_2&B_2\end{vmatrix}}.$$

例 7.4.2 求直线

$$\begin{cases}x+2y+3z-6=0,\\2x+3y-4z-1=0\end{cases}$$

的标准方程.

解 令 $z=0$,直线方程化为

$$\begin{cases}x+2y=6,\\2x+3y=1.\end{cases}$$

解得 $x=-16,y=11$. 所以求出直线上一点为 $(-16,11,0)$. 又令直线的方向数为 l, m,n,则

$$\frac{l}{\begin{vmatrix}2&3\\3&-4\end{vmatrix}}=\frac{m}{\begin{vmatrix}3&1\\-4&2\end{vmatrix}}=\frac{n}{\begin{vmatrix}1&2\\2&3\end{vmatrix}},$$

即

$$\frac{l}{-17}=\frac{m}{10}=\frac{n}{-1}.$$

故直线的标准方程为

$$\frac{x+16}{-17}=\frac{y-11}{10}=\frac{z-0}{-1}.$$

7.4.2 两直线的夹角

设直线 L_1 与 L_2 的标准方程为

$$L_1:\frac{x-x_1}{l_1}=\frac{y-y_1}{m_1}=\frac{z-z_1}{n_1},$$

$$L_2:\frac{x-x_2}{l_2}=\frac{y-y_2}{m_2}=\frac{z-z_2}{n_2}.$$

L_1 与 L_2 的夹角 φ 就是两直线方向向量 $\boldsymbol{v}_1=\{l_1,m_1,n_1\}$ 与 $\boldsymbol{v}_2=\{l_2,m_2,n_2\}$ 的夹角.

因为

$$\boldsymbol{v}_1 \cdot \boldsymbol{v}_2 = |\boldsymbol{v}_1||\boldsymbol{v}_2|\cos\varphi,$$

所以

$$\cos\varphi = \frac{l_1 l_2 + m_1 m_2 + n_1 n_2}{\sqrt{l_1^2 + m_1^2 + n_1^2}\sqrt{l_2^2 + m_2^2 + n_2^2}}. \tag{7.4.6}$$

式(7.4.6)即为两直线夹角公式.

特别地,由式(7.4.6)易知:

$$L_1 \perp L_2 \Leftrightarrow l_1 l_2 + m_1 m_2 + n_1 n_2 = 0; \tag{7.4.7}$$

$$L_1 // L_2 \Leftrightarrow \boldsymbol{v}_1 // \boldsymbol{v}_2,$$

即

$$\frac{l_1}{l_2} = \frac{m_1}{m_2} = \frac{n_1}{n_2}. \tag{7.4.8}$$

7.4.3　点到直线的距离

已知直线 L 的标准方程为

$$\frac{x - x_0}{l} = \frac{y - y_0}{m} = \frac{z - z_0}{n}$$

及点 $M_1(x_1, y_1, z_1)$,求 M_1 到 L 的距离,如图 7.26.

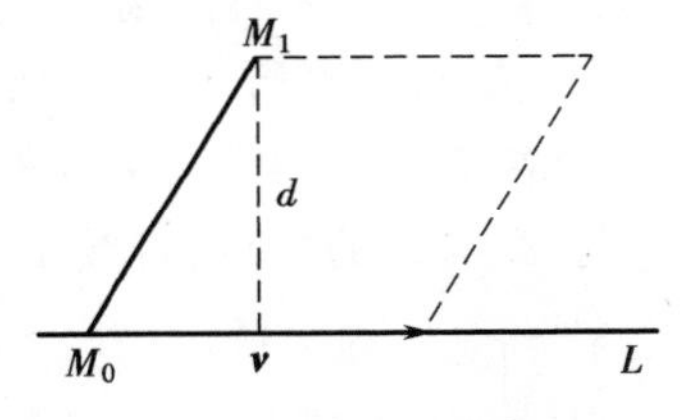

图 7.26　点到直线的距离

设已知 L 上的点 $M_0(x_0, y_0, z_0)$,L 的方向向量为 $\boldsymbol{v} = \{l, m, n\}$. 当 M_1 不在 L 上时,M_1 到 L 的距离 d 是以 $\overrightarrow{M_0M_1}$,$\boldsymbol{v}$ 为边的平行四边形的 $\boldsymbol{v}$ 边上的高. 因为平行四边形的面积

$$S = |\boldsymbol{v}| d = |\boldsymbol{v} \times \overrightarrow{M_0M_1}|,$$

所以点 M_1 到 L 的距离为

$$d = \frac{S}{|\boldsymbol{v}|} = \frac{|\boldsymbol{v} \times \overrightarrow{M_0M_1}|}{|\boldsymbol{v}|}$$

$$= \frac{\sqrt{\begin{vmatrix} y_1 - y_0 & z_1 - z_0 \\ m & n \end{vmatrix}^2 + \begin{vmatrix} z_1 - z_0 & x_1 - x_0 \\ n & l \end{vmatrix}^2 + \begin{vmatrix} x_1 - x_0 & y_1 - y_0 \\ l & m \end{vmatrix}^2}}{\sqrt{l^2 + m^2 + n^2}};$$

当 M_1 在直线 L 上时,$\overrightarrow{M_0M_1}$ 重合于 $\boldsymbol{v}$,故 $|\boldsymbol{v} \times \overrightarrow{\boldsymbol{M}_0\boldsymbol{M}_1}| = 0$,即 $d = 0$.

7.4.4　直线与平面的关系

设直线方程为

$$L: \frac{x - x_0}{l} = \frac{y - y_0}{m} = \frac{z - z_0}{n},$$

平面 π 的方程是

$$\pi: Ax+By+Cz+D=0,$$

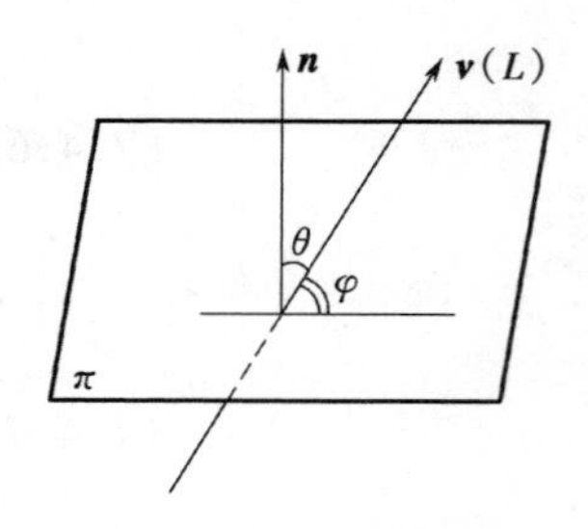

图 7.27 直线与平面的关系

所谓直线 L 与平面 π 的夹角,是指直线 L 和它在平面 π 上投影所成之锐角,记之为 φ.

若记 L 的方向向量 $\boldsymbol{v}=\{l,m,n\}$ 与平面 π 的法向量 $\boldsymbol{n}=\{A,B,C\}$ 之夹角为 θ(图 7.27),则 L 与 π 的夹角 $\varphi=\frac{\pi}{2}-\theta$ 或 $-\frac{\pi}{2}+\theta$. 由于

$$\sin\varphi=\pm\sin\left(\frac{\pi}{2}-\theta\right)=\pm\cos\theta=|\cos\theta|,$$

所以有

$$\sin\varphi=\frac{|\boldsymbol{n}\cdot\boldsymbol{v}|}{|\boldsymbol{n}||\boldsymbol{v}|}=\frac{|Al+Bm+Cn|}{\sqrt{A^2+B^2+C^2}\sqrt{l^2+m^2+n^2}}.$$

(1)若 L 与 π 垂直,则 L 的方向向量与 π 的法向量平行,因此

$$L\text{ 与 }\pi\text{ 垂直}\Leftrightarrow\frac{A}{l}=\frac{B}{m}=\frac{C}{n}.$$

(2)若 L 与 π 平行,则 L 的方向向量与 π 的法向量垂直,因此

$$L\text{ 与 }\pi\text{ 平行}\Leftrightarrow Al+Bm+Cn=0.$$

(3)若 L 与 π 相交,我们来求交点坐标. 设 $M_0(x_0,y_0,z_0)$ 为直线上已知点,$M(x,y,z)$ 为 L 与 π 的交点,直线 L 的参数方程为

$$\begin{cases}x=x_0+tl,\\y=y_0+tm,\\z=z_0+tn.\end{cases}$$

将它们代入平面方程中得

$$A(x_0+tl)+B(y_0+tm)+C(z_0+tn)+D=0,$$

即

$$(Al+Bm+Cn)t=-(Ax_0+By_0+Cz_0+D).$$

1° 若 $Al+Bm+Cn\neq0$,则由上式求得

$$t=-\frac{Ax_0+By_0+Cz_0+D}{Al+Bm+Cn},$$

将 t 值代入直线的参数方程中,即得直线 L 与平面 π 的交点坐标.

2° 若 $Al+Bm+Cn=0$, $Ax_0+By_0+Cz_0+D\neq0$,则直线 L 与平面 π 平行,二者没有交点.

3° 若 $Al+Bm+Cn=0$, $Ax_0+By_0+Cz_0+D=0$,则直线在平面上.

7.5 空间曲面

7.5.1 曲面方程概念及其研究方法

在直角坐标系中,如果空间曲面 S 与方程 $f(x,y,z)=0$ 之间存在下述关系:

(1) S 上点 $P(x,y,z)$ 的坐标必满足方程 $f(x,y,z)=0$;

(2)满足方程 $f(x,y,z)=0$ 的点 $P(x,y,z)$ 必在 S 上,则方程 $f(x,y,z)=0$ 称为**曲面 S 的方程**,S 称为方程 $f(x,y,z)=0$ 的曲面.

关于空间曲面的研究,主要归结为以下两个问题:

(1)已知曲面,建立方程;

(2)已知方程,研究其所表示曲面形状.

1.已知曲面,建立其方程

例 7.5.1　建立球心在点 $M_0(x_0,y_0,z_0)$,半径为 r 的球面方程.

解　设 $M(x,y,z)$ 是球面上任一点,则 $|M_0M|=r$,于是有

$$|M_0M|=\sqrt{(x-x_0)^2+(y-y_0)^2+(z-z_0)^2}=r,$$

或

$$(x-x_0)^2+(y-y_0)^2+(z-z_0)^2=r^2. \tag{7.5.1}$$

式(7.5.1)即为以 $M_0(x_0,y_0,z_0)$ 为球心,r 为半径的球面方程.特别地,如果球心在原点,即 $x_0=y_0=z_0=0$,则球面方程为

$$x^2+y^2+z^2=r^2. \tag{7.5.2}$$

2.已知方程,研究其所表示曲面形状

例 7.5.2　设已知方程 $x^2+y^2+z^2-2x+4y=0$,问它表示怎样的曲面?

解　通过配方,原方程可以改写为

$$(x-1)^2+(y+2)^2+z^2=5.$$

与式(7.5.1)比较,可知它所表示的是球心在点 $M_0(1,-2,0)$,半径为 $r=\sqrt{5}$ 的球面.

7.5.2 曲面方程的建立

1.旋转曲面

所谓**旋转曲面**是指以一条平面曲线绕其平面上的一条直线旋转一周所成的曲面.平面曲线和定直线分别称为旋转曲面的**母线**和**轴**.

如图 7.28 所示,设在 yOz 坐标面上有一已知曲线 C,其方程为

$$f(y,z)=0.$$

将曲线 C 绕 z 轴旋转一周,便得到一个以 z 轴为轴的旋转曲面.通过以下分析可以建

立该曲面的方程.

设 $M_1(0,y_1,z_1)$为曲线 C 上任一点,则 $f(y_1,z_1)=0$.当曲线 C 绕 z 轴旋转时,点 M_1绕轴转到另一点 $M(x,y,z)$.这时 $z=z_1$保持不变,且点 M 到 z 轴的距离

$$d=\sqrt{x^2+y^2}=|y_1|.$$

将 $z_1=z, y_1=\pm\sqrt{x^2+y^2}$代入 $f(y_1,z_1)$之中,就有

$$f(\pm\sqrt{x^2+y^2},z)=0, \tag{7.5.3}$$

此即所求旋转曲面的方程.

由此可知,在曲线 C 的方程 $f(y,z)=0$ 中将 y 改成$\pm\sqrt{x^2+y^2}$,便得 C 绕 z 轴旋转所成的旋转曲面的方程.同理,曲面 C 绕 y 轴旋转的旋转曲面的方程为 $f(y, \pm\sqrt{x^2+z^2})=0$.

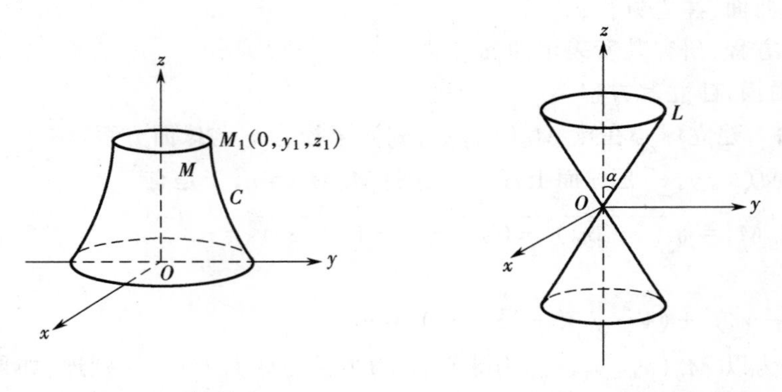

图 7.28 旋转曲面　　图 7.29 圆锥面

例 7.5.3 (**圆锥面**)如图 7.29 所示,直线 L 与 z 轴交于原点 O. L 绕 z 轴旋转一周所得曲面是圆锥面.一般地,一条直线 L 绕与其相交的另一条直线旋转一周所得曲面称为**圆锥面**.两条直线的交点称为圆锥面的**顶点**,两直线的夹角 $\alpha(0<\alpha<\frac{\pi}{2})$称为圆锥面的**半顶角**.现在,我们来建立顶点在坐标原点,旋转轴为 z 轴,半顶角为 α 的圆锥面(即图 7.29 所示)的方程.

解 在 yOz 坐标面上,直线 L 的方程为

$$z=y\cot\alpha. \tag{7.5.4}$$

因为旋转轴为 z 轴,由上面的讨论知,将式(7.5.4)中的 y 改成$\pm\sqrt{x^2+y^2}$,便得到该圆锥面方程:

$$z=\pm\sqrt{x^2+y^2}\cot\alpha,$$

或

$$z^2=a^2(x^2+y^2), \tag{7.5.5}$$

其中 $a=\cot\alpha$.

例 7.5.4　(旋转单叶双曲面,旋转双叶双曲面)将 xOz 坐标面上的双曲线$\frac{x^2}{a^2}-\frac{z^2}{c^2}=1$ 分别绕 z 轴和 x 轴旋转一周,试求所生成的旋转曲面的方程.

解　(1)绕 z 轴旋转所成的旋转曲面称为**旋转单叶双曲面**(图 7.30),其方程为

$$\frac{x^2+y^2}{a^2}-\frac{z^2}{c^2}=1. \tag{7.5.6}$$

(2)绕 x 轴旋转所成的曲面称为**旋转双叶双曲面**(图 7.31),其方程为

$$\frac{x^2}{a^2}-\frac{y^2+z^2}{c^2}=1. \tag{7.5.7}$$

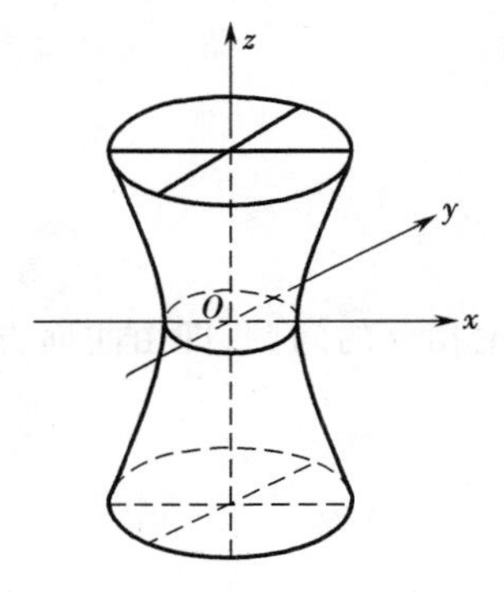

图 7.30　旋转单叶双曲面

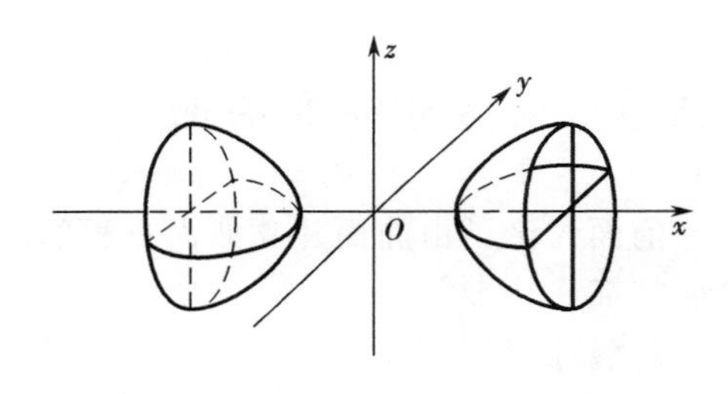

图 7.31　旋转双叶双曲面

2.柱面

设 Γ 为空间中的一条曲线,与定直线 C 平行的直线 l 沿曲线 Γ 平行移动所形成的曲面称为**柱面**.曲线 Γ 称为柱面的**准线**,动直线 l 称为柱面的**母线**,如图 7.32 所示.

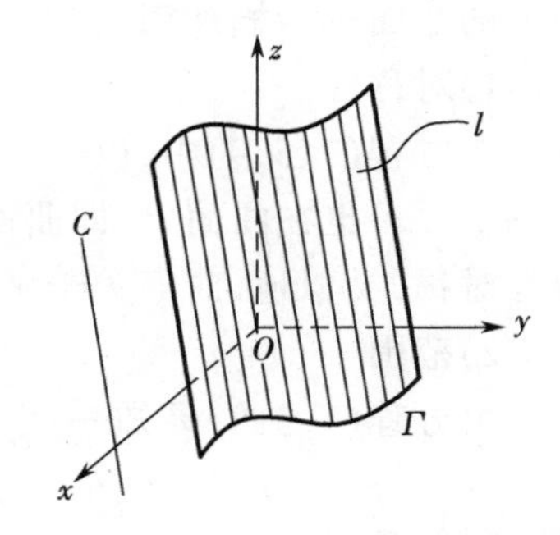

图 7.32　柱面

若母线是平行于 z 轴的直线,准线是 xOy 平面上的曲线,则柱面方程为

$$F(x,y)=0. \tag{7.5.8}$$

显然,在上述方程中缺少变量 z,这是因为柱面上的一切点不论其 z 坐标取何值,x,y 两坐标总适合方程(7.5.8).

同理,仅含 y,z 的方程 $F(y,z)=0$ 表示母线平行于 x 轴的柱面;仅含 x,z 的方程 $F(x,z)=0$ 表示母线平行于 y 轴的柱面.

$\frac{x^2}{a^2}+\frac{y^2}{b^2}=1$ 为椭圆柱面方程,见图 7.33;

$\frac{x^2}{a^2}-\frac{y^2}{b^2}=1$ 为双曲柱面方程,见图 7.34;

$y^2=2px(p>0)$为抛物柱面方程,见图 7.35.

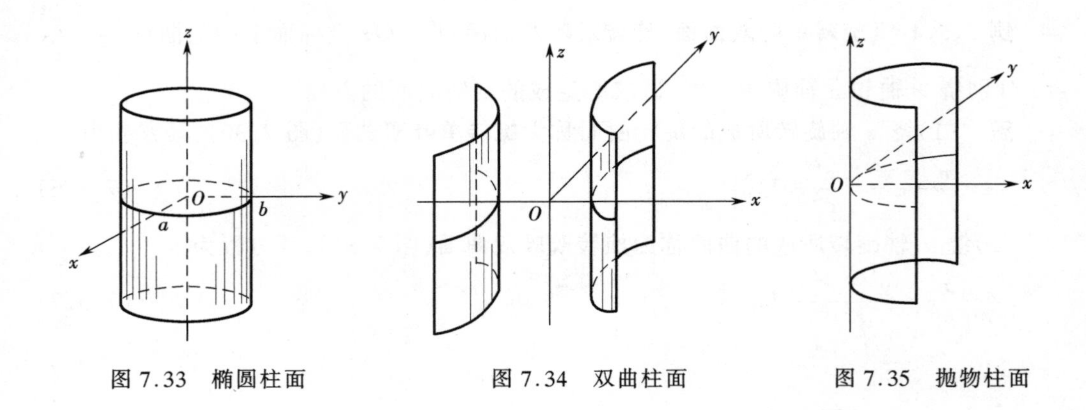

图 7.33 椭圆柱面　　图 7.34 双曲柱面　　图 7.35 抛物柱面

7.5.3 由方程研究曲面

前面讨论了由曲面建立曲面方程的问题.现在讨论相反的问题,即由曲面方程分析曲面特征.

1.椭球面

方程

$$\frac{x^2}{a^2}+\frac{y^2}{b^2}+\frac{z^2}{c^2}=1(a,b,c>0) \tag{7.5.9}$$

表示的曲面称为**椭球面**,其图形特征分析如下.

1)对称性

在方程(7.5.9)中,以 $-x$ 代 x 后方程不变,这表明若点(x,y,z)在曲面上,则点$(-x,y,z)$也在曲面上,即曲面关于 yOz 坐标面对称.同理,曲面关于 xOy,zOx 坐标面也对称.类似地,曲面关于坐标轴及原点也对称.

2)范围

由方程(7.5.9)易知

$$|x|\leqslant a,|y|\leqslant b,|z|\leqslant c,$$

因而图形被限制在长为 $2a$,宽为 $2b$,高为 $2c$ 的长方体内.

3)曲面的截痕

现在我们考察一组平行于坐标面的平面与曲面的交线(截痕).

用平行于 xOy 坐标面的平面 $z=h$ 去截椭球面,截痕是

$$\begin{cases}\dfrac{x^2}{a^2}+\dfrac{y^2}{b^2}=1-\dfrac{z^2}{c^2},\\ z=h.\end{cases}$$

这表示的是平面 $z=h$ 上的椭圆,其中$|h|<c$.当$|h|$由 0 增大到 c 时,椭圆由大变小,最后退缩为一点.

同样地,我们用平行于 yOz,zOx 坐标面的平面去截椭球面,可得类似结论.

特别地，椭球面在 xOy，yOz，xOz 坐标面上的截痕分别是

$$\begin{cases}\dfrac{x^2}{a^2}+\dfrac{y^2}{b^2}=1,\\ z=0;\end{cases}\quad \begin{cases}\dfrac{y^2}{b^2}+\dfrac{z^2}{c^2}=1,\\ x=0;\end{cases}\quad \begin{cases}\dfrac{x^2}{a^2}+\dfrac{z^2}{c^2}=1,\\ y=0.\end{cases}$$

它们均表示相应坐标面上的椭圆.

综上，方程(7.5.9)的图形如图 7.36 所示.

特别地，若 $a=b=c$，则方程(7.5.9)表示一个半径为 a 的球面.

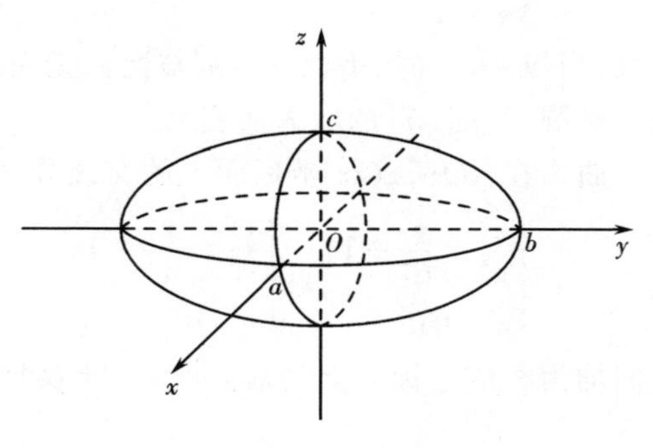

图 7.36　椭球面

2.单叶双曲面

方程

$$\frac{x^2}{a^2}+\frac{y^2}{b^2}-\frac{z^2}{c^2}=1(a,b,c>0) \tag{7.5.10}$$

称为**单叶双曲面**.

1)对称性

显然，曲面关于三个坐标面、三个坐标轴和原点对称.

2)曲面的截痕

用平行于 xOy 坐标面的平面 $z=h$ 截单叶双曲面，所得截痕是

$$\begin{cases}\dfrac{x^2}{a^2}+\dfrac{y^2}{b^2}=1+\dfrac{z^2}{c^2},\\ z=h.\end{cases}$$

该截痕是平面 $z=h$ 上的椭圆，且随 $|h|$ 的增大而变大.

单叶双曲面在三个坐标面 xOy，yOz，xOz 上的截痕分别是

$$\begin{cases}\dfrac{x^2}{a^2}+\dfrac{y^2}{b^2}=1,\\ z=0;\end{cases}\quad \begin{cases}\dfrac{y^2}{b^2}-\dfrac{z^2}{c^2}=1,\\ x=0;\end{cases}\quad \begin{cases}\dfrac{x^2}{a^2}-\dfrac{z^2}{c^2}=1,\\ y=0.\end{cases}$$

它们分别是 xOy 坐标面上的椭圆，yOz，xOz 坐标面上的双曲线.

单叶双曲面的图形如图 7.37 所示.

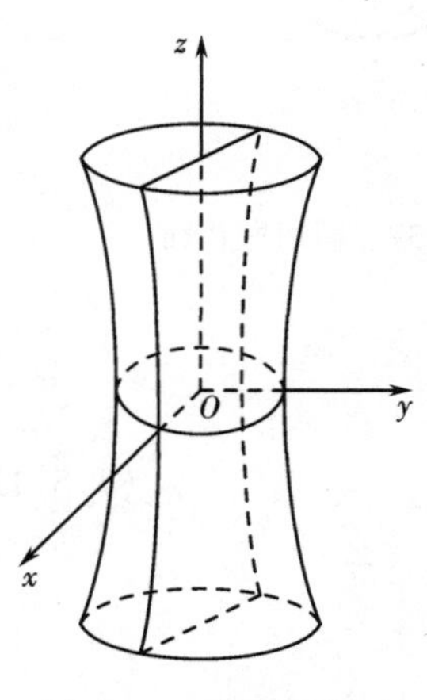

图 7.37　单叶双曲面

3.双叶双曲面

方程

$$-\frac{x^2}{a^2}-\frac{y^2}{b^2}+\frac{z^2}{c^2}=1(a,b,c>0) \tag{7.5.11}$$

称为**双叶双曲面**.

1)对称性

曲面关于三个坐标面、三个坐标轴和原点对称.

2)曲面的截痕

用平行于 xOy 坐标面的平面 $z=h$ 截曲面,所得截痕是

$$\begin{cases}\dfrac{x^2}{a^2}+\dfrac{y^2}{b^2}=\dfrac{z^2}{c^2}-1,\\ z=h.\end{cases}$$

注意,当 $|h|<c$ 时,平面 $z=h$ 与曲面无交线;当 $|h|>c$ 时,平面 $z=h$ 与曲面的交线是一椭圆,且随 $|h|$ 的增大而变大.

曲面在 yOz, zOx 坐标面上的交线分别是

$$\begin{cases}\dfrac{z^2}{c^2}-\dfrac{y^2}{b^2}=1,\\ x=0;\end{cases}\quad \begin{cases}\dfrac{z^2}{c^2}-\dfrac{x^2}{a^2}=1,\\ y=0.\end{cases}$$

它们均为相应坐标面上的双曲线.双叶双曲面的图形如图 7.38 所示.

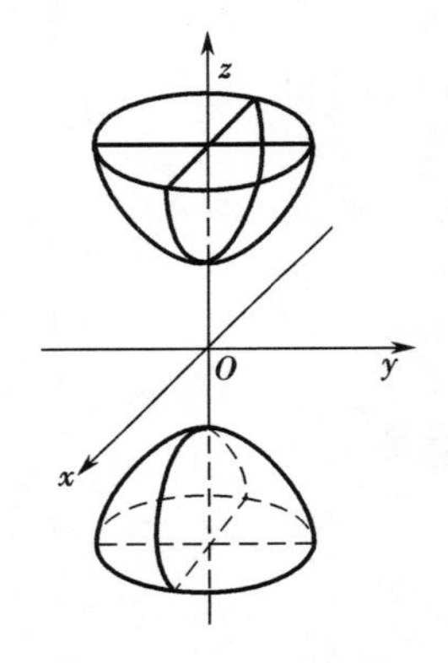

图 7.38 双叶双曲面

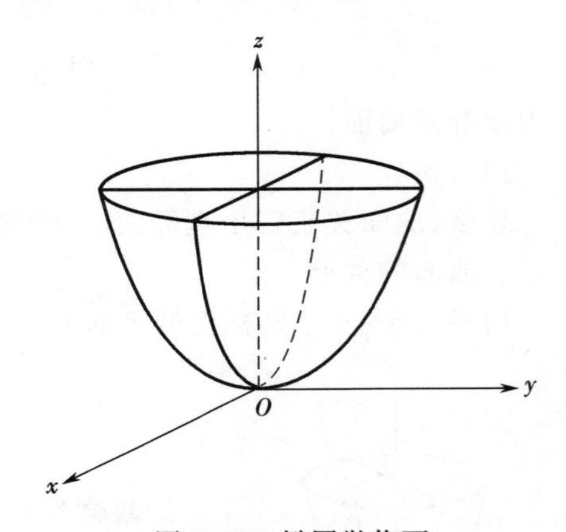

图 7.39 椭圆抛物面

4.椭圆抛物面

方程

$$\frac{x^2}{a^2}+\frac{y^2}{b^2}=2pz\,(p>0) \tag{7.5.12}$$

称为**椭圆抛物面**.

1)对称性

曲面关于两个坐标面 yOz、xOz 和 z 轴对称.

2)曲面的截痕

用平面 $z=h$ 截曲面,交线是

$$\begin{cases}\dfrac{x^2}{a^2}+\dfrac{y^2}{b^2}=2pz,\\ z=h\,(h>0).\end{cases}$$

显然,它是 $z=h$ 平面上的椭圆,且随 $|h|$ 的增大而变大.用 $x=0$ 与 $y=0$ 坐标面截曲面,所得交线为

$$\begin{cases} \dfrac{y^2}{b^2}=2pz, \\ x=0; \end{cases} \quad \begin{cases} \dfrac{x^2}{a^2}=2pz, \\ y=0. \end{cases}$$

它们均为相应坐标面上的抛物线.椭圆抛物面的图形如图 7.39 所示.当 $p<0$ 时,开口朝下.

5.双曲抛物面

方程

$$\frac{x^2}{a^2}-\frac{y^2}{b^2}=2pz(a,b>0,p\neq 0) \tag{7.5.13}$$

所确定的曲面称为**双曲抛物面**或**鞍形曲面**.

设 $p>0$.以 xOy 坐标面截此曲面所得截线为一对相交于原点的直线

$$\frac{x}{a}+\frac{y}{b}=0, \frac{x}{a}-\frac{y}{b}=0.$$

平面 $z=h$ 与曲面的截痕是双曲线,方程为

$$\begin{cases} \dfrac{x^2}{a^2}-\dfrac{y^2}{b^2}=2pz, \\ z=h. \end{cases}$$

当 $h>0$ 时,其实轴与 Ox 轴平行;当 $h<0$ 时,其实轴与 Oy 轴平行.

zOx 坐标面与曲面的交线是抛物线,方程为

$$\begin{cases} x^2=2a^2pz, \\ y=0, \end{cases}$$

其顶点在原点,且以 z 轴为其轴,以平行于 zOx 坐标面的平面 $y=h$ 截此曲面所得截痕也都是抛物线,方程为

$$\begin{cases} x^2=2p(z+\dfrac{y^2}{2pb^2})a^2, \\ y=h, \end{cases}$$

其顶点为$(0,h,-\dfrac{h^2}{2pb^2})$,轴平行于 z 轴.

以坐标面 yOz 或平面 $x=h$ 截此曲面所得截痕也都是抛物线,它们的轴也都平行于 z 轴.

双曲抛物面的图形如图 7.40 所示.

6.椭圆锥面简介

方程为$\dfrac{x^2}{a^2}+\dfrac{y^2}{b^2}-\dfrac{z^2}{c^2}=0\ (a,b,c>0)$.图形如图 7.41(当 $a=b$ 时,为圆锥面)所示.

上述曲面的方程都是关于 x,y,z 的二次方程,因而也称此类曲面为**二次曲面**.一般地,二次曲面是指三元二次方程

$$a_1x^2+a_2y^2+a_3z^2+a_4xy+a_5yz+a_6zx+a_7x+a_8y+a_9z+a_{10}=0$$

所表示的曲面,其中 $a_i(i=1,2,\cdots,10)$为常数.

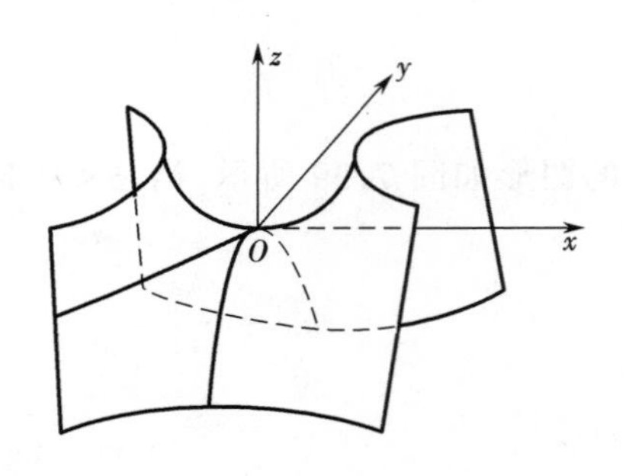

图 7.40　双曲抛物面

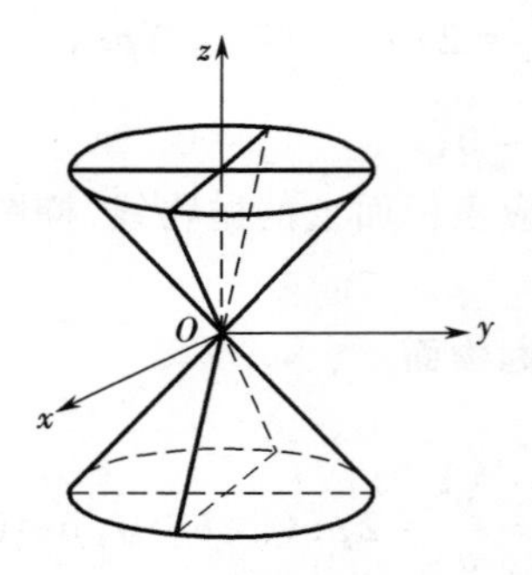

图 7.41　椭圆锥面

7.6　空间曲线

空间曲线可看作两个曲面的交线,因而可用两曲面方程

$$\begin{cases} f_1(x,y,z)=0, \\ f_2(x,y,z)=0 \end{cases} \tag{7.6.1}$$

来表示.例如曲线

$$l:\begin{cases} x^2+y^2=4, \\ x-y+z=4 \end{cases} \tag{7.6.2}$$

表示柱面与平面的交线.

空间曲线也可以用参数方程表示,即把空间曲线上任何一点的直角坐标 x,y,z 分别表示为参数 t 的函数:

$$\begin{cases} x=\varphi(t), \\ y=\psi(t), \\ z=\chi(t). \end{cases} \tag{7.6.3}$$

称式(7.6.3)为空间曲线的参数方程.

例如,对于式(7.6.2)所表示的空间曲线,在第一个方程中可令 $x=2\cos t$, $y=2\sin t$,将它们代入第二个方程中,得

$$z=4-2\cos t+2\sin t.$$

所以式(7.6.2)的参数方程是

$$\begin{cases} x=2\cos t, \\ y=2\sin t, \\ z=4-2\cos t+2\sin t. \end{cases} \tag{7.6.4}$$

在实际中常需要确定空间曲线在坐标面上的投影.设空间曲线 l 的方程为式(7.6.1),在方程组中消去 z,得

$$f(x,y)=0. \tag{7.6.5}$$

回顾前面关于柱面的讨论,容易知道,方程(7.6.5)表示母线平行于 z 轴的柱面,该柱

面包含曲线 l.称过曲线 l 平行于 z 轴的柱面与 xOy 坐标面的交线为空间曲线 l 在 xOy 面的**投影曲线**,即

$$\begin{cases} f(x,y)=0, \\ z=0. \end{cases} \tag{7.6.6}$$

同理,在方程组(7.6.1)中消去 x 或 y,便可得到空间曲线 l 在 yOz 坐标面或 zOx 坐标面上的投影曲线:

$$\begin{cases} g(y,z)=0, \\ x=0. \end{cases} \tag{7.6.7}$$

或

$$\begin{cases} h(x,z)=0, \\ y=0. \end{cases} \tag{7.6.8}$$

例 7.6.1　求曲线

$$l:\begin{cases} x^2+y^2+z^2=9, \\ z=x+2 \end{cases}$$

在坐标面上的投影曲线.

解　在所给方程中消去 z,得曲线 l 在 xOy 平面上的投影曲线:

$$\begin{cases} 2x^2+4x+y^2=5, \\ z=0. \end{cases}$$

这是在 xOy 坐标面上的椭圆.

类似地,消去 x,得到曲线 l 在 yOz 坐标面上的投影曲线:

$$\begin{cases} 2z^2-4z+y^2=5, \\ x=0. \end{cases}$$

此亦是 yOz 坐标面上的椭圆.

因为曲线 l 包含在平行于 y 轴的平面 $z=x+2$ 上,所以 l 在 zOx 坐标面上的投影曲线为

$$\begin{cases} z=x+2, \\ y=0, \end{cases}$$

其中 $-\sqrt{\frac{7}{2}}-1\leqslant x\leqslant\sqrt{\frac{7}{2}}-1$,这是 zOx 坐标面上的线段.

习题 7

1. 根据下列条件,确定点 B 的未知坐标:

(1) $A(4,-7,1)$, $B(6,2,z)$, $|AB|=11$;

(2) $A(2,3,4)$, $B(x,-2,4)$, $|AB|=5$.

2. 求 $M_1(1,-2,2)$, $M_2=(3,-5,-4)$两点间距离.

3. 求顶点为 $A(2,5,0)$, $B(11,3,8)$, $C(5,1,11)$的三角形各边长.

4. 如果平面上一个四边形的对角线相互平分,试用向量证明它是平行四边形.

5. 已知$\triangle ABC$ 各边 AB, BC 和 CA 中点分别是 Q,R,T,试证$\overrightarrow{AR}+\overrightarrow{BT}+\overrightarrow{CQ}=\mathbf{0}$.

6.证明:任何三角形两边中点的连线平行且等于第三边的一半.

7.设 $\boldsymbol{u}=\boldsymbol{a}-\boldsymbol{b}+2\boldsymbol{c}$,$\boldsymbol{v}=-\boldsymbol{a}+3\boldsymbol{b}-\boldsymbol{c}$,试用 $\boldsymbol{a},\boldsymbol{b},\boldsymbol{c}$ 表示 $2\boldsymbol{u}-3\boldsymbol{v}$.

8.求平行于向量 $\boldsymbol{a}=\{6,7,-6\}$的单位向量.

9.已知两点 $M_1(2,5,-3)$,$M_2(3,-2,5)$,M 是线段$\overline{M_1M_2}$上一点且满足$\overrightarrow{M_1M}=3\overrightarrow{MM_2}$.求向量$\overrightarrow{OM}$的坐标.

10.已知 $\boldsymbol{a}=\{2,3,0\}$,$\boldsymbol{b}=\{6,-1,0\}$,$\boldsymbol{c}=\{1,0,2\}$,试求向量 $\boldsymbol{m}=\{-1,7,2\}$关于向量 $\boldsymbol{a},\boldsymbol{b},\boldsymbol{c}$ 的分解式.

11.若向量 $\boldsymbol{a}$ 和 $\boldsymbol{b}$ 的夹角为 $60°$,且 $|\boldsymbol{a}|=5$,$|\boldsymbol{b}|=8$,试求 $|\boldsymbol{a}+\boldsymbol{b}|$ 和 $|\boldsymbol{a}-\boldsymbol{b}|$.

12.设 $\boldsymbol{a}=2\boldsymbol{i}-\boldsymbol{j}$,$\boldsymbol{b}=\boldsymbol{j}+\boldsymbol{k}$,$\boldsymbol{c}=2\boldsymbol{i}+\boldsymbol{j}+4\boldsymbol{k}$,求向量 $\boldsymbol{d}=3\boldsymbol{a}+2\boldsymbol{b}+\boldsymbol{c}$ 的模与方向余弦.

13.设 $\boldsymbol{a}=\{3,5,-2\}$,$\boldsymbol{b}=\{2,1,4\}$,问 λ 与 μ 有怎样的关系,能够使 $\lambda\boldsymbol{a}+\mu\boldsymbol{b}$ 与 z 轴垂直?

14.求由点 $A(1,-2,3)$,$B(4,-4,-3)$,$C(2,4,3)$和 $D(8,6,6)$构成的向量$\overrightarrow{AB}$在$\overrightarrow{CD}$上的投影.

15.求以向量 $\boldsymbol{a}=\{1,2,-1\}$,$\boldsymbol{b}=\{1,-1,0\}$为邻边的平行四边形的面积.

16.求同时垂直于向量 $\boldsymbol{a}=2\boldsymbol{i}+\boldsymbol{k}$ 和 $\boldsymbol{b}=\boldsymbol{j}-\boldsymbol{k}$ 的单位向量.

17.已知向量 $\boldsymbol{a}=2\boldsymbol{i}-3\boldsymbol{j}+\boldsymbol{k}$,$\boldsymbol{b}=\boldsymbol{i}-\boldsymbol{j}+3\boldsymbol{k}$ 和 $\boldsymbol{c}=\boldsymbol{i}-2\boldsymbol{j}$,计算:

(1)$(\boldsymbol{a}\cdot\boldsymbol{b})\boldsymbol{c}-(\boldsymbol{a}\cdot\boldsymbol{c})\boldsymbol{b}$;　(2)$(\boldsymbol{a}+\boldsymbol{b})\times(\boldsymbol{b}+\boldsymbol{c})$;　(3)$(\boldsymbol{a}\times\boldsymbol{b})\cdot\boldsymbol{c}$.

18.验证四点 $A(1,0,3)$,$B(-1,-2,1)$,$C(2,2,5)$及 $D(-2,-4,-1)$共面.

19.试用向量证明不等式:

$$\sqrt{a_1^2+a_2^2+a_3^2}\cdot\sqrt{b_1^2+b_2^2+b_3^2}\geqslant|a_1b_1+a_2b_2+a_3b_3|,$$

其中 a_1,a_2,a_3,b_1,b_2,b_3为任意实数,并指出等号成立的条件.

20.试用向量证明直径所对的圆周角是直角.

21.已知 $\boldsymbol{a},\boldsymbol{b},\boldsymbol{c}$ 为三个单位向量,且 $\boldsymbol{a}+\boldsymbol{b}+\boldsymbol{c}=\boldsymbol{0}$,求 $\boldsymbol{a}\cdot\boldsymbol{b}+\boldsymbol{b}\cdot\boldsymbol{c}+\boldsymbol{c}\cdot\boldsymbol{a}$ 的值.若 $\boldsymbol{a},\boldsymbol{b},\boldsymbol{c}$ 为任意向量时,结果如何?

22.证明:$(\boldsymbol{a}+\boldsymbol{b})\cdot[(\boldsymbol{a}+\boldsymbol{c})\times\boldsymbol{b}]=-\boldsymbol{a}\cdot(\boldsymbol{b}\times\boldsymbol{c})$.

23.证明:$\boldsymbol{a}\times(\boldsymbol{b}\times\boldsymbol{c})=(\boldsymbol{a}\cdot\boldsymbol{c})\boldsymbol{b}-(\boldsymbol{a}\cdot\boldsymbol{b})\boldsymbol{c}$.

24.求满足下列条件的平面方程:

(1)过点$(2,5,3)$且平行于 xOz 平面;

(2)过 z 轴和点$(3,1,-2)$;

(3)过两点$(4,0,-2)$,$(5,1,7)$且平行于 x 轴.

25.指出下列各平面的位置:

(1)$x=0$;　(2)$2x-3y-6=0$;

(3)$x+z=1$;　(4)$6x+5y-z=0$.

26.求平面 $3x-4y+z=5$ 的截距式方程.

27.求平面 $4x+4y-z-8=0$ 的截距并画出该平面.

28.试将下列方程化为法式方程:

(1)$x-2y+2z-3=0$;　(2)$2x-y+2z-9=0$.

29. 分别求出点$(1,2,3)$,$(-1,7,6)$,$(8,3,-4)$到平面 $2x-2y+z-3=0$ 的距离.

30. 求两平面间的夹角:

(1)$4x+2y+4z-7=0$ 与 $3x-4y=0$;

(2)$x-y+z+1=0$ 与 $2x-y-3z+5=0$.

31. 求满足下列条件的直线方程:

(1)经过点$(3,5,-2)$和$(1,3,4)$;

(2)过点$(0,-3,2)$且与两点$(3,4,-7)$和$(2,7,-6)$的连线平行;

(3)过点$(3,0,-1)$且与直线$\begin{cases}x+2z-4=0,\\y+3z-5=0\end{cases}$平行.

32. 求下列直线的标准方程和参数方程:

(1)$\begin{cases}x-y+z+5=0,\\5x-8y+4z+36=0;\end{cases}$

(2)$\begin{cases}x=3z-5,\\y=2z-8.\end{cases}$

33. 求直线$\dfrac{x-3}{1}=\dfrac{y+2}{-1}=\dfrac{z}{\sqrt{2}}$和$\dfrac{x+2}{1}=\dfrac{y-3}{1}=\dfrac{z+5}{\sqrt{2}}$间的夹角.

34. 求点 $M(1,2,3)$到直线$\dfrac{x}{1}=\dfrac{y-4}{-3}=\dfrac{z-3}{-2}$的距离.

35. 求两平行直线 $x=t+1,y=2t-1,z=t$ 和 $x=t+2,y=2t-1,z=t+1$ 间的距离.

36. 判断下列各题中直线和平面间的关系:

(1)$\dfrac{x+3}{-2}=\dfrac{y+4}{-7}=\dfrac{z}{3}$和 $4x-2y-2z=3$;

(2)$\dfrac{x}{3}=\dfrac{y}{-2}=\dfrac{z}{7}$和 $3x-2y+7z=8$.

37. 在平面 $x+y+z+1=0$ 内求一直线,使其通过已知直线

$$\begin{cases}y+z+1=0,\\x+2z=0\end{cases}$$

与该平面的交点且垂直于已知直线.

38. 写出以点 $A(1,3,-2)$为球心并通过坐标原点的球面方程.

39. 一球面过点$(0,0,0)$,$(1,-1,1)$,$(1,2,-1)$和$(2,3,0)$,求此球面方程.

40. 在空间直角坐标系下,下列方程的图形是什么?

(1)$x^2+4y^2-4=0$;　　(2)$y^2+z^2=-z$;　　(3)$z=x^2-2x+1$.

41. 设某柱面母线的方向是$(2,1,-1)$,准线为$\begin{cases}y^2-4x=0,\\z=0.\end{cases}$试写出此柱面方程.

42. 试考察曲面$\dfrac{x^2}{9}+\dfrac{y^2}{25}+\dfrac{z^2}{4}=1$在下列平面上的截痕,并写出这些截痕的方程:

(1)在平面 $x=0$ 上;　　(2)在平面 $x=2$ 上;

(3)在平面 $y=0$ 上;　　(4)在平面 $z=1$ 上.

第 8 章　多元函数微分学

8.1　多元函数的极限与连续

8.1.1　$\mathbf{R}^n$空间

1.$\mathbf{R}^n$空间的概念

在空间直角坐标系 $O-xyz$ 中，空间中每个向量 $\boldsymbol{x}$ 与三元有序数组(x_1,x_2,x_3)一一对应，于是我们称 $\boldsymbol{x}$ 为三维向量，称三维向量全体构成的集合为三维向量空间，记作 $\mathbf{R}^3$. 推而广之，若向量 $\boldsymbol{x}$ 与 n 元有序数组$(x_1,x_2,\cdots,x_n)$一一对应，则称 $\boldsymbol{x}$ 为 n 维向量，并且称 n 维向量全体构成的集合为 **n 维向量空间**，记作 $\mathbf{R}^n$.

在 $\mathbf{R}^n$空间中也可像 $\mathbf{R}^3$空间那样引进加法 、减法、数乘与数量积等运算. 设 $\boldsymbol{x}=(x_1,x_2,\cdots,x_n)$, $\boldsymbol{y}=(y_1,y_2,\cdots,y_n)$是 $\mathbf{R}^n$ 中的两个向量, $\alpha\in\mathbf{R}$,定义加法、数乘与数量积运算如下：

(1) $\boldsymbol{x}+\boldsymbol{y}=(x_1+y_1,x_2+y_2,\cdots,x_n+y_n)$, (8.1.1)

(2) $\alpha\boldsymbol{x}=(\alpha x_1,\alpha x_2,\cdots,\alpha x_n)$, (8.1.2)

(3) $\boldsymbol{x}\cdot\boldsymbol{y}=\langle\boldsymbol{x},\boldsymbol{y}\rangle=\sum\limits_{i=1}^{n}x_iy_i$, (8.1.3)

则称这样的空间为 **n 维欧几里得(Euclidean)空间**,简称 **n 维欧氏空间**,仍记为 $\mathbf{R}^n$. 可见 n 维欧氏空间就是在 n 维向量空间中定义了上述线性运算及数量积运算的空间. 今后, $\mathbf{R}^n$ 即指 n 维欧氏空间.

在 n 维欧氏空间 $\mathbf{R}^n$ 中,向量 $\boldsymbol{x}=(x_1,x_2,\cdots,x_n)$也称为点 $X(x_1,x_2,\cdots,x_n)$,向量 $\boldsymbol{x}$ 的分量也称为坐标. 我们定义向量 $\boldsymbol{x}$ 的**模** $\|\boldsymbol{x}\|$ 为

$$\|\boldsymbol{x}\|=\langle\boldsymbol{x},\boldsymbol{x}\rangle^{\frac{1}{2}}=\sqrt{\sum_{i=1}^{n}x_i^2}. \tag{8.1.4}$$

而向量 $\boldsymbol{x}$ 与 $\boldsymbol{y}$ 之间夹角的余弦定义为

$$\cos(\boldsymbol{x}\hat{,}\boldsymbol{y})=\frac{\langle\boldsymbol{x},\boldsymbol{y}\rangle}{\|\boldsymbol{x}\|\cdot\|\boldsymbol{y}\|}, \tag{8.1.5}$$

$\boldsymbol{x}$ 与 $\boldsymbol{y}$ 之间的**距离**则定义为

$$\|\boldsymbol{y}-\boldsymbol{x}\|=\sqrt{\sum_{i=1}^{n}(y_i-x_i)^2}, \tag{8.1.6}$$

并且对 $\mathbf{R}^n$ 中任意三个向量 $\boldsymbol{x},\boldsymbol{y},\boldsymbol{z}$，成立下述三角不等式

$$\|\boldsymbol{x}-\boldsymbol{y}\| \leqslant \|\boldsymbol{x}-\boldsymbol{z}\| + \|\boldsymbol{z}-\boldsymbol{y}\|. \tag{8.1.7}$$

2. n 维欧氏空间 $\mathbf{R}^n$ 中的开集与闭集

定义 8.1.1　设点 $X_0 \in \mathbf{R}^n$，常数 $\delta > 0$，$\mathbf{R}^n$ 中的子集

$$\{X \mid \|X - X_0\| < \delta\} \tag{8.1.8}$$

和

$$\{X \mid |x_i - x_i^0| < \delta, i = 1,2,\cdots,n\} \tag{8.1.9}$$

分别称为以点 $X_0 = (x_1^0, x_2^0, \cdots, x_n^0)$ 为中心的 **$\boldsymbol{\delta}$ 球邻域**和 **$\boldsymbol{\delta}$ 方邻域**.

显然，当 $n=1$ 时式(8.1.8)和式(8.1.9)就是第 1 章的 $U(X_0,\delta)$；$n=2$ 时，集合(8.1.8)是以 X_0 为心，以 δ 为半径的圆(称之为 δ 圆邻域)，集合(8.1.9)是以 X_0 为心，以 2δ 为边的正方形. 如图 8.1 所示.

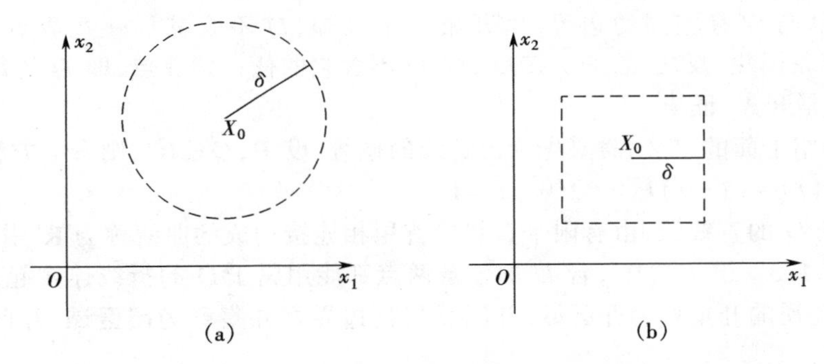

图 8.1　点的邻域

(a) X_0 的 δ 圆邻域　(b) X_0 的 δ 方邻域

注意，这两种邻域只是形式不同，没有本质区别. 这是因为在以点 X_0 为心的球(圆)邻域内总存在以点 X_0 为心的方邻域，反之亦然(图 8.2). 因此通常不加区别地用“点 X_0 的 δ 邻域”泛指这两种形式的邻域，并统一记为 $U(X_0,\delta)$. 特别地，当我们不关心 δ 的大小时，便称之为 X_0 的邻域，记为 $U(X_0)$.

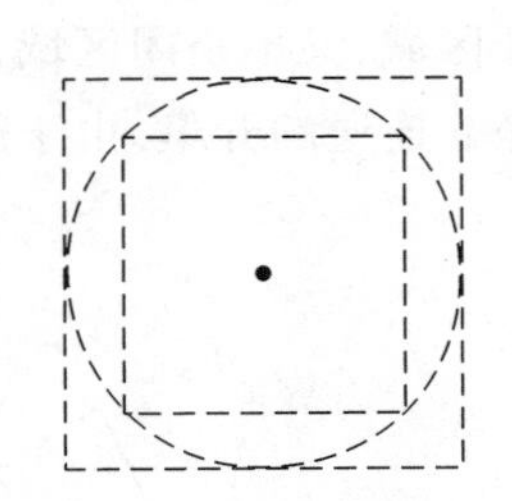

图 8.2　球邻域与方邻域没有本质区别

与第 1 章的情形类似，集合 $\{X \mid 0 < \|X - X_0\| < \delta\}$ 或 $\{X \mid |x_i - x_i^0| < \delta, i=1,2,\cdots,n, X \neq X_0\}$ 称为点 X_0 的 δ 空心邻域，记为 $\mathring{U}(X_0,\delta)$. 当不关心 δ 的大小时，记为 $\mathring{U}(X_0)$.

定义 8.1.2　设 $D \subset \mathbf{R}^n$. ①称点 $X \in D$ 是 D 的**内点**，如果 $\exists \delta > 0$，有 $U(X,\delta) \subset D$；如果 D 中每一点都是其内点，则称 D 是 $\mathbf{R}^n$ 的**开集**. ②称点 $X \in \mathbf{R}^n$ 是 D 的**边界点**，如果 $\forall \delta > 0$，在邻域 $U(X,\delta)$ 内既含有点集 D 中的点，又含有不属于 D 的点. D 的所有边界点的集合，称为 D 的**边界**，记为 ∂D. 若 $\partial D \subset D$，则称 D 为**闭集**(参见图 8.3). ③称点 X 是 D 的**聚点**，如果 $\forall \delta > 0$，在点 X 的去心邻域 $\mathring{U}(X,\delta)$ 内总有 D 中的点.

例如，设平面点集 $D = \{(x_1,x_2) \mid 1 \leqslant x_1^2 + x_2^2 < 4\}$，则满足 $1 < x_1^2 + x_2^2 < 4$ 的一切

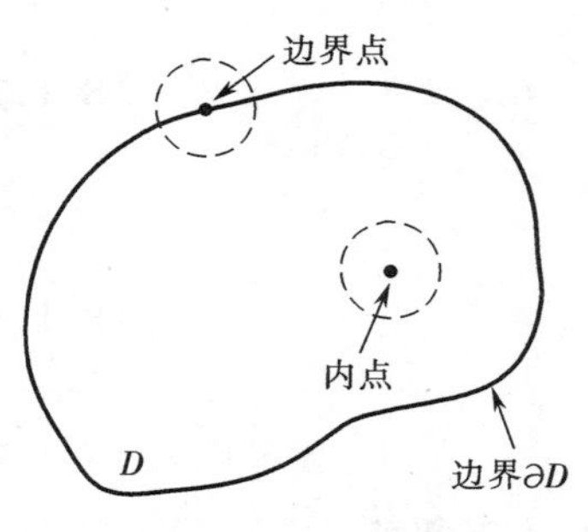

图 8.3　定义 8.1.2 图

点都是 D 的内点；满足 $x_1^2+x_2^2=1$ 的点是 D 的边界点，它们都属于 D；满足 $x_1^2+x_2^2=4$ 的一切点也都是 D 的边界点，但它们都不属于 D，即 $\partial D=\{(x_1,x_2)\mid x_1^2+x_2^2=1$ 或 $x_1^2+x_2^2=4\}$. 由此可见，一个点集的内点必属于它，而边界点则可能属于它，也可能不属于它. 显然，平面点集 D 既不是 $\mathbf{R}^2$ 的开集也不是 $\mathbf{R}^2$ 的闭集. 但点集 $D_1=\{(x_1,x_2)\mid 1<x_1^2+x_2^2<4\}$ 是开集. 而 $D_2=\{(x_1,x_2)\mid 1\leqslant x_1^2+x_2^2\leqslant 4\}$ 是闭集.

关于开集与闭集的关系，有如下定理.

定理 8.1.1　$D\subset\mathbf{R}^n$ 是 $\mathbf{R}^n$ 的开集的充要条件是其余集 $D^c=\mathbf{R}^n\setminus D$ 是 $\mathbf{R}^n$ 的闭集；$E\subset\mathbf{R}^n$ 是 $\mathbf{R}^n$ 的闭集的充要条件是其余集 $E^c=\mathbf{R}^n\setminus E$ 是 $\mathbf{R}^n$ 的开集.

证　只证第一部分，同理可证第二部分.

注意，D 与 D^c 有相同的边界. 由开集的定义知，D 不含其任一边界点，即 $\partial D^c\subset D^c$，因此 D^c 是闭集. 反之，若 $\partial D^c\subset D^c$，则 D 不含它的任一边界点，即 D 的每一点都是内点，故 D 是开集. 证毕.

为了介绍下面的定义，需要先给出折线的概念. 设 $P,Q\in\mathbf{R}^n$，则参数方程

$$X(t)=(1-t)P+tQ\,(0\leqslant t\leqslant 1)$$

是连接 P 与 Q 的直线段. 由有限个直线段首尾相连接构成的曲线称为 $\mathbf{R}^n$ 中的**折线**.

定义 8.1.3　设 $D\subset\mathbf{R}^n$，若 D 的任意两点都能用属于 D 的折线连接起来，则称 D 是**连通**的. 连通的开集称为**开区域**. 开区域与其边界之并集称为**闭区域**. 开区域和闭区域统称**区域**.

例如，$D_3=\{(x_1,x_2)\mid x_1^2+x_2^2<4\}$ 是 $\mathbf{R}^2$ 中的开区域，而 $D_4=\{(x_1,x_2)\mid a\leqslant x_1\leqslant b,c\leqslant x_2\leqslant d\}$ 是 $\mathbf{R}^2$ 中的闭区域. 图 8.4 所示的点集 D_5 是 $\mathbf{R}^2$ 中的一连通集，但它既不是开区域，又不是闭区域，因为 D_5 只包含了内边界点而未包含外边界点. 图 8.5 中的集合是非连通的开集. 由于原点不属于该集合，故点 P 和点 Q 不能用折线连接起来.

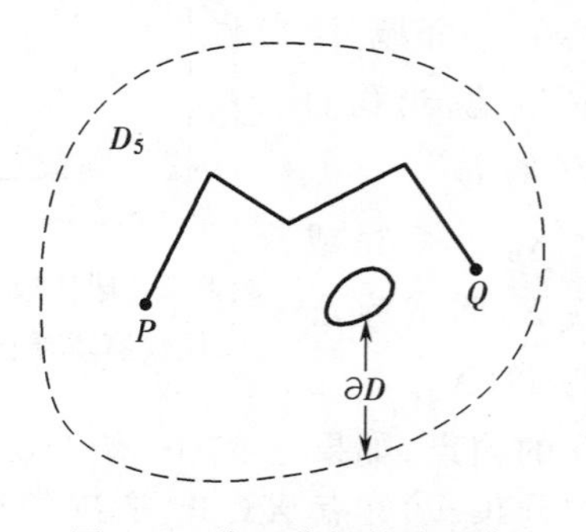

图 8.4　非开非闭的连通集

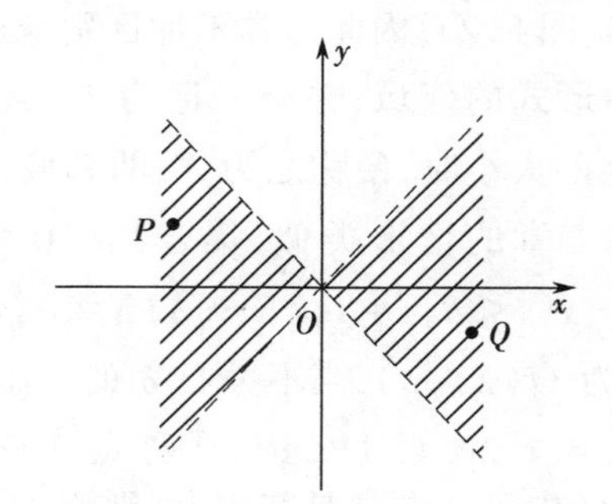

图 8.5　非连通的开集

定义 8.1.4　设 O 为原点，若 $\exists\, r>0$，使点集 $D\subset U(O,r)$，则称 D 是**有界集**；否则称为**无界集**.

定义 8.1.5　设 D 是 $\mathbf{R}^n$ 的有界点集.正数

$$d(D)=\sup\{\|P_1-P_2\| \mid P_1,P_2\in D\}$$

称为 D 的**直径**.

例如,平面圆域的直径就是圆的直径,矩形域的直径是它的对角线长.当且仅当 $d(D)$ 有限时,D 是有界点集.

3. n 维欧氏空间 $\mathbf{R}^n$ 中点列收敛概念

定义 8.1.6　设 $\{P_m\}$ 为 $\mathbf{R}^n$ 中的点列,$P_0\in\mathbf{R}^n$.若 $\forall\varepsilon>0$,$\exists N\in\mathbf{N}$,当 $m>N$ 时有

$$\|P_m-P_0\|<\varepsilon, \tag{8.1.10}$$

则称点列 $\{P_m\}$ 存在**极限**或**收敛**,极限是 P_0,记为

$$\lim_{m\to\infty}P_m=P_0 \text{ 或 } P_m\to P_0(m\to\infty).$$

利用邻域的概念,上述极限定义又可等价地叙述为:$\forall\varepsilon>0$,$\exists N$,当 $m>N$ 时,有 $P_m\in U(P_0,\varepsilon)$.

定理 8.1.2　点列 $\{P_m\}\subset\mathbf{R}^n$ 收敛于 P_0 的充要条件是:若记 $P_m=(x_1^m,x_2^m,\cdots,x_n^m)$,$P_0=(x_1^0,x_2^0,\cdots,x_n^0)$,则

$$\lim_{m\to\infty}x_i^m=x_i^0(i=1,2,\cdots,n).$$

此定理的证明比较容易,只要注意到关系式

$$|x_i^m-x_i^0|\leqslant\Big[\sum_{k=1}^{n}(x_k^m-x_k^0)^2\Big]^{\frac{1}{2}}=\|P_m-P_0\|$$

$$\leqslant\sum_{k=1}^{n}|x_k^m-x_k^0| \qquad (i=1,2,\cdots,n).$$

定理 8.1.3　**(柯西收敛准则)**点列 $\{P_m\}\subset\mathbf{R}^n$ 收敛的充要条件是:$\forall\varepsilon>0$,$\exists N$,当 $m,k>N$ 时,有

$$\|P_m-P_k\|<\varepsilon. \tag{8.1.11}$$

证明略.

8.1.2　二元函数的极限与连续

定义 8.1.7　设给定点集 $D\subset\mathbf{R}^n$ 和实数集 $\mathbf{R}$.若对每一点 $X=(x_1,x_2,\cdots,x_n)\in D$,都可依给定的规则 f 确定唯一的实数 u 与之对应,则称 f 是从 D 到 $\mathbf{R}$ 内的一个 n 元函数,记作

$$f:D\subset\mathbf{R}^n\to\mathbf{R}.$$

$x_1,x_2,\cdots,x_n$ 称为**自变量**,u 称为**因变量**.自变量的变化范围 D 称为函数 f 的**定义域**,u 称为函数 f 在点 X 处的**函数值**,记作 $u=f(X)$ 或 $u=f(x_1,x_2,\cdots,x_n)$.u 的变化范围称为函数 f 的**值域**,记为 $f(D)$.

习惯上,二元(三元)函数常记为 $z=f(x,y)$,$u=f(x,y,z)$.二元及二元以上的函数通称**多元函数**.本章主要讨论二元函数的微分学及其基本理论.

1.二元函数的极限

定义 8.1.8 设二元函数 $f(P)$ 的定义域为 D，$P_0(x_0,y_0)$ 是 D 的聚点，A 是一实数.若 $\forall\varepsilon>0$，$\exists\delta>0$，当 $P\in D$ 且 $0<\|P-P_0\|<\delta$ 时，有

$$|f(P)-A|<\varepsilon,$$

则称 A 是当 $P\to P_0$ 时 $f(P)$ 的**极限**，或称 $f(P)$ **收敛**于 A，记作

$$\lim_{P\to P_0}f(P)=A.$$

当 P,P_0 分别用坐标 (x,y)，(x_0,y_0) 表示时，则记作

$$\lim_{\substack{x\to x_0\\y\to y_0}}f(x,y)=A \text{ 或 } \lim_{(x,y)\to(x_0,y_0)}f(x,y)=A.$$

注 (1)$0<\|P-P_0\|<\delta$ 是指 $P\in\mathring{U}(P_0,\delta)$，即上述定义是在圆邻域下给出的，有时利用方邻域比较方便，则可将“$0<\|P-P_0\|<\delta$”改为“$|x-x_0|<\delta$，$|y-y_0|<\delta$ 且 $(x,y)\neq(x_0,y_0)$”.

(2)上述二元函数极限也常称为**二重极限**.必须注意所谓二重极限存在，是指点 (x,y) 以任何方式趋近于 (x_0,y_0) 时，函数都无限接近于 A.因此，若 (x,y) 以不同方式趋近于 (x_0,y_0) 时，函数趋近于不同的值，则可断定此函数极限不存在.

例 8.1.1 证明：$\lim\limits_{\substack{x\to0\\y\to0}}(x^2+y^2)\sin\dfrac{1}{x^2+y^2}=0$.

证 因为

$$\left|(x^2+y^2)\sin\frac{1}{x^2+y^2}-0\right|=|x^2+y^2|\cdot\left|\sin\frac{1}{x^2+y^2}\right|\leqslant x^2+y^2.$$

可见，$\forall\varepsilon>0$，取 $\delta=\sqrt{\varepsilon}$，则当 $0<\sqrt{(x-0)^2+(y-0)^2}<\delta$ 时，总有

$$\left|(x^2+y^2)\sin\frac{1}{x^2+y^2}-0\right|\leqslant x^2+y^2<\varepsilon,$$

所以

$$\lim_{\substack{x\to0\\y\to0}}(x^2+y^2)\sin\frac{1}{x^2+y^2}=0.$$

例 8.1.2 设

$$f(x,y)=\begin{cases}x\sin\dfrac{1}{y}+y\sin\dfrac{1}{x}, & xy\neq0,\\ 0, & xy=0 \text{ 且 } (x,y)\neq(0,0).\end{cases}$$

证明：$\lim\limits_{\substack{x\to0\\y\to0}}f(x,y)=0$.

证 因为

$$|f(x,y)-0|=\begin{cases}\left|x\sin\dfrac{1}{y}+y\sin\dfrac{1}{x}\right|, & xy\neq0\\ 0, & xy=0 \text{ 且 } (x,y)\neq(0,0).\end{cases}$$

故 $\forall\varepsilon>0$,

(1)若 $xy=0$ 且 $(x,y)\neq(0,0)$,则 $\forall\delta>0$,当 $|x|<\delta,|y|<\delta$ 时,

$$|f(x,y)-0|=0<\varepsilon;$$

(2)若 $xy\neq0$,取 $\delta=\frac{\varepsilon}{2}$,当 $|x|<\delta,|y|<\delta$ 时,

$$\begin{aligned}|f(x,y)-0|&=\left|x\sin\frac{1}{y}+y\sin\frac{1}{x}\right|\\&\leqslant|x|\cdot\left|\sin\frac{1}{y}\right|+|y|\cdot\left|\sin\frac{1}{x}\right|\\&\leqslant|x|+|y|<\varepsilon.\end{aligned}$$

于是,$\forall\varepsilon>0$,取 $\delta=\frac{\varepsilon}{2}$,当 $|x|<\delta,|y|<\delta$ 且 $(x,y)\neq(0,0)$ 时,有

$$|f(x,y)-0|<\varepsilon,$$

即 $$\lim_{\substack{x\to0\\y\to0}}f(x,y)=0.$$

下面是极限不存在的两个例子.

例 8.1.3　研究 $f(x,y)=\dfrac{xy}{x^2+y^2}$ 在 $(0,0)$ 点的极限.

解　显然 $f(0,y)\equiv0,f(x,0)\equiv0$,因而

$$\lim_{y\to0}f(0,y)=0,\lim_{x\to0}f(x,0)=0.$$

即当 (x,y) 沿着直线 $x=0$ 或 $y=0$ 趋于 $(0,0)$ 时,$f(x,y)$ 都趋于 0. 但当 (x,y) 沿直线 $y=mx(m\neq0)$ 趋于 $(0,0)$ 时,

$$\lim_{x\to0}f(x,mx)=\lim_{x\to0}\frac{mx^2}{x^2+m^2x^2}=\frac{m}{1+m^2}\neq0.$$

由此可见,当 (x,y) 沿上述不同方式趋于 $(0,0)$ 时所得结果是不同的,所以 $f(x,y)$ 在 $(0,0)$ 处极限不存在.

例 8.1.4　研究 $f(x,y)=\dfrac{x^2y}{x^4+y^2}$ 在 $(0,0)$ 处的极限.

解　首先考察当 (x,y) 沿过原点的直线 $y=mx$ 趋于 $(0,0)$ 时,

$$\lim_{x\to0}f(x,mx)=\lim_{x\to0}\frac{mx^3}{x^4+m^2x^2}=\lim_{x\to0}\frac{mx}{x^2+m^2}=0.$$

又当 (x,y) 沿直线 $x=0$ 趋于 $(0,0)$ 时,$f(x,y)$ 显然趋于 0. 所以,当动点 (x,y) 沿着过原点的任一直线趋于原点时,$f(x,y)$ 均趋于 0. 但当 (x,y) 沿抛物线 $y=x^2$ 趋于 $(0,0)$ 点时,

$$\lim_{x\to0}f(x,x^2)=\lim_{x\to0}\frac{x^4}{2x^4}=\frac{1}{2}.$$

按定义,$f(x,y)$ 在 $(0,0)$ 处极限不存在.

注　以上两例说明若点 (x,y) 以不同路径趋于 (x_0,y_0),而 $f(x,y)$ 趋于不同的数,则可以断定 $\lim\limits_{(x,y)\to(x_0,y_0)}f(x,y)$ 不存在;若已知 (x,y) 以几种不同方式趋于 (x_0,y_0)

时，$f(x,y)$趋于同一个数，并不能断定$f(x,y)$在(x_0,y_0)处有极限．但当已知$f(x,y)$在(x_0,y_0)处有极限时，则可以取一特殊路径来求此极限．

对于二元函数的极限，除了自变量各自同时趋于定值情形外，自变量还可按一定的先后次序趋于定值．

定义 8.1.9 设二元函数$f(x,y)$在点$M_0(x_0,y_0)$的δ邻域$U(M_0,\delta)$内有定义，先暂时在$U(M_0,\delta)$内把y看作常量，这时$f(x,y)$只是x的一元函数．当$x\to x_0$时，若$\lim\limits_{x\to x_0}f(x,y)$存在，则它是与$y$有关的函数，设$\varphi(y)=\lim\limits_{x\to x_0}f(x,y)$．然后再考虑当$y\to y_0$时函数$\varphi(y)$的变化情况．若$\lim\limits_{y\to y_0}\varphi(y)$也存在，记为$A$，则称$A$为$f(x,y)$在点$M_0(x_0,y_0)$先对$x$后对$y$的**累次极限**，记作

$$\lim_{y\to y_0}\lim_{x\to x_0}f(x,y)=A.$$

类似地，可定义$f(x,y)$在点$M_0(x_0,y_0)$先对y后对x的累次极限$\lim\limits_{x\to x_0}\lim\limits_{y\to y_0}f(x,y)$．

例 8.1.5

$$\lim_{y\to 0}\lim_{x\to 0}\frac{x^2-y^2}{x^2+y^2}=\lim_{y\to 0}-\frac{y^2}{y^2}=-1,\quad \lim_{x\to 0}\lim_{y\to 0}\frac{x^2-y^2}{x^2+y^2}=\lim_{x\to 0}\frac{x^2}{x^2}=1.$$

例 8.1.6 考察$f(x,y)=\dfrac{x^2y}{x^4+y^2}$在$(0,0)$处的累次极限．

解

$$\lim_{y\to 0}\lim_{x\to 0}\frac{x^2y}{x^4+y^2}=\lim_{y\to 0}0=0,\quad \lim_{x\to 0}\lim_{y\to 0}\frac{x^2y}{x^4+y^2}=\lim_{x\to 0}0=0\ .$$

显然函数$\dfrac{x^2y}{x^4+y^2}$的两个累次极限存在且相等，但由例 8.1.4 知其二重极限$\lim\limits_{\substack{x\to 0\\y\to 0}}\dfrac{x^2y}{x^4+y^2}$不存在．

例 8.1.7 设$f(x,y)=x\sin\dfrac{1}{y}$，试讨论其在$(0,0)$处的两个累次极限和二重极限．

解

$$\lim_{y\to 0}\lim_{x\to 0}x\sin\frac{1}{y}=\lim_{y\to 0}0=0,\quad \lim_{x\to 0}\lim_{y\to 0}x\sin\frac{1}{y}\text{不存在}.$$

但$\lim\limits_{\substack{x\to 0\\y\to 0}}x\sin\dfrac{1}{y}=0$．

注 由上述例题可以看出，二元函数的两个累次极限与二重极限这三者的关系并不一致．它们是各自独立的概念，在存在性上相互没有必然联系．但是，若补充某些条件，则它们彼此相等．

定理 8.1.4 设$\lim\limits_{\substack{x\to x_0\\y\to y_0}}f(x,y)=A$．若对$y_0$附近任意给定的$y$，$\lim\limits_{x\to x_0}f(x,y)$存在，则

$$\lim_{y\to y_0}\lim_{x\to x_0}f(x,y)=\lim_{\substack{x\to x_0\\y\to y_0}}f(x,y)=A. \tag{8.1.12}$$

若对 x_0 附近任意给定的 x，$\lim\limits_{y\to y_0} f(x,y)$ 存在，则

$$\lim_{x\to x_0}\lim_{y\to y_0} f(x,y)=\lim_{\substack{x\to x_0\\ y\to y_0}} f(x,y)=A. \tag{8.1.13}$$

证　只证式(8.1.12)即可．由二重极限定义，$\forall\varepsilon>0$，$\exists\delta>0$，$\forall(x,y)$：$|x-x_0|<\delta$，$|y-y_0|<\delta$ 且 $(x,y)\neq(x_0,y_0)$，有

$$|f(x,y)-A|<\varepsilon.$$

又由已知条件知，当 $0<|y-y_0|<\delta$ 时，极限 $\lim\limits_{x\to x_0} f(x,y)$ 存在，设

$$\lim_{x\to x_0} f(x,y)=\varphi(y),$$

对不等式 $|f(x,y)-A|<\varepsilon$ 两端取极限 $x\to x_0$，得

$$|\varphi(y)-A|\leqslant\varepsilon,$$

因此 $\lim\limits_{y\to y_0}\varphi(y)=A$ 即 $\lim\limits_{y\to y_0}\lim\limits_{x\to x_0} f(x,y)=A$.

二元函数极限有与一元函数极限类似的性质，下面仅介绍极限的四则运算性质．

定理 8.1.5　若函数 $f(x,y)$，$g(x,y)$ 都在点 $P_0(x_0,y_0)$ 存在极限，则

(1) $\lim\limits_{\substack{x\to x_0\\ y\to y_0}}[f(x,y)\pm g(x,y)]=\lim\limits_{\substack{x\to x_0\\ y\to y_0}} f(x,y)\pm\lim\limits_{\substack{x\to x_0\\ y\to y_0}} g(x,y)$；

(2) $\lim\limits_{\substack{x\to x_0\\ y\to y_0}}[f(x,y)\cdot g(x,y)]=\lim\limits_{\substack{x\to x_0\\ y\to y_0}} f(x,y)\cdot\lim\limits_{\substack{x\to x_0\\ y\to y_0}} g(x,y)$；

(3) $\lim\limits_{\substack{x\to x_0\\ y\to y_0}}\dfrac{f(x,y)}{g(x,y)}=\dfrac{\lim\limits_{\substack{x\to x_0\\ y\to y_0}} f(x,y)}{\lim\limits_{\substack{x\to x_0\\ y\to y_0}} g(x,y)}\quad(\lim\limits_{\substack{x\to x_0\\ y\to y_0}} g(x,y)\neq0)$.

证明略．

2. 二元函数连续性

仿照一元函数的情形，可以给出二元函数的连续性与一致连续性的定义．

定义 8.1.10　设函数 $z=f(x,y)$ 在点 $P_0(x_0,y_0)$ 及其邻域有定义，若

$$\lim_{\substack{x\to x_0\\ y\to y_0}} f(x,y)=f(x_0,y_0),$$

即 $\forall\varepsilon>0$，$\exists\delta>0$，$\forall(x,y)\in U(P_0,\delta)$，有

$$|f(x,y)-f(x_0,y_0)|<\varepsilon,$$

则称函数 $f(x,y)$ 在点 $P_0(x_0,y_0)$ 处**连续**．$P_0(x_0,y_0)$ 为函数 $f(x,y)$ 的连续点．

若函数 $f(x,y)$ 在 $P_0(x_0,y_0)$ 处不连续，则称 $P_0(x_0,y_0)$ 为函数 $f(x,y)$ 的**间断点**．

若函数 $f(x,y)$ 在区域 D 的任意一点都连续，则称函数 $f(x,y)$ 在区域 D 上连续，记为 $f(x,y)\in C(D)$ 或 $f\in C(D)$．若函数 $f(x,y)$ 在闭区域 D 的内点连续，且在区域的边界点也连续，则称函数 $f(x,y)$ 在闭区域 D 上连续．

例 8.1.8 设

$$f(x,y)=\begin{cases} xy\dfrac{x^2-y^2}{x^2+y^2}, & (x,y)\neq(0,0), \\ 0, & (x,y)=(0,0). \end{cases}$$

试证明 $f(x,y)$ 在原点处连续.

证 $\forall \varepsilon>0$,取 $\delta=\sqrt{\varepsilon}$.当 $\rho=\sqrt{(x-0)^2+(y-0)^2}=\sqrt{x^2+y^2}<\delta$,即

$$x^2+y^2<\delta^2=\varepsilon$$

时,有

$$\begin{aligned}|f(x,y)-f(0,0)|&=|f(x,y)|\\&=|xy|\frac{|x^2-y^2|}{|x^2+y^2|}\\&\leqslant|xy|=|x||y|\leqslant x^2+y^2<\varepsilon.\end{aligned}$$

所以 $f(x,y)$ 在原点处连续.

需要提请注意的是,一个二元(或多元)函数若对每个变元都连续,并不能推出它是一个二元(或多元)连续函数.例如函数

$$f(x,y)=\begin{cases} \dfrac{xy}{x^2+y^2}, & (x,y)\neq(0,0), \\ 0, & (x,y)=(0,0) \end{cases}$$

在全平面上对 x,y 都分别连续,但它作为二元函数在原点处极限不存在,当然也不连续(参见例 8.1.3).

定理 8.1.6 若函数 $f(x,y)$ 与 $g(x,y)$ 在点 $P_0(x_0,y_0)$ 连续,则函数

$$f(x,y)\pm g(x,y),f(x,y)\cdot g(x,y),\frac{f(x,y)}{g(x,y)}(g(x,y)\neq0)$$

在点 P_0 都连续.

证明从略.

定理 8.1.7 若函数 $u=\varphi(x,y),v=\psi(x,y)$ 在点 $P_0(x_0,y_0)$ 处连续,并且函数 $f(u,v)$ 在点 $(u_0,v_0)=(\varphi(x_0,y_0),\psi(x_0,y_0))$ 处连续,则复合函数 $f[\varphi(x,y),\psi(x,y)]$ 在点 $P_0(x_0,y_0)$ 处连续.

证明从略.

定理 8.1.8 **(保号性)**设函数 $f(x,y)$ 在区域 D 有定义,若 $f(x,y)$ 在点 $P_0(x_0,y_0)\in D$ 连续,且 $f(P_0)>0$,则 $\exists\delta>0,\forall(x,y)\in U(P_0,\delta)\cap D$,有 $f(x,y)>0$.

证明从略.

3.闭区域上连续函数的性质

定理 8.1.9 **(有界性)**若函数 $f(x,y)$ 在有界闭区域 D 上连续,则函数 $f(x,y)$ 在 D 上有界,即 $\exists M>0,\forall(x,y)\in D$,有 $|f(x,y)|\leqslant M$.

定理 8.1.10 **(最值性)**若函数 $f(x,y)$ 在有界闭区域 D 上连续,则它在 D 上必取到最大值 M 和最小值 m,即存在 $(x_1,y_1)\in D$ 和 $(x_2,y_2)\in D$,使 $f(x_1,y_1)=M$,

$f(x_2, y_2) = m$，且 $\forall (x, y) \in D$，有

$$m \leqslant f(x, y) \leqslant M.$$

定理 8.1.11　(介值性) 若函数 $f(x, y)$ 在有界闭区域 D 上连续，且 M 与 m 分别是函数 $f(x, y)$ 在 D 上的最大值与最小值，η 是 M 与 m 之间的任意数 $(m \leqslant \eta \leqslant M)$，则 $\exists P_0(x_0, y_0) \in D$，使

$$f(x_0, y_0) = \eta.$$

定义 8.1.11　设 $f(x, y)$ 定义在区域 D 上，若 $\forall \varepsilon > 0, \exists \delta > 0, \forall P_1(x_1, y_1)$，$P_2(x_2, y_2) \in D$，当 $\| P_1 - P_2 \| < \delta$ 时，有

$$|f(x_1, y_1) - f(x_2, y_2)| < \varepsilon,$$

则称 $f(x, y)$ 在 D 上**一致连续**.

定理 8.1.12　(一致连续性) 若函数 $f(x, y)$ 在有界闭区域 D 上连续，则 $f(x, y)$ 在 D 上一致连续.

以上定理不再给出证明.

8.2　偏导数与全微分

一元函数的导数是研究函数性质的重要工具. 同样，研究多元函数的性质也需要一元函数导数这样的概念.

8.2.1　偏导数

一元函数 $f(x)$ 对自变量 x 的导数就是 $f(x)$ 沿 x 轴方向的变化率. 对于多元函数，需要研究函数沿着各个不同方向的变化率问题. 特别地，函数沿某一坐标轴方向的变化率，就是偏导数的概念. 对于函数沿某一特定方向的变化率即方向导数的概念将在后面介绍.

下面，以二元函数为对象给出偏导数概念.

1. 偏导数的概念

定义 8.2.1　设函数 $z = f(x, y)$ 在区域 D 有定义. $P_0(x_0, y_0)$ 是 D 的内点. 若 $y = y_0$(常数)，一元函数 $f(x, y_0)$ 在 x_0 处可导，即极限

$$\lim_{\Delta x \to 0} \frac{f(x_0 + \Delta x, y_0) - f(x_0, y_0)}{\Delta x} \quad ((x_0 + \Delta x, y_0) \in D)$$

存在，则称此极限是函数 $z = f(x, y)$ 在 $P_0(x_0, y_0)$ 处关于 x 的**偏导数**，记为

$$\frac{\partial z}{\partial x}\Big|_{(x_0, y_0)}, \frac{\partial f}{\partial x}\Big|_{(x_0, y_0)}, \frac{\partial z}{\partial x}(x_0, y_0), \frac{\partial f}{\partial x}(x_0, y_0), \frac{\partial}{\partial x} z(x_0, y_0),$$

$$\frac{\partial}{\partial x} f(x_0, y_0) \text{或 } z'_x(x_0, y_0), f'_x(x_0, y_0).$$

类似地，若 $x = x_0$(常数)，一元函数 $f(x_0, y)$ 在 y_0 可导，即极限

$$\lim_{\Delta y\to 0}\frac{f(x_0,y_0+\Delta y)-f(x_0,y_0)}{\Delta y}\quad ((x_0,y_0+\Delta y_0)\in D)$$

存在,则称此极限是函数 $z=f(x,y)$ 在 $P_0(x_0,y_0)$ 关于 y 的**偏导数**,记为

$$\frac{\partial z}{\partial y}\Big|_{(x_0,y_0)},\frac{\partial f}{\partial y}\Big|_{(x_0,y_0)},\frac{\partial z}{\partial y}(x_0,y_0),\frac{\partial f}{\partial y}(x_0,y_0),\frac{\partial}{\partial y}z(x_0,y_0),$$

$$\frac{\partial}{\partial y}f(x_0,y_0)\text{或 } z'_y(x_0,y_0),f'_y(x_0,y_0).$$

若函数 $z=f(x,y)$ 在区域 D 的任意 (x,y) 点处都存在关于 x(或 y)的偏导数,则称 $z=f(x,y)$ 在 D 上存在关于 x(或 y)的偏导函数,简称偏导数,记为

$$\frac{\partial z}{\partial x},\frac{\partial f}{\partial x},\ z'_x(x,y),f'_x(x,y)\quad \left(\text{或}\frac{\partial z}{\partial y},\frac{\partial f}{\partial y},z'_y(x,y),f'_y(x,y)\right).$$

一般地,n 元函数 $u=f(x_1,x_2,\cdots,x_n)$ 关于变量 x_i 的偏导数就是极限(如果它存在):

$$\frac{\partial u}{\partial x_i}=\lim_{\Delta x_i\to 0}\frac{f(x_1,\cdots,x_{i-1},x_i+\Delta x_i,x_{i+1},\cdots,x_n)-f(x_1,\cdots,x_{i-1},x_i,x_{i+1},\cdots,x_n)}{\Delta x_i}.$$

从上述定义可以看出偏导数不是新概念,它不过是一个多元函数关于某一个自变量的导数.因此,一元函数的求导法则与导数性质许多可以直接应用于偏导数.特别是对于比较简单的多元函数完全可以采用这种“一元化”方法求其各个偏导数.但是由于多元函数的复杂性,某些一元函数导数性质的应用要增加一些条件.

顺便介绍关于向量值函数 $\boldsymbol{f}=(f_1,\cdots,f_m):D\subset\mathbf{R}^n\to\mathbf{R}^m$ 关于自变量 x_i 的偏导数概念,即它是如下极限(如果它存在):

$$\frac{\partial \boldsymbol{f}}{\partial x_i}=\lim_{\Delta x_i\to 0}\frac{\boldsymbol{f}(x_1,\cdots,x_i+\Delta x_i,\cdots,x_n)-\boldsymbol{f}(x_1,\cdots,x_i,\cdots,x_n)}{\Delta x_i}$$

$$=\left(\frac{\partial f_1}{\partial x_i},\frac{\partial f_2}{\partial x_i},\cdots,\frac{\partial f_m}{\partial x_i}\right).$$

例 8.2.1 设 $f(x,y)=x^2+xy+y^2$,求 $\frac{\partial f}{\partial x},\frac{\partial f}{\partial y},f'_x(1,0),f'_y(1,0)$.

解 $\frac{\partial f}{\partial x}=2x+y,\frac{\partial f}{\partial y}=x+2y,$

$f'_x(1,0)=2\cdot 1+0=2,f'_y(1,0)=1+2\cdot 0=1.$

例 8.2.2 设 $u=x^y$,求 $\frac{\partial u}{\partial x},\frac{\partial u}{\partial y}$.

解 $\frac{\partial u}{\partial x}=yx^{y-1}$(把 y 看作常数).$\frac{\partial u}{\partial y}=x^y\ln x$(把 x 看作常数).

例 8.2.3 设 $u=\frac{1}{r},r=\sqrt{(x-a)^2+(y-b)^2+(z-c)^2}$,求 $\frac{\partial u}{\partial x},\frac{\partial u}{\partial y},\frac{\partial u}{\partial z}$.

解 由复合函数的求导法则,有

$$\frac{\partial u}{\partial x}=\frac{\mathrm{d}u}{\mathrm{d}r}\cdot\frac{\partial r}{\partial x}=-\frac{1}{r^2}\cdot\frac{2(x-a)}{2\sqrt{(x-a)^2+(y-b)^2+(z-c)^2}}$$

$$= -\frac{x-a}{r^3}.$$

同法可得，$\frac{\partial u}{\partial y} = -\frac{y-b}{r^3}$，$\frac{\partial u}{\partial z} = -\frac{z-c}{r^3}$.

2. 偏导数的几何意义

二元函数 $f(x,y)$在点 $P_0(x_0,y_0)$的两个偏导数有明显的几何意义：在空间直角坐标系中，设二元函数 $z=f(x,y)$的图像是曲面 S. 函数 $f(x,y)$在点 $P_0(x_0,y_0)$关于 x 的偏导数 $f'_x(x_0,y_0)$就是一元函数 $z=f(x,y_0)$在 x_0的导数. 由已知的一元函数导数的几何意义，偏导数 $f'_x(x_0,y_0)$就是平面 $y=y_0$上曲线

$$C_1:\begin{cases} z=f(x,y), \\ y=y_0 \end{cases}$$

在点 $Q(x_0,y_0,z_0)(z_0=f(x_0,y_0))$的切线斜率 $\tan\alpha$（见图 8.6）.

同样，偏导数 $f'_y(x_0,y_0)$是平面 $x=x_0$上曲线

$$C_2:\begin{cases} z=f(x,y), \\ x=x_0 \end{cases}$$

在点 $Q(x_0,y_0,z_0)(z_0=f(x_0,y_0))$的切线斜率 $\tan\beta$（见图 8.6）.

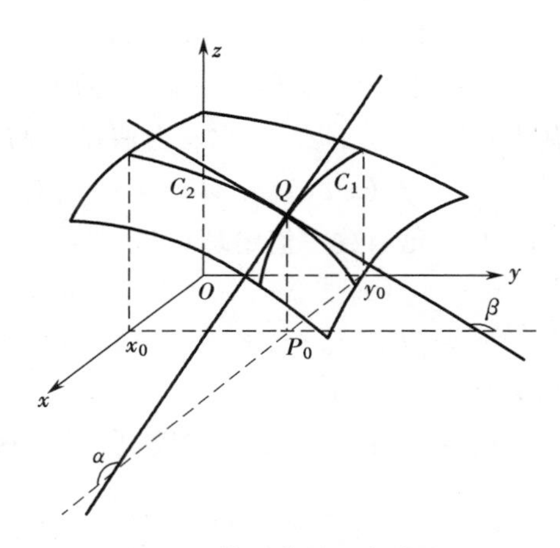

图 8.6　偏导数的几何意义

3. 关于多元函数偏导数与连续性的关系

已经知道，一元函数在某点有导数，则它在该点必定连续. 但对多元函数来说，即使各偏导数在某点都存在，也不能保证函数在该点连续. 这是因为各偏导数存在，只能得到一元函数 $z=f(x,y_0)$（即图 8.6 中的曲线 C_1）在 x_0处连续和 $z=f(x_0,y)$（即图 8.6 中曲线 C_2）在 y_0处连续，而不能保证点 P 按任何方式趋于 P_0时，函数 $f(P)$都趋向于 $f(P_0)$. 例如

$$z=f(x,y)=\begin{cases} \frac{xy}{x^2+y^2}, & x^2+y^2\neq 0, \\ 0, & x^2+y^2=0. \end{cases}$$

$$f'_x(0,0)=\lim_{\Delta x\to 0}\frac{f(0+\Delta x,0)-f(0,0)}{\Delta x}=\lim_{\Delta x\to 0}0=0,$$

$$f'_y(0,0)=\lim_{\Delta y\to 0}\frac{f(0,0+\Delta y)-f(0,0)}{\Delta y}=\lim_{\Delta y\to 0}0=0.$$

但在例 8.1.3 中 我们知道该函数在点(0,0)并不连续.

当然，由 $f(x,y)$在点 $P_0(x_0,y_0)$连续也不能保证它在点 P_0的偏导数存在. 例如函数 $z=\sqrt{x^2+y^2}$在点(0,0)连续，但在点(0,0)它的两个偏导数

$$\frac{\partial z}{\partial x}\Big|_{(0,0)}=\lim_{\Delta x\to 0}\frac{f(\Delta x,0)-f(0,0)}{\Delta x}=\lim_{\Delta x\to 0}\frac{|\Delta x|}{\Delta x}\text{不存在；}$$

$$\frac{\partial z}{\partial y}\Big|_{(0,0)}=\lim_{\Delta y\to 0}\frac{f(0,\Delta y)-f(0,0)}{\Delta y}=\lim_{\Delta y\to 0}\frac{|\Delta y|}{\Delta y}\text{不存在}.$$

可见二元函数与一元函数不同，其连续性与偏导数之间没有必然联系.不过,如果增加某个条件后,则有以下结论.

定理 8.2.1 设 $f(x,y)$定义于 $P_0(x_0,y_0)$的一个邻域 $U(P_0,\delta_0)(\delta_0>0)$内. 如果 $f(x,y_0)$作为 x 的函数在x_0连续,f'_y在$U(P_0,\delta_0)$内处处存在且有界(或者 $f(x_0,y)$作为 y 的函数在y_0连续,f'_x在$U(P_0,\delta_0)$内处处存在且有界),则 $f(x,y)$在 $P_0(x_0,y_0)$处连续.

证 设 $U(P_0,\delta_0)=\{(x,y)\mid |x-x_0|<\delta_0,|y-y_0|<\delta_0\}$.考虑

$$\begin{aligned}I&=f(x_0+\Delta x,y_0+\Delta y)-f(x_0,y_0)\\&=f(x_0+\Delta x,y_0+\Delta y)-f(x_0+\Delta x,y_0)+f(x_0+\Delta x,y_0)-f(x_0,y_0),\end{aligned}$$

其中$|\Delta x|<\delta_0,|\Delta y|<\delta_0$.由假设$\exists M>0$,使得

$$|f'_y(x,y)|\leqslant M,\ \forall(x,y)\in U(P_0,\delta_0).$$

由一元函数中值定理可得

$$\begin{aligned}&|f(x_0+\Delta x,y_0+\Delta y)-f(x_0+\Delta x,y_0)|\\=&|f'_y(x_0+\Delta x,y_0+\theta\Delta y)\cdot\Delta y|\leqslant M|\Delta y|,\end{aligned}$$

其中 $0<\theta<1$. $\forall\varepsilon>0$.

由于 $f(x,y_0)$在 x_0连续,所以$\exists 0<\delta_1<\delta_0$,使得当$|\Delta x|<\delta_1$时,有

$$|f(x_0+\Delta x,y_0)-f(x_0,y_0)|<\frac{\varepsilon}{2}.$$

令 $\delta=\min\{\delta_1,\frac{\varepsilon}{2M}\}$,则当$|\Delta x|<\delta,|\Delta y|<\delta$ 时,

$$|I|=|f(x_0+\Delta x,y_0+\Delta y)-f(x_0,y_0)|<M|\Delta y|+\frac{\varepsilon}{2}<\varepsilon.$$

于是 $f(x,y)$在 $P_0(x_0,y_0)$处连续.

推论 8.2.1 如果 $f(x,y)$在 $P_0(x_0,y_0)$一个邻域内两个偏导数处处都存在且有界,则 $f(x,y)$在 $P_0(x_0,y_0)$处连续.

注 定理8.2.1及推论8.2.1很容易推广到 n 元函数的情况.记 $X=(x_1,\cdots,x_n)\in\mathbf{R}^n$,$X^0=(x_1^0,\cdots,x_n^0)$,若 n 元函数$f(x)$在点 X^0的一个邻域内所有偏导数都存在且有界,则 $f(x)$在点 X^0连续.

4.高阶偏导数

函数 $z=f(x,y)$的偏导数

$$z'_x=\frac{\partial f(x,y)}{\partial x},z'_y=\frac{\partial f(x,y)}{\partial y}$$

一般还是 x,y 的二元函数.如果这两个函数关于自变量 x 和 y 的偏导数也存在,这些偏导数称为函数 $z=f(x,y)$的**二阶偏导数**.对二元函数来说,二阶偏导数共有 4 种,分别记为

$$\begin{cases}\dfrac{\partial}{\partial x}\left(\dfrac{\partial z}{\partial x}\right)=\dfrac{\partial^2 z}{\partial x^2}=z''_{xx};\\ \dfrac{\partial}{\partial y}\left(\dfrac{\partial z}{\partial x}\right)=\dfrac{\partial^2 z}{\partial x\,\partial y}=z''_{xy};\\ \dfrac{\partial}{\partial x}\left(\dfrac{\partial z}{\partial y}\right)=\dfrac{\partial^2 z}{\partial y\,\partial x}=z''_{yx};\\ \dfrac{\partial}{\partial y}\left(\dfrac{\partial z}{\partial y}\right)=\dfrac{\partial^2 z}{\partial y^2}=z''_{yy}.\end{cases}$$

其中 z''_{xy} 和 z''_{yx} 称为**二阶混合偏导数**.

同样还可以定义更高阶偏导数,如

$$\frac{\partial}{\partial x}\left(\frac{\partial^2 z}{\partial x^2}\right)=\frac{\partial^3 z}{\partial x^3},\quad \frac{\partial}{\partial y}\left(\frac{\partial^2 z}{\partial x^2}\right)=\frac{\partial^3 z}{\partial x^2\,\partial y},\cdots$$

一般地说,$z=f(x,y)$ 的 $n-1$ 阶偏导数的偏导数称为 $z=f(x,y)$ 的 **n 阶偏导数**.

例 8.2.4　求 $z=x^4+y^4-4x^2y^3$ 的二阶偏导数.

解

$$\begin{cases}\dfrac{\partial z}{\partial x}=4x^3-8xy^3,\dfrac{\partial^2 z}{\partial x^2}=12x^2-8y^3,\\ \dfrac{\partial^2 z}{\partial x\,\partial y}=-24xy^2,\dfrac{\partial z}{\partial y}=4y^3-12x^2y^2,\\ \dfrac{\partial^2 z}{\partial y\,\partial x}=-24xy^2,\dfrac{\partial^2 z}{\partial y^2}=12y^2-24x^2y.\end{cases}$$

例 8.2.5　求 $z=xe^x\sin y$ 的二阶偏导数.

解

$$\begin{cases}\dfrac{\partial z}{\partial x}=e^x\sin y+xe^x\sin y=(1+x)e^x\sin y,\\ \dfrac{\partial^2 z}{\partial x^2}=e^x\sin y+(1+x)e^x\sin y=(2+x)e^x\sin y.\\ \dfrac{\partial^2 z}{\partial x\,\partial y}=(1+x)e^x\cos y,\\ \dfrac{\partial z}{\partial y}=xe^x\cos y,\\ \dfrac{\partial^2 z}{\partial y^2}=-xe^x\sin y,\\ \dfrac{\partial^2 z}{\partial y\,\partial x}=e^x\cos y+xe^x\cos y=(1+x)e^x\cos y.\end{cases}$$

细心的读者会发现,在上面两例中都出现了 $\dfrac{\partial^2 z}{\partial x\,\partial y}=\dfrac{\partial^2 z}{\partial y\,\partial x}$,于是会猜测二元函数的二阶混合偏导数与其求导顺序无关.这性质是否对所有函数都适合呢?回答是否定的,如函数

$$f(x,y)=\begin{cases} xy\dfrac{x^2-y^2}{x^2+y^2}, & x^2+y^2\neq 0, \\ 0, & x^2+y^2=0. \end{cases}$$

由偏导数定义,有

$$f'_x(0,0)=\lim_{\Delta x\to 0}\frac{f(\Delta x,0)-f(0,0)}{\Delta x}=0,$$

$$f'_y(0,0)=\lim_{\Delta x\to 0}\frac{f(0,\Delta y)-f(0,0)}{\Delta y}=0,$$

$$f'_x(0,y)=\lim_{\Delta x\to 0}\frac{f(\Delta x,y)-f(0,y)}{\Delta x}$$

$$=\lim_{\Delta x\to 0}\frac{(\Delta x)\cdot y\dfrac{(\Delta x)^2-y^2}{(\Delta x)^2+y^2}}{\Delta x}=-y,$$

$$f'_y(x,0)=\lim_{\Delta y\to 0}\frac{f(x,\Delta y)-f(x,0)}{\Delta y}$$

$$=\lim_{\Delta y\to 0}\frac{x\cdot\Delta y\dfrac{x^2-(\Delta y)^2}{x^2+(\Delta y)^2}}{\Delta y}=x.$$

因此

$$f''_{xy}(0,0)=\lim_{\Delta y\to 0}\frac{f'_x(0,\Delta y)-f'_x(0,0)}{\Delta y}=\lim_{\Delta y\to 0}\frac{-\Delta y}{\Delta y}=-1,$$

$$f''_{yx}(0,0)=\lim_{\Delta x\to 0}\frac{f'_y(\Delta x,0)-f'_y(0,0)}{\Delta x}=\lim_{\Delta x\to 0}\frac{\Delta x}{\Delta x}=1.$$

于是

$$f''_{xy}(0,0)\neq f''_{yx}(0,0).$$

注 此例表明尽管此函数在点(0,0)的两个混合偏导数都存在,但它们并不相等.那么一个函数具备什么条件时,其二阶混合偏导数与求导顺序无关呢?对此,我们有下面的定理.

定理 8.2.2 若函数 $f(x,y)$在点 $P_0(x_0,y_0)$的邻域 $U(P_0)$内有二阶偏导数 $f''_{xy}(x,y)$和 $f''_{yx}(x,y)$,且 $f''_{xy}(x,y)$和 $f''_{yx}(x,y)$在点 $P_0(x_0,y_0)$处连续,则

$$f''_{xy}(x_0,y_0)=f''_{yx}(x_0,y_0).$$

分析 根据一阶二阶偏导数的定义有

$$f''_{xy}(x_0,y_0)=\lim_{k\to 0}\frac{f'_x(x_0,y_0+k)-f'_x(x_0,y_0)}{k}$$

$$=\lim_{k\to 0}\left[\lim_{h\to 0}\frac{f(x_0+h,y_0+k)-f(x_0,y_0+k)}{hk}-\lim_{h\to 0}\frac{f(x_0+h,y_0)-f(x_0,y_0)}{hk}\right]$$

$$=\lim_{k\to 0}\lim_{h\to 0}\frac{f(x_0+h,y_0+k)-f(x_0,y_0+k)-f(x_0+h,y_0)+f(x_0,y_0)}{hk}.$$

设 $\varphi(h,k)=f(x_0+h,y_0+k)-f(x_0,y_0+k)-f(x_0+h,y_0)+f(x_0,y_0)$,

从而

$$f''_{xy}(x_0,y_0)=\lim_{k\to0}\lim_{h\to0}\frac{\varphi(h,k)}{hk}.$$

同样，我们有

$$f''_{yx}(x_0,y_0)=\lim_{h\to0}\lim_{k\to0}\frac{\varphi(h,k)}{hk}.$$

所以，定理 8.2.2 的实质是上述两个累次极限相等，即两个累次极限可以变换次序. 由此可见，证明定理 8.2.2 的关键是要构造函数 $\varphi(h,k)$.

证　当 $|h|$ 与 $|k|$ 充分小时，使 $(x_0+h,y_0+k)\in U(P_0)$，从而 (x_0+h,y_0) 与 $(x_0,y_0+k)\in U(P_0)$. 设

$$\varphi(h,k)=f(x_0+h,y_0+k)-f(x_0,y_0+k)-f(x_0+h,y_0)+f(x_0,y_0),\tag{1}$$

令 $g(x)=f(x,y_0+k)-f(x,y_0)$. 于是，式(1)可改写为

$$\varphi(h,k)=g(x_0+h)-g(x_0).$$

函数 $g(x)$ 在以 x_0 与 x_0+h 为端点的区间可导，故由拉格朗日中值定理，有

$$\begin{aligned}\varphi(h,k)&=g(x_0+h)-g(x_0)=g'_x(x_0+\theta_1 h)h\quad(0<\theta_1<1)\\&=[f'_x(x_0+\theta_1 h,y_0+k)-f'_x(x_0+\theta_1 h,y_0)]h.\end{aligned}$$

已知 $f''_{xy}(x,y)$ 在 $U(P_0)$ 存在，将 $x_0+\theta_1 h$ 看作常数，再在以 y_0 和 y_0+k 为端点的区间上运用拉格朗日中值定理，有

$$\begin{aligned}\varphi(h,k)&=[f'_x(x_0+\theta_1 h,y_0+k)-f'_x(x_0+\theta_1 h,y_0)]h\\&=[f''_{xy}(x_0+\theta_1 h,y_0+\theta_2 k)k]h\quad(0<\theta_1,\theta_2<1).\end{aligned}\tag{2}$$

类似地，再令 $l(y)=f(x_0+h,y)-f(x_0,y)$，又有

$$\varphi(h,k)=f''_{yx}(x_0+\theta_3 h,y_0+\theta_4 k)hk,\quad 0<\theta_3,\theta_4<1.\tag{3}$$

于是，由式(2)和式(3)，有

$$f''_{xy}(x_0+\theta_1 h,y_0+\theta_2 k)=f''_{yx}(x_0+\theta_3 h,y_0+\theta_4 k),$$

又已知 $f''_{xy}(x,y)$ 和 $f''_{yx}(x,y)$ 在点 $P_0(x_0,y_0)$ 连续，则当 $\rho=\sqrt{h^2+k^2}\to0$ 时，有

$$f''_{xy}(x_0,y_0)=f''_{yx}(x_0,y_0).$$

注　定理 8.2.2 的结果可推广到 n 元函数的高阶混合偏导数上去. 例如，三元函数 $f(x,y,z)$ 关于 x,y,z 的三阶混合偏导数有 6 个：

$$\frac{\partial^3 f}{\partial x\,\partial y\,\partial z},\frac{\partial^3 f}{\partial y\,\partial x\,\partial z},\frac{\partial^3 f}{\partial y\,\partial z\,\partial x},\frac{\partial^3 f}{\partial x\,\partial z\,\partial y},\frac{\partial^3 f}{\partial z\,\partial x\,\partial y},\frac{\partial^3 f}{\partial z\,\partial y\,\partial x}.$$

若它们在点 (x,y,z) 都连续，则它们相等.

8.2.2　全微分

1. 全微分概念

已经知道，若一元函数 $y=f(x)$ 在 x_0 可微，则

$$dy=f'(x_0)\Delta x \text{ 及 } \Delta y=dy+o(\Delta x),$$

即微分 dy 是 Δx 的线性函数,且 dy 与 Δy 之差是比 Δx 更高阶的无穷小.一元函数微分 dy 推广到多元函数就是全微分.下面给出二元函数全微分定义.

定义 8.2.2 若函数 $z=f(x,y)$ 在点 $P(x,y)$ 的全改变量

$$\Delta z=f(x+\Delta x,y+\Delta y)-f(x,y)$$

可表为

$$\Delta z=A\ \Delta x+B\Delta y+o(\rho), \tag{8.2.1}$$

其中 $\rho=\sqrt{(\Delta x)^2+(\Delta y)^2}$,$A$ 和 B 是与 Δx 和 Δy 无关的常数,则称函数 $f(x,y)$ 在点 $P(x,y)$ **可微**.式(8.2.1)的线性主要部分 $A\Delta x+B\Delta y$ 称为函数 $f(x,y)$ 在点 $P(x,y)$ 的**全微分**,记为 dz,即

$$dz=A\Delta x+B\Delta y. \tag{8.2.2}$$

注 (1)由定义显见,全微分 dz 是 Δx 与 Δy 的线性函数,且 dz 与 Δz 之差是比 ρ 更高阶无穷小.

(2)若函数 $f(x,y)$ 在点 $P(x,y)$ 可微,则函数 $f(x,y)$ 在点 $P(x,y)$ 连续(请读者自己证明).

如果 $f(x,y)$ 在点 $P(x,y)$ 可微,全微分(2)中的常数 A 与 B 与 $f(x,y)$ 有什么关系呢? 对此,我们有下面的定理.

定理 8.2.3 若函数 $z=f(x,y)$ 在点 $P(x,y)$ 可微,则它在点 $P(x,y)$ 存在两个偏导数,且式(8.2.2)中的 A 与 B 分别是

$$A=f'_x(x,y),B=f'_y(x,y).$$

证 已知函数 $z=f(x,y)$ 在点 $P(x,y)$ 可微,即

$$\Delta z=A\ \Delta x+B\Delta y+o(\rho),\ \rho=\sqrt{(\Delta x)^2+(\Delta y)^2}.$$

当 $\Delta y=0$ 时,有

$$f(x+\Delta x,y)-f(x,y)=A\Delta x+o(\Delta x).$$

用 Δx 除上式两端,再取极限($\Delta x\to 0$),有

$$f'_x(x,y)=\lim_{\Delta x\to 0}\frac{f(x+\Delta x,y)-f(x,y)}{\Delta x}$$

$$=A+\lim_{\Delta x\to 0}\frac{o(\Delta x)}{\Delta x}=A.$$

同理可证 $f'_y(x,y)=B$.

特别地,当 $f(x,y)=x$ 时,因为此时 $f'_x(x,y)=1$,$f'_y(x,y)=0$,故 $dx=\Delta x$.同理,有 $dy=\Delta y$.因此,式(8.2.2)可改写为

$$dz=f'_x(x,y)dx+f'_y(x,y)dy. \tag{8.2.3}$$

类似地,对 n 元函数 $u=f(x_1,x_2,\cdots,x_n)$ 在点 $P(x_1,x_2,\cdots,x_n)$ 的全微分,可表为

$$du=f'_{x_1}dx_1+f'_{x_2}dx_2+\cdots+f'_{x_n}dx_n. \tag{8.2.4}$$

一般来说，函数 $z=f(x,y)$ 的全微分 $\mathrm{d}z=z'_x\mathrm{d}x+z'_y\mathrm{d}y$ 仍是 x,y 的函数．因此，可再求函数 $\mathrm{d}z$ 的全微分 $\mathrm{d}(\mathrm{d}z)$（如果它存在的话）．$\mathrm{d}(\mathrm{d}z)$ 称为 z 的**二阶全微分**，记为 d^2z，当 z 的二阶偏导数连续时，有

$$\begin{aligned}\mathrm{d}^2z&=\frac{\partial}{\partial x}\left(\frac{\partial z}{\partial x}\mathrm{d}x+\frac{\partial z}{\partial y}\mathrm{d}y\right)\mathrm{d}x+\frac{\partial}{\partial y}\left(\frac{\partial z}{\partial x}\mathrm{d}x+\frac{\partial z}{\partial y}\mathrm{d}y\right)\mathrm{d}y\\&=\frac{\partial^2 z}{\partial x^2}\mathrm{d}x^2+2\frac{\partial^2 z}{\partial x\partial y}\mathrm{d}x\mathrm{d}y+\frac{\partial^2 z}{\partial y^2}\mathrm{d}y^2=\left(\frac{\partial}{\partial x}\mathrm{d}x+\frac{\partial}{\partial y}\mathrm{d}y\right)^2z,\end{aligned}$$

其中 $\frac{\partial}{\partial x}\mathrm{d}x+\frac{\partial}{\partial y}\mathrm{d}y$ 看作二项式并与 z 作用的符号．

一般地，m 阶全微分（如果它存在）

$$\mathrm{d}^mz=\left(\frac{\partial}{\partial x}\mathrm{d}x+\frac{\partial}{\partial y}\mathrm{d}y\right)^mz,$$

推广到 n 元函数 $u=f(x_1,\cdots,x_n)$，有

$$\mathrm{d}^mu=\left(\frac{\partial}{\partial x_1}\mathrm{d}x_1+\frac{\partial}{\partial x_2}\mathrm{d}x_2+\cdots+\frac{\partial}{\partial x_n}\mathrm{d}x_n\right)^mu.$$

2．可微与可导的关系

对于一元函数来说可微与可导是等价的，然而对于多元函数来说，即使各个偏导数都存在，函数却未必可微．例如，函数

$$f(x,y)=\sqrt{|xy|}$$

在原点(0,0)存在两个偏导数，即

$$f'_x(0,0)=\lim_{\Delta x\to 0}\frac{f(\Delta x,0)-f(0,0)}{\Delta x}=\lim_{\Delta x\to 0}\frac{0}{\Delta x}=0,$$

$$f'_y(0,0)=\lim_{\Delta y\to 0}\frac{f(0,\Delta y)-f(0,0)}{\Delta y}=\lim_{\Delta y\to 0}\frac{0}{\Delta y}=0.$$

但是，它在原点(0,0)不可微．

事实上，假设它在(0,0)可微，则应有

$$\mathrm{d}f=f'_x(0,0)\Delta x+f'_y(0,0)\Delta y=0,$$

$$\Delta f=f(0+\Delta x,0+\Delta y)-f(0,0)=\sqrt{|\Delta x\ \Delta y|},$$

$$\rho=\sqrt{(\Delta x)^2+(\Delta y)^2}.$$

特别地，取 $\Delta x=\Delta y$，则

$$\Delta f=\sqrt{|\Delta x\ \Delta y|}=\sqrt{|\Delta x|^2}=|\Delta x|,$$

$$\rho=\sqrt{(\Delta x)^2+(\Delta y)^2}=\sqrt{2(\Delta x)^2}=\sqrt{2}|\Delta x|.$$

于是，

$$\lim_{\rho\to 0}\frac{\Delta f-\mathrm{d}f}{\rho}=\lim_{\rho\to 0}\frac{|\Delta x|}{\sqrt{2}|\Delta x|}=\frac{1}{\sqrt{2}}\neq 0,$$

即 $\Delta f-\mathrm{d}f$ 不是比 ρ 高阶的无穷小($\rho\to 0$)，这与可微定义矛盾，故 $f(x,y)=\sqrt{|xy|}$ 在点(0,0)不可微．

多元函数与一元函数的这个差别是不难理解的.因为偏导数仅表示某个方向的变化率,当然不能反映全面的变化性态.为使多元函数在某点可微,应该要求该函数满足比偏导数存在更强的一些条件.

定理 8.2.4 (可微充分条件)若 f'_x 和 f'_y 在点 (x,y) 的某邻域内存在且在 (x,y) 处连续,则函数 $z=f(x,y)$ 在该点可微.

证
$$\begin{aligned}\Delta z &= f(x+\Delta x,y+\Delta y)-f(x,y)\\ &=[f(x+\Delta x,y+\Delta y)-f(x,y+\Delta y)]+[f(x,y+\Delta y)-f(x,y)],\end{aligned}$$
由于 f'_x 和 f'_y 在点 (x,y) 的某一邻域内存在,因此只要 $\Delta x,\Delta y$ 足够小,就可将一元函数的中值定理分别应用到上式右边的每一个差式,从而有
$$\Delta z=f'_x(x+\theta_1\Delta x,y+\Delta y)\Delta x+f'_y(x,y+\theta_2\Delta y)\Delta y \quad (0<\theta_1<1,0<\theta_2<1).$$
又由 f'_x 和 f'_y 在 (x,y) 处的连续性,有
$$f'_x(x+\theta_1\Delta x,y+\Delta y)=f'_x(x,y)+\alpha_1,$$
$$f'_y(x,y+\theta_2\Delta y)=f'_y(x,y)+\alpha_2,$$
其中 $\alpha_1\to 0,\alpha_2\to 0(\Delta x\to 0,\Delta y\to 0)$.从而
$$\Delta z=f'_x(x,y)\Delta x+f'_y(x,y)\Delta y+\alpha_1\Delta x+\alpha_2\Delta y.$$
而
$$\begin{aligned}\frac{|\alpha_1\Delta x+\alpha_2\Delta y|}{\sqrt{(\Delta x)^2+(\Delta y)^2}}&\leqslant\frac{|\alpha_1\Delta x|}{\sqrt{(\Delta x)^2+(\Delta y)^2}}+\frac{|\alpha_2\Delta y|}{\sqrt{(\Delta x)^2+(\Delta y)^2}}\\ &\leqslant|\alpha_1|+|\alpha_2|\to 0 \quad (\Delta x\to 0,\Delta y\to 0),\end{aligned}$$
所以
$$\alpha_1\Delta x+\alpha_2\Delta y=o(\sqrt{(\Delta x)^2+(\Delta y)^2})=o(\rho),$$
故
$$\Delta z=f'_x(x,y)\Delta x+f'_y(x,y)+o(\rho).$$
这就证明了 $z=f(x,y)$ 在 (x,y) 处可微.

注 (1)若函数 $f(x,y)$ 在点集 D 上具有对两个变量的连续偏导数,则记 $f(x,y)\in C^1(D)$.

(2)与一元函数一样,若 $u=f(x_1,x_2,\cdots,x_n)$ 可微,则当 $\Delta x_i(i=1,2,\cdots,n)$ 充分小时,$\mathrm{d}u$ 可作为 Δu 的近似值.

(3)值得指出的是,偏导数连续只是多元函数可微的充分条件而非必要条件.例如,函数
$$f(x,y)=\begin{cases}(x^2+y^2)\sin\dfrac{1}{x^2+y^2}, & x^2+y^2\neq 0,\\ 0, & x^2+y^2=0\end{cases}$$
在点 $(0,0)$ 可微,而 $f'_x(x,y),f'_y(x,y)$ 在 $(0,0)$ 处却间断.

事实上,容易求得 $f'_x(0,0)=0,f'_y(0,0)=0$.从而
$$\mathrm{d}f=f'_x(0,0)\Delta x+f'_y(0,0)\Delta y=0.$$

$$\begin{aligned}\Delta f &= f(\Delta x,\Delta y)-f(0,0)\\ &=[(\Delta x)^2+(\Delta y)^2]\sin\frac{1}{(\Delta x)^2+(\Delta y)^2}\\ &=\rho^2\sin\frac{1}{\rho^2}\quad(\rho=\sqrt{(\Delta x)^2+(\Delta y)^2}).\end{aligned}$$

而

$$\lim_{\rho\to 0}\frac{\Delta f-\mathrm{d}f}{\rho}=\lim_{\rho\to 0}\frac{\rho^2\sin\frac{1}{\rho^2}}{\rho}\lim_{\rho\to 0}\rho\sin\frac{1}{\rho^2}=0,$$

故 $f(x,y)$在$(0,0)$处可微.

另一方面,$\forall(x,y)(x^2+y^2\neq 0)$,有

$$f'_x(x,y)=2x\sin\frac{1}{x^2+y^2}-\frac{2x}{x^2+y^2}\cos\frac{1}{x^2+y^2}.$$

特别地,当 $y=x$ 时,极限

$$\lim_{x\to 0}f'_x(x,x)=\lim_{x\to 0}(2x\sin\frac{1}{2x^2}-\frac{1}{x}\cos\frac{1}{2x^2})$$

不存在,即 $f'_x(x,y)$在$(0,0)$处间断. 同理可证 $f'_y(x,y)$在$(0,0)$处也间断.

综上可得,函数的偏导数连续⇒函数可微 $\begin{cases}\Rightarrow & \text{函数的偏导数存在.}\\ \Rightarrow & \text{函数连续.}\end{cases}$

那么,多元函数在某点可微的充分必要条件是什么呢?为引出下面的定理,先给出三维空间中切平面的定义.

定义 8.2.3　设有曲面 S,M 是 S 上一点,π 是过点 M 的一个平面. 曲面 S 上动点 Q 到平面 π 的距离 $h=|QR|$,点 M 到点 Q 的距离 $d=|QM|$,如图 8.7. 当动点 Q 在曲面 S 上以任意方式无限趋近于点 M,即 $d\to 0$ 时,若 $\lim\limits_{d\to 0}\frac{h}{d}=0$,则称平面 π 是曲面 S 在点 M 的**切平面**,M 是切点.

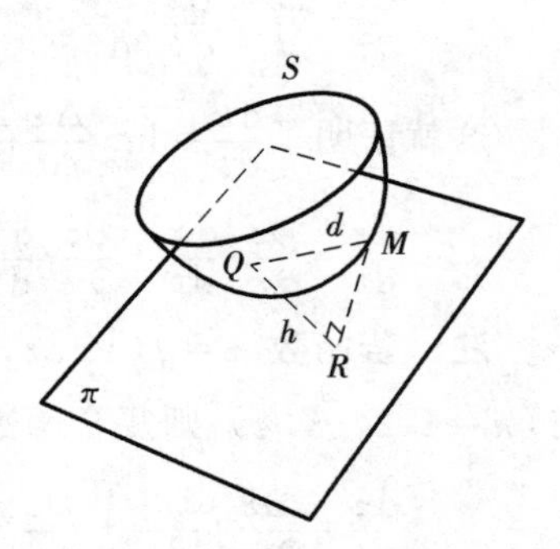

图 8.7　曲面 S 的切平面

定理 8.2.5　二元函数 $z=f(x,y)$在点 $P(x_0,y_0)$可微⇔平面 π:

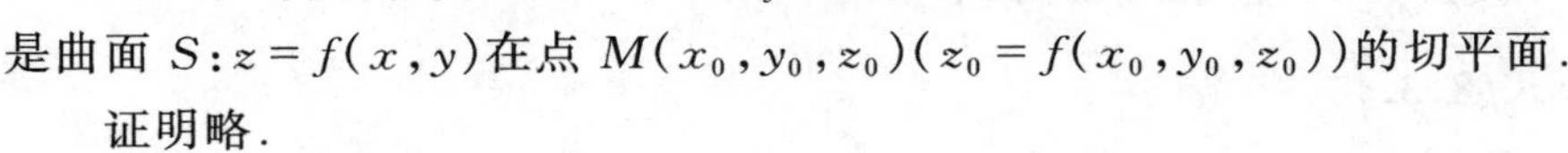

$$z-z_0=f'_x(x_0,y_0)(x-x_0)+f'_y(x_0.y_0)(y-y_0)$$

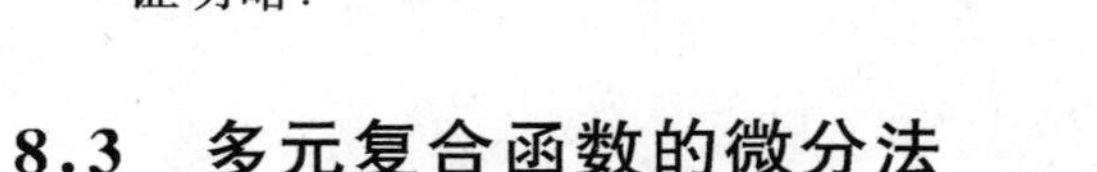

是曲面 S:$z=f(x,y)$在点 $M(x_0,y_0,z_0)(z_0=f(x_0,y_0,z_0))$的切平面.

证明略.

8.3　多元复合函数的微分法

本节仍以二元函数为主讨论多元复合函数的偏导数及全微分的计算问题.

8.3.1 复合函数求导法则

定理 8.3.1 若函数 $z=f(x,y)$ 在点 (x,y) 可微，而 $x=\varphi(t),y=\psi(t)$ 在 t 处可导，则复合函数（一元函数）$z=f[\varphi(t),\psi(t)]$ 在 t 处也可导，且

$$\frac{\mathrm{d}z}{\mathrm{d}t}=\frac{\partial z}{\partial x}\cdot\frac{\mathrm{d}x}{\mathrm{d}t}+\frac{\partial z}{\partial y}\cdot\frac{\mathrm{d}y}{\mathrm{d}t}. \tag{8.3.1}$$

证 设自变量 t 的改变量为 Δt，于是有改变量 Δx 与 Δy，并进而有 Δz，由全微分定义，有

$$\Delta z=\frac{\partial z}{\partial x}\Delta x+\frac{\partial z}{\partial y}\Delta y+\alpha\cdot\rho$$

其中 $\rho=\sqrt{(\Delta x)^2+(\Delta y)^2}$ 且 $\alpha\to 0(\rho\to 0)$. 由此有

$$\frac{\Delta z}{\Delta t}=f'_x(x,y)\frac{\Delta x}{\Delta t}+f'_y(x,y)\frac{\Delta y}{\Delta t}+\alpha\cdot\frac{\rho}{\Delta t}.$$

由于 x,y 是 t 的可微函数，从而是连续的，故当 $\Delta t\to 0$ 时，$\Delta x\to 0,\Delta y\to 0$，从而 $\rho\to 0$，因此也就有 $\alpha\to 0$（不过需指出的是，当 $\Delta t\to 0$ 时，有可能 $\Delta x,\Delta y$ 同时为 0，即 $\rho=0$. 此时我们规定：$\rho=0$ 时，$\alpha=0$）. 另一方面，当 $\Delta t\to 0$ 时，$\frac{\Delta x}{\Delta t}$ 与 $\frac{\Delta y}{\Delta t}$ 分别有极限 $\frac{\mathrm{d}x}{\mathrm{d}t}$ 和 $\frac{\mathrm{d}y}{\mathrm{d}t}$，所以上式右端当 $\Delta t\to 0$ 时有极限

$$\frac{\partial z}{\partial x}\cdot\frac{\mathrm{d}x}{\mathrm{d}t}+\frac{\partial z}{\partial y}\cdot\frac{\mathrm{d}y}{\mathrm{d}t}.$$

这就证明了 $\frac{\mathrm{d}z}{\mathrm{d}t}=\lim\limits_{\Delta t\to 0}\frac{\Delta z}{\Delta t}$ 存在，并且

$$\frac{\mathrm{d}z}{\mathrm{d}t}=\frac{\partial z}{\partial x}\cdot\frac{\mathrm{d}x}{\mathrm{d}t}+\frac{\partial z}{\partial y}\cdot\frac{\mathrm{d}y}{\mathrm{d}t}.$$

注 若函数 $z=f(x_1,x_2,\cdots,x_n)$ 在 $(x_1,x_2,\cdots,x_n)$ 处可微，而 $x_k=\varphi_k(t)$ 在 t 可导 $(k=1,2,\cdots,n)$，则复合函数 $z=f[\varphi_1(t),\varphi_2(t),\cdots,\varphi_n(t)]$ 在 t 处也可导，且

$$\frac{\mathrm{d}z}{\mathrm{d}t}=\frac{\partial z}{\partial x_1}\cdot\frac{\mathrm{d}x_1}{\mathrm{d}t}+\frac{\partial z}{\partial x_2}\cdot\frac{\mathrm{d}x_2}{\mathrm{d}t}+\cdots+\frac{\partial z}{\partial x_n}\cdot\frac{\mathrm{d}x_n}{\mathrm{d}t}. \tag{8.3.2}$$

例 8.3.1 设函数 $z=x^y,x=\sin t,y=\cos t$，求 $\frac{\mathrm{d}z}{\mathrm{d}t}$.

解 由公式(8.3.1)，有

$$\begin{aligned}\frac{\mathrm{d}z}{\mathrm{d}t}&=\frac{\partial z}{\partial x}\cdot\frac{\mathrm{d}x}{\mathrm{d}t}+\frac{\partial z}{\partial y}\cdot\frac{\mathrm{d}y}{\mathrm{d}t}\\&=yx^{y-1}\cos t+x^y\ln x\cdot(-\sin t)\\&=yx^{y-1}\cos t-x^y\sin t\cdot\ln x.\end{aligned}$$

例 8.3.2 设函数 $z=\frac{y}{x},y=\sqrt{1-x^2}$，求 $\frac{\mathrm{d}z}{\mathrm{d}x}$.

解 $\frac{dz}{dx}=\frac{\partial z}{\partial x}\cdot\frac{dx}{dx}+\frac{\partial z}{\partial y}\cdot\frac{dy}{dx}$

$$=-\frac{y}{x^2}+\frac{1}{x}\cdot\frac{-2x}{2\sqrt{1-x^2}}=-\frac{y}{x^2}-\frac{1}{\sqrt{1-x^2}}$$

$$=-\frac{y}{x^2}-\frac{1}{y}=-\frac{x^2+y^2}{x^2y}.$$

如果自变量是两个,我们有下述定理.

定理 8.3.2 若函数 $z=f(x,y)$ 在 (x,y) 处可微,而 $x=\varphi(t,s)$, $y=\psi(t,s)$ 在 (t,s) 处都存在偏导数,则复合函数 $z=f[\varphi(t,s),\psi(t,s)]$ 在 (t,s) 处存在偏导数,且

$$\frac{\partial z}{\partial t}=\frac{\partial z}{\partial x}\cdot\frac{\partial x}{\partial t}+\frac{\partial z}{\partial y}\cdot\frac{\partial y}{\partial t},\tag{8.3.3}$$

$$\frac{\partial z}{\partial s}=\frac{\partial z}{\partial x}\cdot\frac{\partial x}{\partial s}+\frac{\partial z}{\partial y}\cdot\frac{\partial y}{\partial s}.\tag{8.3.4}$$

证 将 s 看作常数,应用定理 8.3.1,得式(8.3.3),将 t 看作常数,再应用定理 8.3.1 得式(8.3.4).

定理 8.3.2 可推广到具有任意多个自变量和中间变量的情况.

设 $u=f(x_1,x_2,\cdots,x_n)$,而 $x_i=x_i(t_1,t_2,\cdots,t_m)(i=1,2,\cdots,n)$,函数 f 和 x_i 满足相应的可导性条件,则

$$\frac{\partial u}{\partial t_j}=\sum_{i=1}^{n}\frac{\partial u}{\partial x_i}\frac{\partial x_i}{\partial t_j}\quad(j=1,2,\cdots,m),\tag{8.3.5}$$

式(8.3.1)至(8.3.5)通称为**链式法则**.

例 8.3.3 设函数 $z=\ln(x^2+y)$,而 $x=e^{t+s^2}$, $y=t^2+s$,求 $\frac{\partial z}{\partial t}$, $\frac{\partial z}{\partial s}$.

解

$$\frac{\partial z}{\partial t}=\frac{\partial z}{\partial x}\cdot\frac{\partial x}{\partial t}+\frac{\partial z}{\partial y}\cdot\frac{\partial y}{\partial t}$$

$$=\frac{2x}{x^2+y}e^{t+s^2}+\frac{1}{x^2+y}2t=\frac{2}{x^2+y}(xe^{t+s^2}+t).$$

$$\frac{\partial z}{\partial s}=\frac{\partial z}{\partial x}\cdot\frac{\partial x}{\partial s}+\frac{\partial z}{\partial y}\cdot\frac{\partial y}{\partial s}$$

$$=\frac{2x}{x^2+y}2se^{t+s^2}+\frac{1}{x^2+y}=\frac{1}{x^2+y}(4xse^{t+s^2}+1).$$

例 8.3.4 求 $z=(x^2+y^2)^{xy}$ 的偏导数.

解 此题直接采用在 8.2 节中所讲的"一元化"的方法求解也是可以的,但那样做可能会麻烦些.下面的方法对于较复杂的多元函数值得参考.

引进中间变量 $u=x^2+y^2$, $v=xy$,则 $z=u^v$,从而 z 成为 x,y 的复合函数.因为

$$\frac{\partial z}{\partial u}=vu^{v-1},\frac{\partial z}{\partial v}=u^v\ln u,$$

$$\frac{\partial u}{\partial x}=2x,\frac{\partial u}{\partial y}=2y,\frac{\partial v}{\partial x}=y,\frac{\partial v}{\partial y}=x.$$

于是

$$\begin{aligned}\frac{\partial z}{\partial x}&=\frac{\partial z}{\partial u}\cdot\frac{\partial u}{\partial x}+\frac{\partial z}{\partial v}\cdot\frac{\partial v}{\partial x}\\&=vu^{v-1}\cdot 2x+u^{v}\ln u\cdot y\\&=(x^2+y^2)^{xy}\left[\frac{2x^2y}{x^2+y^2}+y\ln(x^2+y^2)\right],\end{aligned}$$

$$\begin{aligned}\frac{\partial z}{\partial y}&=vu^{v-1}\cdot 2y+u^{v}\ln u\cdot x\\&=(x^2+y^2)^{xy}\left[\frac{2xy^2}{x^2+y^2}+x\ln(x^2+y^2)\right].\end{aligned}$$

例 8.3.5 设 $z=f(x+y,xy)$,求$\frac{\partial z}{\partial x},\frac{\partial z}{\partial y}$.

分析 为方便起见,将没有给出具体表达式的函数称为"抽象函数".对于这一类函数,在求其偏导数时一般应设中间变量.

解 令 $u=x+y,v=xy$,则 $z=f(u,v)$,于是

$$\frac{\partial z}{\partial x}=\frac{\partial f}{\partial u}\cdot\frac{\partial u}{\partial x}+\frac{\partial f}{\partial v}\cdot\frac{\partial v}{\partial x}=\frac{\partial f}{\partial u}+\frac{\partial f}{\partial v}y.$$

$$\frac{\partial z}{\partial y}=\frac{\partial f}{\partial u}\cdot\frac{\partial u}{\partial y}+\frac{\partial f}{\partial v}\cdot\frac{\partial v}{\partial y}=\frac{\partial f}{\partial u}+\frac{\partial f}{\partial v}x.$$

例 8.3.6 设 f,g 为连续可微函数 $u=f(x,xy),v=g(x+xy)$,求$\frac{\partial u}{\partial x}\cdot\frac{\partial v}{\partial x}$.

解 令 $\xi=xy,\eta=x+xy$,于是 $u=f(x,\xi),v=g(\eta)$.因为

$$\frac{\partial u}{\partial x}=\frac{\partial f}{\partial x}\cdot\frac{\partial x}{\partial x}+\frac{\partial f}{\partial \xi}\cdot\frac{\partial \xi}{\partial x}=\frac{\partial f}{\partial x}+y\frac{\partial f}{\partial \xi},$$

$$\frac{\partial v}{\partial x}=\frac{\mathrm{d}g}{\mathrm{d}\eta}\cdot\frac{\partial \eta}{\partial x}=g'(\eta)(1+y),$$

所以 $$\frac{\partial u}{\partial x}\cdot\frac{\partial v}{\partial x}=\left(\frac{\partial f}{\partial x}+y\frac{\partial f}{\partial \xi}\right)(1+y)g'(\eta).$$

注 本例中函数 g 的中间变量只有一个,即 η,故 g 是 η 的一元函数,所以应该用$\frac{\mathrm{d}g}{\mathrm{d}\eta}$,而不能用$\frac{\partial g}{\partial \eta}$.

例 8.3.7 设 $z=f(x,y,u)=\mathrm{e}^{x^2+y^2+u^2}$,而 $u=x^2\sin y$,求$\frac{\partial z}{\partial x},\frac{\partial z}{\partial y}$.

解

$$\begin{aligned}\frac{\partial z}{\partial x}&=\frac{\partial f}{\partial x}+\frac{\partial f}{\partial u}\cdot\frac{\partial u}{\partial x}=2x\mathrm{e}^{x^2+y^2+u^2}+2u\mathrm{e}^{x^2+y^2+u^2}2x\sin y\\&=2x(1+2x^2\sin^2 y)\mathrm{e}^{x^2+y^2+x^4\sin^2 y}.\end{aligned}$$

$$\begin{aligned}\frac{\partial z}{\partial y}&=\frac{\partial f}{\partial y}+\frac{\partial f}{\partial u}\cdot\frac{\partial u}{\partial y}=2y\mathrm{e}^{x^2+y^2+u^2}+2u\mathrm{e}^{x^2+y^2+u^2}x^2\cos y\\&=2(y+x^4\sin y\cos y)\mathrm{e}^{x^2+y^2+x^4\sin^2 y}.\end{aligned}$$

注　在运用链式法则求多元复合偏导数时,应注意以下两点:一是要搞清函数的复合关系;二是对某个自变量求偏导数,必须要经过一切有关的中间变量而归结到该自变量.

对于本例,如果我们不管具体情况套用公式(8.3.3)和(8.3.4),就会导致下面的混乱:

$$\frac{\partial z}{\partial x}=\frac{\partial z}{\partial x}+\frac{\partial z}{\partial u}\cdot\frac{\partial u}{\partial x},$$

$$\frac{\partial z}{\partial y}=\frac{\partial z}{\partial y}+\frac{\partial z}{\partial u}\cdot\frac{\partial u}{\partial y}.$$

左右两端同时出现了“$\frac{\partial z}{\partial x}$”和“$\frac{\partial z}{\partial y}$”. 其实两个$\frac{\partial z}{\partial x}$不是一个意思,两个$\frac{\partial z}{\partial y}$也不是一个意思. 原因是此例中的第一组变量 x,y,u 和第二组变量 x,y 有着共同的变量 x,y. 左边的$\frac{\partial z}{\partial x}$和$\frac{\partial z}{\partial y}$是相对于第二组变量而言的,右边的$\frac{\partial z}{\partial x}$和$\frac{\partial z}{\partial y}$是相对于第一组变量而言的,写出来就是

$$\frac{\partial z}{\partial x}\Big|_{(x,y)}=\frac{\partial z}{\partial x}\Big|_{(x,y,u)}+\frac{\partial z}{\partial u}\Big|_{(x,y,u)}\cdot\frac{\partial u}{\partial x}\Big|_{(x,y)},$$

$$\frac{\partial z}{\partial y}\Big|_{(x,y)}=\frac{\partial z}{\partial y}\Big|_{(x,y,u)}+\frac{\partial z}{\partial u}\Big|_{(x,y,u)}\cdot\frac{\partial u}{\partial y}\Big|_{(x,y)}.$$

但这样写未免太繁琐,于是就简写为

$$\frac{\partial z}{\partial x}=\frac{\partial f}{\partial x}+\frac{\partial f}{\partial u}\cdot\frac{\partial u}{\partial x},$$

$$\frac{\partial z}{\partial y}=\frac{\partial f}{\partial y}+\frac{\partial f}{\partial u}\cdot\frac{\partial u}{\partial y}.$$

这样一来$\frac{\partial z}{\partial x}$与$\frac{\partial f}{\partial x}$就有不同含义了.

8.3.2　重复运用链式法则, 求多元复合函数的高阶偏导数

重复运用链式法则,可求多元复合函数的高阶偏导数. 仍以二元函数为例,设 $z=f(u,v)$, $u=\varphi(x,y)$, $v=\psi(x,y)$. 由于

$$\frac{\partial z}{\partial x}=\frac{\partial z}{\partial u}\cdot\frac{\partial u}{\partial x}+\frac{\partial z}{\partial v}\cdot\frac{\partial v}{\partial x},$$

所以

$$\begin{aligned}\frac{\partial^2 z}{\partial x^2}&=\frac{\partial}{\partial x}\left(\frac{\partial z}{\partial u}\cdot\frac{\partial u}{\partial x}+\frac{\partial z}{\partial v}\cdot\frac{\partial v}{\partial x}\right)\\&=\frac{\partial}{\partial x}\left(\frac{\partial z}{\partial u}\right)\cdot\frac{\partial u}{\partial x}+\frac{\partial z}{\partial u}\cdot\frac{\partial}{\partial x}\left(\frac{\partial u}{\partial x}\right)+\frac{\partial}{\partial x}\left(\frac{\partial z}{\partial v}\right)\cdot\frac{\partial v}{\partial x}+\frac{\partial z}{\partial v}\cdot\frac{\partial}{\partial x}\left(\frac{\partial v}{\partial x}\right).\end{aligned}$$

注意到$\frac{\partial z}{\partial u}$和$\frac{\partial z}{\partial v}$仍然是 u,v 的函数,从而也是 x,y 的函数,因此

$$\frac{\partial}{\partial x}\left(\frac{\partial z}{\partial u}\right)=\frac{\partial^2 z}{\partial u^2}\cdot\frac{\partial u}{\partial x}+\frac{\partial^2 z}{\partial u\,\partial v}\cdot\frac{\partial v}{\partial x},$$

$$\frac{\partial}{\partial x}\left(\frac{\partial z}{\partial v}\right)=\frac{\partial^2 z}{\partial v\,\partial u}\cdot\frac{\partial u}{\partial x}+\frac{\partial^2 z}{\partial v^2}\cdot\frac{\partial v}{\partial x},$$

将它们代入前式,并假定$\frac{\partial^2 z}{\partial u\,\partial v}=\frac{\partial^2 z}{\partial v\,\partial u}$,即得

$$\frac{\partial^2 z}{\partial x^2}=\frac{\partial^2 z}{\partial u^2}\left(\frac{\partial u}{\partial x}\right)^2+2\frac{\partial^2 z}{\partial u\,\partial v}\cdot\frac{\partial u}{\partial x}\cdot\frac{\partial v}{\partial x}+\frac{\partial^2 z}{\partial v^2}\left(\frac{\partial v}{\partial x}\right)^2+\frac{\partial z}{\partial u}\frac{\partial^2 u}{\partial x^2}+\frac{\partial z}{\partial v}\cdot\frac{\partial^2 v}{\partial x^2}.$$

类似地,有

$$\frac{\partial^2 z}{\partial y^2}=\frac{\partial^2 z}{\partial u^2}\left(\frac{\partial u}{\partial y}\right)^2+2\frac{\partial^2 z}{\partial u\,\partial v}\cdot\frac{\partial u}{\partial y}\cdot\frac{\partial v}{\partial y}+\frac{\partial^2 z}{\partial v^2}\left(\frac{\partial v}{\partial y}\right)^2+\frac{\partial z}{\partial u}\frac{\partial^2 u}{\partial y^2}+\frac{\partial z}{\partial v}\cdot\frac{\partial^2 v}{\partial y^2},$$

$$\frac{\partial^2 z}{\partial x\,\partial y}=\frac{\partial^2 z}{\partial u^2}\cdot\frac{\partial u}{\partial x}\cdot\frac{\partial u}{\partial y}+\frac{\partial^2 z}{\partial u\,\partial v}\left(\frac{\partial u}{\partial x}\cdot\frac{\partial v}{\partial y}+\frac{\partial u}{\partial y}\cdot\frac{\partial v}{\partial x}\right)+$$

$$\frac{\partial^2 z}{\partial v^2}\cdot\frac{\partial v}{\partial x}\cdot\frac{\partial v}{\partial y}+\frac{\partial z}{\partial u}\frac{\partial^2 u}{\partial x\,\partial y}+\frac{\partial z}{\partial v}\cdot\frac{\partial^2 v}{\partial x\,\partial y}.$$

例 8.3.8 设 $w=f(x^2+y^2+z^2,xyz)$,且 f 具有二阶连续偏导数,求$\frac{\partial^2 w}{\partial x\,\partial z}$.

解 令 $u=x^2+y^2+z^2$,$v=xyz$,则 $w=f(u,v)$.为简便起见,用下标 1、2 分别表示 u 和 v,如 $f'_1=\frac{\partial f}{\partial u}$,$f''_{12}=\frac{\partial^2 f}{\partial u\,\partial v}$等.为求$\frac{\partial^2 w}{\partial x\,\partial z}$,应先求$\frac{\partial w}{\partial x}$,即

$$\frac{\partial w}{\partial x}=\frac{\partial f}{\partial u}\frac{\partial u}{\partial x}+\frac{\partial f}{\partial v}\frac{\partial v}{\partial x}=f'_1\cdot\frac{\partial u}{\partial x}+f'_2\frac{\partial v}{\partial x}$$

$$=f'_1\cdot 2x+f'_2\cdot yz=2xf'_1+yzf'_2.$$

$$\frac{\partial^2 w}{\partial x\,\partial z}=\frac{\partial}{\partial z}(2xf'_1+yzf'_2)=2x\frac{\partial f'_1}{\partial z}+yf'_2+yz\frac{\partial f'_2}{\partial z}.$$

注意到 f'_1和 f'_2仍是关于 z 的复合函数,故

$$\frac{\partial f'_1}{\partial z}=\frac{\partial f'_1}{\partial u}\frac{\partial u}{\partial z}+\frac{\partial f'_1}{\partial v}\frac{\partial v}{\partial z}=f''_{11}\cdot 2z+f''_{12}\cdot xy=2zf''_{11}+xyf''_{12}.$$

$$\frac{\partial f'_2}{\partial z}=\frac{\partial f'_2}{\partial u}\frac{\partial u}{\partial z}+\frac{\partial f'_2}{\partial v}\frac{\partial v}{\partial z}=f''_{21}\cdot 2z+f''_{22}\cdot xy=2zf''_{21}+xyf''_{22}.$$

于是

$$\frac{\partial^2 w}{\partial x\,\partial z}=2x(2zf''_{11}+xyf''_{12})+yf'_2+yz(2zf''_{21}+xyf''_{22})$$

$$=4xzf''_{11}+2y(x^2+z^2)f''_{12}+xy^2zf''_{22}+yf'_2.$$

(由题设 f 具有二阶连续偏导数,故 $f''_{12}=f''_{21}$.)

8.3.3 多元函数一阶全微分的微分形式不变性

与一元函数的一阶微分形式不变性一样,多元函数也有它的一阶全微分形式不变性.

设 $z=f(x,y)$可微,则有

$$dz=\frac{\partial z}{\partial x}dx+\frac{\partial z}{\partial y}dy.$$

如果 x,y 不是自变量而是s,t 的可微函数,即 $x=x(s,t),y=y(s,t)$,则 $z=f(x,y)$ 是 s,t 的可微函数.于是,由复合函数求导法则,有

$$\begin{aligned}dz&=\frac{\partial z}{\partial s}ds+\frac{\partial z}{\partial t}dt\\&=(\frac{\partial z}{\partial x}\frac{\partial x}{\partial s}+\frac{\partial z}{\partial y}\frac{\partial y}{\partial s})ds+(\frac{\partial z}{\partial x}\frac{\partial x}{\partial t}+\frac{\partial z}{\partial y}\frac{\partial y}{\partial t})dt\\&=\frac{\partial z}{\partial x}(\frac{\partial x}{\partial s}ds+\frac{\partial x}{\partial t}dt)+\frac{\partial z}{\partial y}(\frac{\partial y}{\partial s}ds+\frac{\partial y}{\partial t}dt)\\&=\frac{\partial z}{\partial x}dx+\frac{\partial z}{\partial y}dy.\end{aligned}$$

上式说明,无论 x,y 是自变量还是中间变量,函数 $z=f(x,y)$的全微分的表示形式是一样的.我们称这个性质为多元函数的一阶全微分形式的不变性.读者可以验证,复合函数的高阶全微分不再具有形式的不变性.

8.4　隐函数的微分法

在一元函数微分学中,介绍了隐函数求导法则,即在方程 $F(x,y)=0$ 中,把 y 看成x 的函数,于是方程可看成关于 x 的恒等式,并在等式两端对 x 求导,从而可求得隐函数的导数.

我们可以把由方程 $F(x,y)=0$ 所确定的隐函数推广到 $n+1$ 个变量 $x_1,x_2,\cdots,x_n,y$ 的方程$F(x_1,x_2,\cdots,x_n,y)=0$ 所确定的隐函数.

定义 8.4.1　设给定方程

$$F(x_1,x_2,\cdots,x_n,y)=0,\tag{8.4.1}$$

其中 $X=(x_1,x_2,\cdots,x_n)\in D\subset\mathbf{R}^n,y\in I\subset\mathbf{R}$.若对 D 中每一点X,都有唯一确定的 y 值:$y=f(X)$与之对应,使得$(x_1,x_2,\cdots,x_n,y)$恒满足方程(8.4.1),即

$$F(x_1,x_2,\cdots,x_n;f(x_1,x_2,\cdots,x_n))\equiv0\quad(X\in D),$$

则我们说由方程(8.4.1)确定了一个定义在 D 上的隐函数$y=f(x_1,x_2,\cdots,x_n)$.

对于向量值函数也有类似的隐函数定义.

定义 8.4.2　设给定方程组

$$\begin{cases}F_1(x_1,x_2,\cdots,x_n;y_1,\cdots,y_m)=0,\\F_2(x_1,x_2,\cdots,x_n;y_1,\cdots,y_m)=0,\\\cdots\cdots\\F_m(x_1,x_2,\cdots,x_n;y_1,\cdots,y_m)=0,\end{cases}$$

其中 $X=(x_1,x_2,\cdots,x_n)\in D\subset\mathbf{R}^n,Y=(y_1,y_2,\cdots,y_m)\in G\subset\mathbf{R}^m$.记 $\boldsymbol{F}=(F_1,F_2,$

$\cdots,F_m)$,于是上述方程组可简记为

$$\boldsymbol{F}(X;Y)=\boldsymbol{0}, \tag{8.4.2}$$

其中 $\boldsymbol{0}=(0,0,\cdots,0)$($m$ 个),若对 D 中每一点 X,都有唯一确定的 Y 值:$Y=\boldsymbol{f}(X)$($\boldsymbol{f}=(f_1,f_2,\cdots,f_m)$)与之对应,使得$(X;Y)$恒满足方程组(8.4.2),即

$$\boldsymbol{F}(X;\boldsymbol{f}(X))\equiv\boldsymbol{0}\quad(X\in D),$$

则我们说由方程组(8.4.2)确定了一个定义在 D 上的隐函数(向量值函数)$Y=\boldsymbol{f}(X)$.

是否任何方程或方程组都能确定一个隐函数或隐函数组呢?回答是否定的.例如 $2x^2+y^4+z^2+1=0$ 就不定义任何隐函数,因为三个非负数加 1 绝不能为零.那么,在什么条件下方程(或方程组)能确定隐函数(或隐函数组)?它是否唯一?它是否连续可微?又怎样求其导数?下面我们就来解决这些问题.

8.4.1 由一个方程所确定的隐函数

定理 8.4.1 设 $P_0(x_0,y_0)\in D$,且函数 $F(x,y)$在 D 内满足:

(1)$F(x,y)\in C^1(D)$,

(2)$F(x_0,y_0)=0$,

(3)$F'_y(x_0,y_0)\neq 0$,

则

(1)存在 P_0的某邻域 $U(P_0)=\{(x,y)\mid |x-x_0|<\delta,|y-y_0|<\eta,\delta,\eta>0\}\subset D$,使得在该邻域内,方程 $F(x,y)=0$ 唯一确定了定义在区间 $U_1(x_0)=\{x\mid |x-x_0|<\delta\}$内的函数 $y=f(x)$,且 $\forall x\in U_1(x_0)$,有

$$F(x,f(x))\equiv 0,y_0=f(x_0),|f(x)-y_0|<\eta;$$

(2)$f(x)\in C^1(U_1(x_0))$且

$$\frac{\mathrm{d}y}{\mathrm{d}x}=-\frac{F'_x(x,y)}{F'_y(x,y)}. \tag{8.4.3}$$

证[①] (1)先证隐函数 f 的存在与唯一性.由条件(3),不妨设 $F'_y(x_0,y_0)>0$.由条件(1),即由F'_y的连续性知,$\exists\,\delta_1,\eta>0,\forall\,(x,y)\in\widetilde{U}(P_0)=\{(x,y)\mid |x-x_0|<\delta_1,|y-y_0|<\eta\}\subset D$,有 $F'_y(x,y)>0$.这表明,关于 y 的一元函数$F(x_0,y)$在 y_0的邻域 $|y-y_0|<\eta$ 内是严格单增的,因而由 $F(x_0,y_0)=0$ 知 $F(x_0,y_0-\eta)<0,F(x_0,y_0+\eta)>0$.

仍由条件(1)知 $F(x,y)$在 D 上连续.特别地,关于 x 的一元函数$F(x,y_0-\eta)$和 $F(x,y_0+\eta)$在区间$(x_0-\delta_1,x_0+\delta_1)$内连续.根据连续函数的保号性,$\exists\,\delta>0$ 且 $\delta\leqslant\delta_1$,当 $x\in U_1(x_0)=(x_0-\delta_1,x_0+\delta_1)$时,有

① 教师可视具体情况决定在课堂讲授时是否讲解此证明过程.

$$F(x,y_0-\eta)<0,F(x,y_0+\eta)>0.$$

令 $\forall \bar{x}\in U_1(x_0)$，关于 y 的一元函数 $F(\bar{x},y)$ 在 $(y_0-\eta,y_0+\eta)$ 内严格单增且 $F(\bar{x},y_0-\eta)<0,F(\bar{x},y_0+\eta)>0$. 所以 $F(\bar{x},y)$ 在 $(y_0-\eta,y_0+\eta)$ 内必存在唯一零点，记为 $\bar{y}$，使 $F(\bar{x},\bar{y})=0$. 这就是说，$\forall \bar{x}\in U_1(x_0)$，方程 $F(x,y)=0$ 总可确定唯一的 $\bar{y}\in(y_0-\eta,y_0+\eta)$. 于是，$y$ 是 x 的函数，表为 $y=f(x)$ 且 $\forall x\in U_1(x_0)$，有 $F(x,f(x))\equiv 0$ 及 $|f(x)-y_0|<\eta$.

又已知 $F(x_0,y_0)=0$ 且由上有 $F(x_0,f(x_0))=0$ 以及在 $(y_0-\eta,y_0+\eta)$ 内与 x_0 对应且满足方程 $F(x_0,y)=0$ 的 y 是唯一的，所以

$$y_0=f(x_0).$$

(2)先证函数 $y=f(x)$ 在 $U_1(x_0)$ 内连续.

任取 $x_1\in U_1(x_0)$，记 $y_1=f(x_1)$. $\forall \varepsilon>0(\varepsilon\leqslant\eta)$，由上面的证明知 $F(x_1,y_1-\varepsilon)<0,F(x_1,y_1+\varepsilon)>0$. 又关于 x 的一元函数 $F(x,y_1-\varepsilon)$ 和 $F(x,y_1+\varepsilon)$ 在 x_1 处连续，由连续函数保号性知，$\exists\delta'>0$，使得当 $|x-x_1|<\delta'$ 时，$F(x,y_1-\varepsilon)<0,F(x,y_1+\varepsilon)>0$. 这说明对满足 $|x-x_1|<\delta'$ 的任何 x，在 $(y_1-\varepsilon,y_1+\varepsilon)$ 内存在唯一的 y 值，使 $F(x,y)=0$. 即点 x 对应的函数值 $y=f(x)$ 满足 $|y-y_1|<\varepsilon$，所以 $y=f(x)$ 在点 x_1 连续. 因 x_1 是 $U_1(x_0)$ 内任意一点，从而 $y=f(x)$ 在 $U_1(x_0)$ 内连续.

其次，证明公式(8.4.3)成立及 $f(x)$ 在 $U_1(x_0)$ 内有连续导数.

设 $x,x+\Delta x$ 是 $U_1(x_0)$ 内任意两点，记 $y=f(x),y+\Delta y=f(x+\Delta x)$. 由于 $y=f(x)$ 是方程 $F(x,y)=0$ 确定的，所以

$$F(x,y)=0,F(x+\Delta x,y+\Delta y)=0.$$

因此

$$\begin{aligned}0&=F(x+\Delta x,y+\Delta y)-F(x,y)\\&=F(x+\Delta x,y+\Delta y)-F(x+\Delta x,y)+F(x+\Delta x,y)-F(x,y)\\&=F'_y(x+\Delta x,y+\theta_2\Delta y)\Delta y+F'_x(x+\theta_1\Delta x,y)\Delta x\quad(0<\theta_1,\theta_2<1).\end{aligned}$$

又因为在邻域 $\widetilde{U}(P_0)$ 内 $F'_y(x,y)>0$，于是上式可写为

$$\frac{\Delta y}{\Delta x}=-\frac{F'_x(x+\theta_1\Delta x,y)}{F'_y(x+\Delta x,y+\theta_2\Delta y)}.$$

由 F'_x,F'_y 的连续性，在上式两端令 $\Delta x\to 0$，由 $f(x)$ 的连续性必有 $\Delta y\to 0$，故有

$$\begin{aligned}f'(x)&=\lim_{\Delta x\to 0}\frac{\Delta y}{\Delta x}\\&=-\lim_{\Delta x\to 0,\Delta y\to 0}\frac{F'_x(x+\theta_1\Delta x,y)}{F'_y(x+\Delta x,y+\theta_2\Delta y)}\\&=-\frac{F'_x(x,y)}{F'_y(x,y)}\quad(F'_y(x,y)\neq 0).\end{aligned}$$

显然，由于 $F'_x(x,y)$ 与 $F'_y(x,y)$ 连续，$f'(x)$ 连续，且

$$\frac{\mathrm{d}y}{\mathrm{d}x}=-\frac{F'_x(x,y)}{F'_y(x,y)}.$$

定理 8.4.1 可推广到多个变量的情形.

定理 8.4.2 设开区域 $D\subset\mathbf{R}^{n+1}$，$P_0(x_1^0,x_2^0,\cdots,x_n^0;y^0)\in D$，函数 $F(x_1,x_2,\cdots,x_n;y):D\to\mathbf{R}$ 满足条件：

(1)$F\in C^1(D)$；

(2)$F(x_1^0,x_2^0,\cdots,x_n^0;y^0)=0$；

(3)$F'_y(x_1^0,x_2^0,\cdots,x_n^0;y^0)\neq 0$，

则

(1)存在 P_0 的某邻域 $U(P_0)=\{(x_1,x_2,\cdots,x_n;y)\mid |x_i-x_i^0|<\delta,i=1,2,\cdots,n,|y-y^0|<\eta,\delta,\eta>0\}\subset D$，使得在该邻域内，由方程 $F(x_1,x_2,\cdots,x_n;y)=0$ 唯一确定定义在区域 $U_1=\{(x_1,x_2,\cdots,x_n)\mid |x_i-x_i^0|<\delta,i=1,2,\cdots,n\}$ 内的函数 $y=f(x_1,x_2,\cdots,x_n)$，且 $\forall(x_1,x_2,\cdots,x_n)\in U_1$ 有

$$F(x_1,x_2,\cdots,x_n;f(x_1,x_2,\cdots,x_n))\equiv 0,$$

$$y^0=f(x_1^0,x_2^0,\cdots,x_n^0),\text{及}|f(x_1,x_2,\cdots,x_n)-y^0|<\eta;$$

(2)$f\in C^1(U_1)$ 且

$$\frac{\partial y}{\partial x_i}=-\frac{F'_{x_i}(x_1,x_2,\cdots,x_n;y)}{F'_y(x_1,x_2,\cdots,x_n;y)}\quad(i=1,2,\cdots,n).\tag{8.4.4}$$

注 上述两个定理既解决了隐函数存在性问题又给出了求导方法.

例 8.4.1 验证方程 $F(x,y)=xy+2^x-2^y=0$ 在点 0 的某邻域确定唯一一个有连续导数的隐函数 $y=f(x)$，并求 $f'(x)$.

解 函数 $F'_x(x,y)=y+2^x\ln 2$ 和 $F'_y(x,y)=x-2^y\ln 2$ 在点(0,0)的邻域连续，且

$$F(0,0)=0,F'_y(0,0)=-\ln 2\neq 0,$$

根据定理 8.4.1，在点 0 的某个邻域$(-\delta,\delta)$内存在唯一一个有连续导数的(隐)函数 $y=f(x)$，使 $F(x,f(x))\equiv 0$，且 $f(0)=0$，

$$f'(x)=-\frac{y+2^x\ln 2}{x-2^y\ln 2}.$$

例 8.4.2 求由方程 $xy+\sin z+y=2z$ 所确定的隐函数 $z=f(x,y)$ 的二阶偏导数.

解 设 $F(x,y,z)=xy+\sin z+y-2z$. 由于

$$F'_x=y,F'_y=x+1,F'_z=\cos z-2,$$

由式(8.4.4)，有

$$\frac{\partial z}{\partial x}=-\frac{F'_x}{F'_z}=\frac{y}{2-\cos z},\quad\frac{\partial z}{\partial y}=-\frac{F'_y}{F'_z}=\frac{x+1}{2-\cos z}.$$

于是

$$\frac{\partial^2 z}{\partial x^2}=\frac{\partial}{\partial x}\left(\frac{y}{2-\cos z}\right)$$
$$=-\frac{y}{(2-\cos z)^2}\cdot\sin z\cdot\frac{\partial z}{\partial x}=-\frac{y^2\sin z}{(2-\cos z)^3},$$
$$\frac{\partial^2 z}{\partial x\,\partial y}=\frac{\partial^2 z}{\partial y\,\partial x}=\frac{\partial}{\partial y}\left(\frac{y}{2-\cos z}\right)$$
$$=\frac{(2-\cos z)-y\left(\sin z\cdot\frac{\partial z}{\partial y}\right)}{(2-\cos z)^2}=\frac{(2-\cos z)^2-(x+1)y\sin z}{(2-\cos z)^3},$$
$$\frac{\partial^2 z}{\partial y^2}=-\frac{x+1}{(2-\cos z)^2}\cdot\sin z\cdot\frac{\partial z}{\partial y}=-\frac{(x+1)^2\sin z}{(2-\cos z)^3}.$$

例 8.4.3　设 $z=z(x,y)$ 是由方程 $z-y-x+xe^{z-y-x}=0$ 所确定的隐函数，求 dz.

解法 1　求隐函数的偏导数可以不必套用公式(8.4.4)，而直接应用复合函数的导数公式.

将方程两边同时关于 x 求偏导，有
$$\frac{\partial z}{\partial x}-1+e^{z-y-x}+xe^{z-y-x}\left(\frac{\partial z}{\partial x}-1\right)=0,$$
所以
$$\frac{\partial z}{\partial x}=\frac{1+(x-1)e^{z-y-x}}{1+xe^{z-y-x}};$$
再对方程两边关于 y 求偏导，有
$$\frac{\partial z}{\partial y}-1+xe^{z-y-x}\left(\frac{\partial z}{\partial y}-1\right)=0,$$
所以
$$\frac{\partial z}{\partial y}=1.$$
于是
$$dz=\frac{1+(x-1)e^{z-y-x}}{1+xe^{z-y-x}}dx+dy.$$

解法 2　利用一阶微分形式不变性，对方程两边求全微分，有
$$dz-dy-dx+d(xe^{z-y-x})=0,$$
即
$$dz-dy-dx+e^{z-y-x}dx+xe^{z-y-x}(dz-dy-dx)=0,$$
整理后得
$$dz=\frac{1+(x-1)e^{z-y-x}}{1+xe^{z-y-x}}dx+dy.$$

8.4.2　由方程组所确定的隐函数

为讨论方程组所确定的隐函数存在性及其求导方法，有必要先介绍函数的雅可比

行列式概念.

定义 8.4.3 设函数组 $F_i(x_1,x_2,\cdots,x_n;u_1,u_2,\cdots,u_m)(i=1,2,\cdots,m)$在点$(x_1,x_2,\cdots,x_n)$的某邻域内偏导数$\dfrac{\partial F_i}{\partial u_j}(i=1,2,\cdots,m;j=1,2,\cdots,m)$都存在,则由这些偏导数按下列方式构成的 m 阶行列式

$$\begin{vmatrix} \dfrac{\partial F_1}{\partial u_1} & \dfrac{\partial F_1}{\partial u_2} & \cdots & \dfrac{\partial F_1}{\partial u_m} \\ \dfrac{\partial F_2}{\partial u_1} & \dfrac{\partial F_2}{\partial u_2} & \cdots & \dfrac{\partial F_2}{\partial u_m} \\ \vdots & \vdots & & \vdots \\ \dfrac{\partial F_m}{\partial u_1} & \dfrac{\partial F_m}{\partial u_2} & \cdots & \dfrac{\partial F_m}{\partial u_m} \end{vmatrix}$$

称为**雅可比(Jacobi)行列式**,也称**函数行列式**,简记为

$$J=\frac{\partial(F_1,F_2,\cdots,F_m)}{\partial(u_1,u_2,\cdots,u_m)}.$$

例 8.4.4 设

$$\begin{cases} F(x;y,z)=x^2+y^2+z^2-6, \\ G(x;y,z)=x+y+z. \end{cases}$$

试求 $J=\dfrac{\partial(F,G)}{\partial(y.z)}$.

解

$$\frac{\partial F}{\partial y}=2y,\frac{\partial F}{\partial z}=2z,\frac{\partial G}{\partial y}=1,\frac{\partial G}{\partial z}=1,$$

所以

$$J=\begin{vmatrix} 2y & 2z \\ 1 & 1 \end{vmatrix}=2y-2z.$$

对于方程组

$$\begin{cases} F_1(x_1,\cdots,x_n;u_1,\cdots,u_m)=0, \\ \cdots\cdots \\ F_m(x_1,\cdots,x_n;u_1,\cdots,u_m)=0 \end{cases} \tag{8.4.5}$$

有以下定理.

定理 8.4.3 假设

(1)$(x_1^0,x_2^0,\cdots,x_n^0;u_1^0,u_2^0,\cdots,u_m^0)$满足方程组(8.4.5);

(2)F_i及$\dfrac{\partial F_i}{\partial u_k}$,$1\leqslant i,k\leqslant m$ 均在$(x_1^0,x_2^0,\cdots,x_n^0;u_1^0,u_2^0,\cdots,u_m^0)$的一个邻域内连续;

(3)$F_1,F_2,\cdots,F_m$关于$u_1,u_2,\cdots,u_m$的雅可比行列式

$$J=\frac{\partial(F_1,F_2,\cdots,F_m)}{\partial(u_1,u_2,\cdots,u_m)}=\begin{vmatrix}\frac{\partial F_1}{\partial u_1} & \frac{\partial F_1}{\partial u_2} & \cdots & \frac{\partial F_1}{\partial u_m}\\ \frac{\partial F_2}{\partial u_1} & \frac{\partial F_2}{\partial u_2} & \cdots & \frac{\partial F_2}{\partial u_m}\\ \vdots & \vdots & & \vdots\\ \frac{\partial F_m}{\partial u_1} & \frac{\partial F_m}{\partial u_2} & \cdots & \frac{\partial F_m}{\partial u_m}\end{vmatrix}$$

在$(x_1^0,x_2^0,\cdots,x_n^0;u_1^0,u_2^0,\cdots,u_m^0)$处不等于零.

则在$(x_1^0,x_2^0,\cdots,x_n^0;u_1^0,u_2^0,\cdots,u_m^0)$的一个邻域内,方程组(8.4.5)唯一确定函数组

$$u_i=u_i(x_1,x_2,\cdots,x_n)\quad(i=1,2,\cdots,m),$$

而且 $u_i(x_1,x_2,\cdots,x_n)$ $(i=1,2,\cdots,m)$都在$(x_1^0,x_2^0,\cdots,x_n^0)$的一个邻域内连续,同时满足

$$u_i^0=u_i(x_1^0,x_2^0,\cdots,x_n^0).$$

进一步,若 $F_1,F_2,\cdots,F_m$在$(x_1^0,x_2^0,\cdots,x_n^0;u_1^0,u_2^0,\cdots,u_m^0)$的一个邻域内关于 x_i $(1\leqslant i\leqslant n)$的偏导数连续,则 $u_1,u_2,\cdots,u_m$在$(x_1^0,x_2^0,\cdots,x_n^0)$的一个邻域内关于 x_i的偏导数存在且连续,即

$$\frac{\partial u_i}{\partial x_j}=-\frac{1}{J}\frac{\partial(F_1,F_2,\cdots,F_m)}{\partial(u_1,\cdots,u_{i-1},x_j,u_{i+1},\cdots,u_m)},$$
$$i=1,2,\cdots,m;j=1,2,\cdots,n.\tag{8.4.6}$$

证明从略.

例 8.4.5　已知方程组

$$\begin{cases}x^2+y^2+z^2-6=0,\\ x+y+z=0,\end{cases}$$

试验证其在点$(x_0,y_0,z_0)=(1,-2,1)$的邻域内满足定理 8.4.3 的条件,在点 $x_0=1$的邻域内存在唯一的一组有连续导数的函数组

$$\begin{cases}y=f(x),\\ z=g(x),\end{cases}$$

并求$\frac{\mathrm{d}y}{\mathrm{d}x},\frac{\mathrm{d}z}{\mathrm{d}x}$.

解　设

$$\begin{cases}F(x;y,z)=x^2+y^2+z^2-6,\\ G(x;,y,z)=x+y+z,\end{cases}$$

则$\frac{\partial F}{\partial x}=2x,\frac{\partial F}{\partial y}=2y,\frac{\partial F}{\partial z}=2z;\frac{\partial G}{\partial x}=1,\frac{\partial G}{\partial y}=1,\frac{\partial G}{\partial z}=1$,在点$(1,-2,1)$的邻域内都连续.又

$$F(1;-2,1)=1^2+(-2)^2+1^2-6=0,$$

$$G(1;,-2,1)=1-2+1=0,$$

以及

$$J=\begin{vmatrix}\dfrac{\partial F}{\partial y} & \dfrac{\partial F}{\partial z}\\ \dfrac{\partial G}{\partial y} & \dfrac{\partial G}{\partial z}\end{vmatrix}=\begin{vmatrix}2y & 2z\\ 1 & 1\end{vmatrix}=2(y-z),$$

故

$$J|_{(1,-2,1)}=2(y-z)|_{(1,-2,1)}=-6\neq 0.$$

由定理 8.4.3,在 $x_0=1$ 的邻域内存在唯一一组有连续导数的函数组

$$\begin{cases}y=f(x),\\ z=g(x).\end{cases}$$

由公式(8.4.6),有

$$\begin{aligned}\frac{\mathrm{d}y}{\mathrm{d}x}&=-\frac{1}{J}\frac{\partial(F,G)}{\partial(x,z)}\\ &=-\frac{1}{2(y-z)}\begin{vmatrix}2x & 2z\\ 1 & 1\end{vmatrix}=-\frac{2(x-z)}{2(y-z)}=\frac{z-x}{y-z},\end{aligned}$$

$$\begin{aligned}\frac{\mathrm{d}z}{\mathrm{d}x}&=-\frac{1}{J}\frac{\partial(F,G)}{\partial(y,x)}\\ &=-\frac{1}{2(y-z)}\begin{vmatrix}2y & 2x\\ 1 & 1\end{vmatrix}=-\frac{2(y-x)}{2(y-z)}=\frac{x-y}{y-z}.\end{aligned}$$

例 8.4.6 验证方程组

$$\begin{cases}x^2+y^2-uv=0,\\ xy-u^2+v^2=0\end{cases}$$

在点$(x_0,y_0,u_0,v_0)=(1,0,1,1)$的邻域内满足定理 8.4.3 的条件,在点$(x_0,y_0)=(1,0)$的邻域内存在唯一的一组有连续偏导数的函数组 $u=f_1(x,y),v=f_2(x,y)$,并求$\dfrac{\partial u}{\partial x},\dfrac{\partial u}{\partial y},\dfrac{\partial v}{\partial x}$和$\dfrac{\partial v}{\partial y}$.

解 设

$$\begin{cases}F_1(x,y;u,v)=x^2+y^2-uv,\\ F_2(x,y;u,v)=xy-u^2+v^2,\end{cases}$$

则

$$\frac{\partial F_1}{\partial x}=2x,\ \frac{\partial F_1}{\partial y}=2y,\frac{\partial F_1}{\partial u}=-v,\frac{\partial F_1}{\partial v}=-u,$$

$$\frac{\partial F_2}{\partial x}=y,\ \frac{\partial F_2}{\partial y}=x,\frac{\partial F_2}{\partial u}=-2u,\frac{\partial F_2}{\partial v}=2v$$

在点(1,0,1,1)的邻域内都连续,且

$$\begin{cases}F_1(1,0,1,1)=0,\\ F_2(1,0,1,1)=0.\end{cases}$$

又

$$J=\begin{vmatrix}\frac{\partial F_1}{\partial u} & \frac{\partial F_1}{\partial v}\\ \frac{\partial F_2}{\partial u} & \frac{\partial F_2}{\partial v}\end{vmatrix}=\begin{vmatrix}-v & -u\\ -2u & 2v\end{vmatrix}=-2(u^2+v^2).$$

故

$$J|_{(1,0,1,1)}=-2(1^2+1^2)=-4\neq 0.$$

所以,该方程组满足定理 8.4.3 的条件,因而在点$(x_0,y_0)=(1,0)$的邻域内存在唯一一组有连续偏导数的函数组 $u=f_1(x,y),v=f_2(x,y)$.

下面按公式(8.4.6)求偏导数

$$\frac{\partial u}{\partial x}=-\frac{1}{J}\frac{\partial(F_1,F_2)}{\partial(x,v)}$$

$$=\frac{1}{2(u^2+v^2)}\begin{vmatrix}\frac{\partial F_1}{\partial x} & \frac{\partial F_1}{\partial v}\\ \frac{\partial F_2}{\partial x} & \frac{\partial F_2}{\partial v}\end{vmatrix}$$

$$=\frac{1}{2(u^2+v^2)}\begin{vmatrix}2x & -u\\ y & 2v\end{vmatrix}=\frac{4xv+yu}{2(u^2+v^2)},$$

$$\frac{\partial u}{\partial y}=-\frac{1}{J}\frac{\partial(F_1,F_2)}{\partial(y,v)}$$

$$=\frac{1}{2(u^2+v^2)}\begin{vmatrix}\frac{\partial F_1}{\partial y} & \frac{\partial F_1}{\partial v}\\ \frac{\partial F_2}{\partial y} & \frac{\partial F_2}{\partial v}\end{vmatrix}$$

$$=\frac{1}{2(u^2+v^2)}\begin{vmatrix}2y & -u\\ x & 2v\end{vmatrix}=\frac{4yv+xu}{2(u^2+v^2)},$$

$$\frac{\partial v}{\partial x}=-\frac{1}{J}\frac{\partial(F_1,F_2)}{\partial(u,x)}$$

$$=\frac{1}{2(u^2+v^2)}\begin{vmatrix}\frac{\partial F_1}{\partial u} & \frac{\partial F_1}{\partial x}\\ \frac{\partial F_2}{\partial u} & \frac{\partial F_2}{\partial x}\end{vmatrix}$$

$$=\frac{1}{2(u^2+v^2)}\begin{vmatrix}-v & 2x\\ -2u & y\end{vmatrix}=\frac{4xu-yv}{2(u^2+v^2)},$$

$$\frac{\partial v}{\partial y}=-\frac{1}{J}\frac{\partial(F_1,F_2)}{\partial(u,y)}$$

$$=\frac{1}{2(u^2+v^2)}\begin{vmatrix}\frac{\partial F_1}{\partial u} & \frac{\partial F_1}{\partial y}\\ \frac{\partial F_2}{\partial u} & \frac{\partial F_2}{\partial y}\end{vmatrix}$$

$$=\frac{1}{2(u^2+v^2)}\begin{vmatrix} -v & 2y \\ -2u & x \end{vmatrix}=\frac{4yu-xv}{2(u^2+v^2)}.$$

8.5 多元函数的泰勒(Taylor)公式

为讨论多元函数泰勒公式,有必要先回忆一元函数的泰勒公式.设函数 $F(t)$在 t_0 的邻域内存在 m 阶导数,则

$$F(t_0+h)=F(t_0)+F'(t_0)h+\cdots+\frac{1}{m!}F^{(m)}(t_0)h^m+r_m(t_0,h),$$

其中 $r_m(t_0,h)$是 $F(t)$在 t_0点且增量为 h 的 m 阶余项.固定 t_0,一般有

$$r_m(t_0,h)=o(|h|^m)\quad(h\to 0).$$

称上述形式的余项为皮亚诺(Peano)余项.

进一步,如果 $F(t)$在 t_0的邻域内存在 $m+1$ 阶导数,则余项可表示为

$$r_m(t_0,h)=\frac{h^{m+1}}{(m+1)!}F^{(m+1)}(t_0+\theta h),0<\theta<1,$$

称上述形式的余项为拉格朗日余项.

如果 $m+1$ 阶导数在 t_0的邻域内连续,则余项可写为积分形式,即

$$r_m(t_0,h)=\frac{h^{m+1}}{m!}\int_0^1 F^{(m+1)}(t_0+hs)(1-s)^m\mathrm{d}s,$$

称上述形式的余项为积分形式余项.

现在,将一元函数的泰勒公式推广到多元函数情形.

设 n 元函数 $f(x_1,x_2,\cdots,x_n)$在点 $x_0=(x_1^0,x_2^0,\cdots,x_n^0)$附近有直到 m 阶连续偏导数,令 $F(t)=f(x_1^0+th_1,x_2^0+th_2,\cdots,x_n^0+th_n)$.由复合函数的连续性可知,$F(t)$在 $t=0$ 的一个邻域内有 m 阶连续导数.于是,当$(h_1^2+h_2^2+\cdots+h_n^2)^{\frac{1}{2}}$适当小时,利用一元函数的泰勒公式可得

$$F(1)=F(0)+F'(0)+\frac{1}{2!}F''(0)+\cdots+\frac{1}{(m-1)!}F^{(m-1)}(0)+r_{m-1}.\qquad(8.5.1)$$

显然,$F(1)=f(x_1^0+h_1,x_2^0+h_2,\cdots,x_n^0+h_n)$,$F(0)=f(x_1^0,x_2^0,\cdots,x_n^0)$.由复合函数求导的链式法则,有

$$F'(0)=\sum_{l=1}^{n}\frac{\partial f}{\partial x_l}(x_1^0,x_2^0,\cdots,x_n^0)h_l,$$

$$F''(0)=\sum_{l,k=1}^{n}\frac{\partial^2 f}{\partial x_l\partial x_k}(x_1^0,x_2^0,\cdots,x_n^0)h_lh_k,$$

一般地

$$F^{(k)}(0)=\sum_{l_1,\cdots,l_k=1}^{n}\frac{\partial^k f}{\partial x_{l_1}\cdots\partial x_{l_k}}(x_1^0,x_2^0,\cdots,x_n^0)h_{l_1}\cdots h_{l_k}.$$

经简单计算可知,$F^{(k)}(0)$也可表示为

$$F^{(k)}(0)=\sum_{l_1+\cdots+l_n=k}\frac{k!}{l_1!\cdots l_n!}\frac{\partial^k f}{\partial x_1^{l_1}\cdots\partial x_n^{l_n}}(x_1^0,x_2^0,\cdots,x_n^0)h_1^{l_1}\cdots h_n^{l_n}.$$

上述求和式中 $l_1,\cdots,l_n$ 为非负整数.

余项 r_{m-1} 同样可有多种表示形式.常用的是拉格朗日余项,即

$$r_{m-1}=\frac{1}{m!}F^{(m)}(\theta)$$

$$=\sum_{l_1+\cdots+l_n=m}\frac{1}{l_1!\cdots l_n!}\frac{\partial^m f}{\partial x_1^{l_1}\cdots\partial x_n^{l_n}}(x_1^0+\theta h_1,x_2^0+\theta h_2,\cdots,x_n^0+\theta h_n)h_1^{l_1}\cdots h_n^{l_n}$$

$$(0<\theta<1).$$

综合上述分析,有以下定理.

定理 8.5.1　设 n 元函数 $f(x_1,x_2,\cdots,x_n)$ 在点 $x_0=(x_1^0,x_2^0,\cdots,x_n^0)$ 的邻域 $U(x_0)$ 内存在 m 阶连续偏导数,则有泰勒公式

$$\begin{aligned}&f(x_1^0+h_1,x_2^0+h_2,\cdots,x_n^0+h_n)\\&=f(x_1^0,x_2^0,\cdots,x_n^0)+(\sum_{i=1}^n h_i\frac{\partial}{\partial x_i})f(x_1^0,x_2^0,\cdots,x_n^0)\\&\quad+\frac{1}{2!}(\sum_{i=1}^n h_i\frac{\partial}{\partial x_i})^2 f(x_1^0,x_2^0,\cdots,x_n^0)\\&\quad+\cdots+\frac{1}{(m-1)!}(\sum_{i=1}^n h_i\frac{\partial}{\partial x_i})^{m-1}f(x_1^0,x_2^0,\cdots,x_n^0)\\&\quad+\frac{1}{m!}(\sum_{i=1}^n h_i\frac{\partial}{\partial x_i})^m f(x_1^0+\theta h_1,x_2^0+\theta h_2,\cdots,x_n^0+\theta h_n)\quad(0<\theta<1).\end{aligned}\tag{8.5.2}$$

注　泰勒公式(8.5.2)中,若令 $x_0=(0,0,\cdots,0)$,就得到多元函数的麦克劳林公式.

例 8.5.1　将函数 $f(x,y)=\mathrm{e}^{x+y}$ 展成麦克劳林公式.

解　$f(x,y)=\mathrm{e}^{x+y}$ 在 $\mathbf{R}^2$ 存在任意阶连续偏导数,且

$$\frac{\partial^{m+l}f}{\partial x^m\partial y^l}=\mathrm{e}^{x+y},\frac{\partial^{m+l}f}{\partial x^m\partial y^l}f(0,0)=1,$$

其中 m,l 是任意非负整数.由公式(8.5.2)有

$$\begin{aligned}\mathrm{e}^{x+y}&=1+(x+y)+\frac{1}{2!}(x+y)^2+\cdots+\frac{1}{n!}(x+y)^n\\&\quad+\frac{1}{(n+1)!}(x+y)^{n+1}\mathrm{e}^{\theta(x+y)}\quad(0<\theta<1).\end{aligned}$$

例 8.5.2　当 $|x|,|y|,|z|$ 都很小时,将超越函数

$$f(x,y,z)=\cos(x+y+z)-\cos x\cos y\cos z$$

近似表为 x,y,z 的多项式.

解　将函数展成麦克劳林公式(到二阶偏导数),有

$$f(x,y,z)\approx f(0,0,0)+xf'_x(0,0,0)+yf'_y(0,0,0)+zf'_z(0,0,0)$$

$$+\frac{1}{2!}[x^2f''_{xx}(0,0,0)+y^2f''_{yy}(0,0,0)+z^2f''_{zz}(0,0,0)$$
$$+2xyf''_{xy}(0,0,0)+2yzf''_{yz}(0,0,0)+2zxf''_{zx}(0,0,0)],$$

$f(0,0,0)=0,$

$f'_x(0,0,0)=[-\sin(x+y+z)+\sin x\cos y\cos z]_{(0,0,0)}=0.$

同样 $f'_y(0,0,0)=0, f'_z(0,0,0)=0.$

$f''_{xx}(0,0,0)=[-\cos(x+y+z)+\cos x\cos y\cos z]_{(0,0,0)}=0.$

同样 $f''_{yy}(0,0,0)=0, f''_{zz}(0,0,0)=0.$

$f''_{xy}(0,0,0)=[-\cos(x+y+z)+\sin x\sin y\cos z]_{(0,0,0)}=-1.$

同样 $f''_{yz}(0,0,0)=-1, f''_{zx}(0,0,0)=-1.$

于是 $f(x,y,z)\approx-(xy+yz+zx)$,

即 $\cos(x+y+z)-\cos x\cos y\cos z\approx-(xy+yz+zx).$

8.6 方向导数和梯度

8.6.1 方向导数

设 n 元函数 $f(x_1,x_2,\cdots,x_n)$ 定义在 $X_0=(x_1^0,x_2^0,\cdots,x_n^0)\in\mathbf{R}^n$ 的一个邻域内.我们知道 $\frac{\partial f}{\partial x_i}(X_0)$ 是 $f(X)(X=(x_1,x_2,\cdots,x_n))$ 在 X_0 沿 x_i 轴正向的变化率,许多问题需要研究沿其他方向的变化率,这就引出方向导数的概念.

定义 8.6.1 设 n 元函数 $f(X)$ 在 $X_0\in\mathbf{R}^n$ 点的某邻域内有定义,l 为由点 X_0 出发的一射线,如果当点 X 沿射线 l 趋向点 X_0 时

$$\lim_{\rho\to0^+}\frac{f(X)-f(X_0)}{\rho} \tag{8.6.1}$$

存在(其中 $\rho=|X-X_0|$),则称极限值为 $f(X)$ 在 X_0 沿 l 的**方向导数**.记为 $\frac{\partial f}{\partial l}(X_0)$.又,不妨设 $|l|=1$,记 l 在 x_i 轴的投影为 $\cos\alpha_i$,则 $l=(\cos\alpha_1,\cos\alpha_2,\cdots,\cos\alpha_n)$,$\cos^2\alpha_1+\cos^2\alpha_2+\cdots+\cos^2\alpha_n=1$.显然有

$$\begin{aligned}\frac{\partial f}{\partial l}(X_0)&=\lim_{t\to0^+}\frac{f(X_0+tl)-f(X_0)}{t}\\&=\lim_{t\to0^+}\frac{f(x_1^0+t\cos\alpha_1,\cdots,x_n^0+t\cos\alpha_n)-f(x_1^0,x_2^0,\cdots,x_n^0)}{t}.\end{aligned} \tag{8.6.2}$$

注 (1)方向导数还可表为 $\frac{\partial f}{\partial l}|_{X_0}$ 或 $f'_l(X_0)$ 等.

(2)设 $f(X)$ 在 X_0 沿 x_i 轴正向和负向的方向导数分别为 $\frac{\partial f}{\partial x_i^+}(X_0)$ 和 $\frac{\partial f}{\partial x_i^-}(X_0)$,显

然$\frac{\partial f}{\partial x_i}(X_0)$存在的充分必要条件是$\frac{\partial f}{\partial x_i^+}(X_0)$和$\frac{\partial f}{\partial x_i^-}(X_0)$都存在,且$\frac{\partial f}{\partial x_i^+}(X_0)=-\frac{\partial f}{\partial x_i^-}(X_0)$.若$\frac{\partial f}{\partial x_i}(X_0)$存在,则$\frac{\partial f}{\partial x_i}(X_0)=\frac{\partial f}{\partial x_i^+}(X_0)$.

例 8.6.1　设 n 元函数 $f(X)=|X|=\sqrt{x_1^2+x_2^2+\cdots+x_n^2}$,对于任一方向 l,$|l|=1$,则

$$\frac{\partial f}{\partial l}(0)=\lim_{t\to 0^+}\frac{f(tl)-f(0)}{t}=1.$$

即 $f(X)$在点 0 沿任意方向导数均为 1,由上述注(2)知$\frac{\partial f}{\partial x_i}(0)$不存在.

例 8.6.2　设二元函数

$$f(x,y)=\begin{cases}\dfrac{|x|^{\frac{1}{2}}|y|^{\frac{1}{2}}}{\sqrt{x^2+y^2}}, & x^2+y^2\neq 0,\\ 0, & x^2+y^2=0.\end{cases}$$

显然$\frac{\partial f}{\partial x}(0,0)=\frac{\partial f}{\partial y}(0,0)=0$,但取 $l=(\frac{\sqrt{2}}{2},\frac{\sqrt{2}}{2})$,由于

$$\lim_{t\to 0^+}\frac{f(\frac{\sqrt{2}}{2}t,\frac{\sqrt{2}}{2}t)-f(0,0)}{t}=\lim_{t\to 0^+}\frac{1}{\sqrt{2}}\frac{1}{t}=+\infty,$$

从而$\frac{\partial f}{\partial l}(0,0)$不存在.

那么,方向导数与偏导数有什么关系吗?能否利用偏导数来求方向导数呢?为此,我们有以下定理.

定理 8.6.1　设 $X=(x_1,x_2,\cdots,x_n)$,$X_0=(x_1^0,x_2^0,\cdots,x_n^0)\in\mathbf{R}^n$,并设 n 元函数 $f(X)$在 X_0可微,则对于任意方向 $l=(\cos\alpha_1,\cos\alpha_2,\cdots,\cos\alpha_n)$,$\cos^2\alpha_1+\cos^2\alpha_2+\cdots+\cos^2\alpha_n=1$,$\frac{\partial f}{\partial l}(X_0)$存在,且

$$\frac{\partial f}{\partial l}(X_0)=\sum_{i=1}^{n}\frac{\partial f}{\partial x_i}(X_0)\cos\alpha_i. \tag{8.6.3}$$

证　由于 $f(X)$在 X_0可微,且记 $X'=(x_1^0+\Delta x_1,x_2^0+\Delta x_2,\cdots,x_n^0+\Delta x_n)$,则

$$\begin{aligned}f(X')-f(X_0)&=f(x_1^0+\Delta x_1,x_2^0+\Delta x_2,\cdots,x_n^0+\Delta x_n)-f(x_1^0,x_2^0,\cdots,x_n^0)\\&=\frac{\partial f}{\partial x_1}\Delta x_1+\frac{\partial f}{\partial x_2}\Delta x_2+\cdots+\frac{\partial f}{\partial x_n}\Delta x_n+o(\rho),\end{aligned}$$

其中 $\rho=|X'-X_0|=\sqrt{(\Delta x_1)^2+(\Delta x_2)^2+\cdots+(\Delta x_n)^2}$,两边同除以 ρ,有

$$\begin{aligned}\lim_{\rho\to 0^+}\frac{f(X')-f(X_0)}{\rho}&=\lim_{\rho\to 0^+}[\frac{\partial f}{\partial x_1}\frac{\Delta x_1}{\rho}+\frac{\partial f}{\partial x_2}\frac{\Delta x_2}{\rho}+\cdots+\frac{\partial f}{\partial x_n}\frac{\Delta x_n}{\rho}+\frac{o(\rho)}{\rho}]\\&=\frac{\partial f}{\partial x_1}\cos\alpha_1+\cdots+\frac{\partial f}{\partial x_n}\cos\alpha_n.\end{aligned}$$

由定义 8.6.1,上式即

$$\frac{\partial f}{\partial l}=\frac{\partial f}{\partial x_1}\cos\alpha_1+\cdots+\frac{\partial f}{\partial x_n}\cos\alpha_n.$$

注　定理中可微是结论成立的充分条件而非必要条件.又在例 8.6.1 中的 n 元函数 $f(X)=\sqrt{x_1^2+\cdots+x_n^2}$,在点 0 沿任意方向的方向导数均存在且为 1,但其偏导数不存在.还要注意,偏导数存在不足以保证各方向导数都存在.

例 8.6.3　设 $f(x,y,z)=ax+by+cz$,l 方向上的方向余弦为 $\cos\alpha,\cos\beta,\cos\gamma$,于是沿 l 方向的平均变化率为

$$\begin{aligned}\frac{\Delta f}{\rho}&=\frac{1}{\rho}(a\rho\cos\alpha+b\rho\cos\beta+c\rho\cos\gamma)\\&=a\cos\alpha+b\cos\beta+c\cos\gamma,\end{aligned}$$

所以

$$\frac{\partial f}{\partial l}=a\cos\alpha+b\cos\beta+c\cos\gamma.$$

可见线性函数 f 沿 l 方向的导数不因点的位置而变化.同时还可看出,函数沿不同方向的方向导数,一般是不同的.

例 8.6.4　设函数 $z=x^2y$,l 是由点(1,1)出发与 x 轴、y 轴的正方向所成夹角分别为 $\alpha=\frac{\pi}{6},\beta=\frac{\pi}{3}$ 的一条射线(见图 8.8)求 $\frac{\partial z}{\partial l}$.

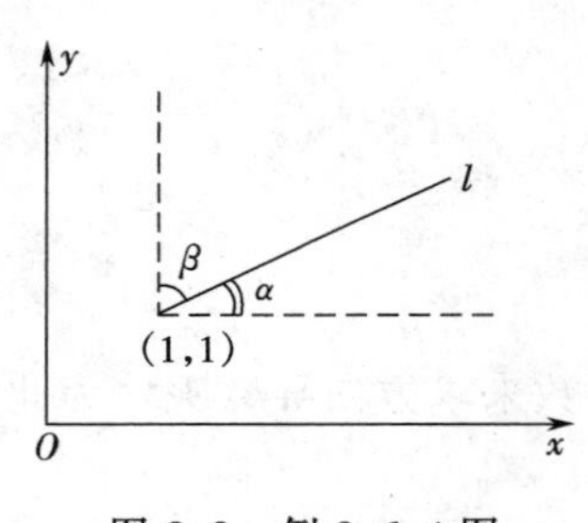

图 8.8　例 8.6.4 图

解

$$\frac{\partial z}{\partial x}\Big|_{(1,1)}=2xy\Big|_{(1,1)}=2,$$

$$\frac{\partial z}{\partial y}\Big|_{(1,1)}=x^2\Big|_{(1,1)}=1.$$

$$\begin{aligned}\frac{\partial z}{\partial l}&=\frac{\partial z}{\partial x}(1,1)\cos\frac{\pi}{6}+\frac{\partial z}{\partial y}(1,1)\cos\frac{\pi}{3}\\&=2\cdot\frac{\sqrt{3}}{2}+\frac{1}{2}\approx 2.232.\end{aligned}$$

如取 $\alpha=\frac{\pi}{4},\beta=\frac{\pi}{4}$,则

$$\frac{\partial z}{\partial l}=2\cos\frac{\pi}{4}+\cos\frac{\pi}{4}=\sqrt{2}+\frac{\sqrt{2}}{2}\approx 2.121.$$

如取 $\alpha=\frac{\pi}{3},\beta=\frac{\pi}{6}$,则

$$\frac{\partial z}{\partial l}=2\cos\frac{\pi}{3}+\cos\frac{\pi}{6}=1+\frac{\sqrt{3}}{2}\approx 1.866.$$

可以看到,沿不同方向,方向导数不同.

8.6.2　梯度

与方向导数有关联的一个概念是函数的梯度.

定义 8.6.2　设 $D\subset\mathbf{R}^n$ 是一个开域, $X=(x_1,x_2,\cdots,x_n)$, $X_0=(x_1^0,x_2^0,\cdots,x_n^0)\in D$,又设 n 元函数 $f(X)$ 在 D 内可微.所谓 $f(X)$ 在点 X_0 的**梯度**是指一个向量 $\boldsymbol{l}$,如果 $f(X)$ 在 X_0 的任意方向的方向导数均为 0,则 $\boldsymbol{l}=\mathbf{0}$;否则 $\boldsymbol{l}\neq\mathbf{0}$,且 $\boldsymbol{l}$ 使 $\frac{\partial f}{\partial l}(X_0)$ 取值最大,而 $|\boldsymbol{l}|=\frac{\partial f}{\partial l}(X_0)$,记 $\boldsymbol{l}$ 为 grad $f(X_0)$ 或 $\nabla f(X_0)$.在直角坐标系下

$$\text{grad } f(X_0)=\nabla f(X_0)=\left(\frac{\partial f}{\partial x_1}(X_0),\frac{\partial f}{\partial x_2}(X_0),\cdots,\frac{\partial f}{\partial x_n}(X_0)\right). \tag{8.6.4}$$

从上述定义可以知道,函数在一点的梯度是个向量,其方向是函数在这点的方向导数取得最大值的方向,它的模等于方向导数的最大值.

例 8.6.5　设 $f(x,y)=\dfrac{1}{x^2+y^2}$,求 grad $f(x,y)$.

解　因为 $\dfrac{\partial f}{\partial x}=-\dfrac{2x}{(x^2+y^2)^2}$, $\dfrac{\partial f}{\partial y}=-\dfrac{2y}{(x^2+y^2)^2}$,

所以 grad $f(x,y)=-\dfrac{2x}{(x^2+y^2)^2}\boldsymbol{i}-\dfrac{2y}{(x^2+y^2)^2}\boldsymbol{j}$.

例 8.6.6　设 $f(x,y,z)=x^2+y^2+z^2$,求 grad $f(1,-1,2)$.

解　grad $f(x,y,z)=(f'_x,f'_y,f'_z)=(2x,2y,2z)$,

于是　grad $f(1,-1,2)=(2,-2,4)$.

对于复合函数的梯度,有以下定理.

定理 8.6.2　设 $F(u_1,u_2,\cdots,u_m)$ 在 $U_0=(u_1^0,u_2^0,\cdots,u_m^0)\in\mathbf{R}^m$ 的一个邻域 D 内有定义,且在 U_0 可微. $u_i=u_i(x_1,x_2,\cdots,x_n)$, $i=1,2,\cdots,m$,在 $X_0=(x_1^0,x_2^0,\cdots,x_n^0)\in\mathbf{R}^n$ 的一个邻域 Ω 内有定义, $u_i(X_0)=u_i^0$,且均在 X_0 可微,记 $g(X)=F(u_1(X),u_2(X),\cdots,u_m(X))$,则 g 在 X_0 可微,且

$$\nabla g(X_0)=\sum_{i=1}^{m}\frac{\partial F}{\partial u_i}(U_0)\nabla u_i(X_0).$$

证明略.

由定理 8.6.2 可得梯度的四则运算法则:

(1) $\nabla(u\pm v)=\nabla u\pm\nabla v$;

(2) $\nabla(uv)=u\nabla v+v\nabla u$;

(3) $\nabla\left(\dfrac{u}{v}\right)=\dfrac{v\nabla u-u\nabla v}{v^2}\ (v\neq 0)$.

8.7 偏导数的应用

8.7.1 几何应用

1.空间曲线的切线与法平面

1)参数方程情形

设空间曲线的参数方程为

$$\begin{cases} x=\varphi(t), \\ y=\psi(t), \\ z=\chi(t). \end{cases}$$

假设 $\varphi(t),\psi(t),\chi(t)$都在 $t=t_0$点有导数.给 t 一个改变量 Δt,曲线上与 t_0及 $t_0+\Delta t$ 对应的点分别为$P_0(x_0,y_0,z_0)$及 $Q(x_0+\Delta x,y_0+\Delta y,z_0+\Delta z)$,其中

$$x_0=\varphi(t_0),x_0+\Delta x=\varphi(t_0+\Delta t),$$

$$y_0=\psi(t_0),y_0+\Delta y=\psi(t_0+\Delta t),$$

$$z_0=\chi(t_0),z_0+\Delta z=\chi(t_0+\Delta t).$$

曲线的割线 P_0Q 的方程为

$$\frac{x-x_0}{\Delta x}=\frac{y-y_0}{\Delta y}=\frac{z-z_0}{\Delta z}.$$

当 Q 沿曲线无限趋近于P_0时,割线 P_0Q 的极限位置就是曲线在P_0的**切线**.

因此,用 Δt 遍除割线方程的分母,并令 $\Delta t\to 0$,即得曲线在点 P_0的切线方程

$$\frac{x-x_0}{\varphi'(t_0)}=\frac{y-y_0}{\psi'(t_0)}=\frac{z-z_0}{\chi'(t_0)}, \tag{8.7.1}$$

或

$$\frac{x-x_0}{x'(t_0)}=\frac{y-y_0}{y'(t_0)}=\frac{z-z_0}{z'(t_0)}. \tag{8.7.2}$$

通过点 P_0而与点 P_0处切线垂直的平面叫曲线在该点的**法平面**,其方程为

$$x'(t_0)(x-x_0)+y'(t_0)(y-y_0)+z'(t_0)(z-z_0)=0. \tag{8.7.3}$$

用 α,β,γ 表示切线与三个坐标轴正方向之间的夹角,则得切线的方向余弦为

$$\cos\alpha=\frac{\varphi'(t_0)}{\sqrt{\varphi'^2(t_0)+\psi'^2(t_0)+\chi'^2(t_0)}},$$

$$\cos\beta=\frac{\psi'(t_0)}{\sqrt{\varphi'^2(t_0)+\psi'^2(t_0)+\chi'^2(t_0)}},$$

$$\cos\gamma=\frac{\chi'(t_0)}{\sqrt{\varphi'^2(t_0)+\psi'^2(t_0)+\chi'^2(t_0)}}.$$

例 8.7.1　求曲线 $x=t,y=t^2,z=t^3$ 在点(1,1,1)的切线及法平面方程.

解　$x_t'=1,y_t'=2t,z_t'=3t^2$. 对应于点(1,1,1)的参数 $t=1$,所以

$$x_t'|_{t=1}=1,y_t'|_{t=1}=2,z_t'|_{t=1}=3,$$

故法平面方程为

$$(x-1)+2(y-1)+3(z-1)=0,$$

或　$$x+2y+3z=6.$$

切线方程为

$$\frac{x-1}{1}=\frac{y-1}{2}=\frac{z-1}{3}.$$

2)隐函数情形

若空间曲线是用隐函数形式给出的,即设曲线 C 是两曲面的交线

$$\begin{cases}F(x,y,z)=0,\\G(x,y,z)=0.\end{cases}$$

设该方程组在点 $P_0(x_0,y_0,z_0)$ 的邻域满足定理 8.4.3 的条件,从而确定了函数

$$y=y(x),z=z(x).$$

为了求 $\frac{dy}{dx},\frac{dz}{dx}$,将方程组对 x 求导,得

$$\begin{cases}\dfrac{\partial F}{\partial x}+\dfrac{\partial F}{\partial y}\dfrac{dy}{dx}+\dfrac{\partial F}{\partial z}\dfrac{dz}{dx}=0,\\[2mm]\dfrac{\partial G}{\partial x}+\dfrac{\partial G}{\partial y}\dfrac{dy}{dx}+\dfrac{\partial G}{\partial z}\dfrac{dz}{dx}=0.\end{cases}$$

当 $\left.\frac{\partial(F,G)}{\partial(y,z)}\right|_{P_0}\neq 0$ 时,由上二方程解出

$$\frac{dy}{dx}=\frac{\dfrac{\partial(F,G)}{\partial(z,x)}}{\dfrac{\partial(F,G)}{\partial(y,z)}},\frac{dz}{dx}=\frac{\dfrac{\partial(F,G)}{\partial(x,y)}}{\dfrac{\partial(F,G)}{\partial(y,z)}}.$$

此时,我们可以把 x 看作参数,于是曲线方程为

$$x=x,y=y(x),z=z(x).$$

这实际是特殊的参数方程情形.因此,曲线在 $P_0(x_0,y_0,z_0)$ 的切线方程为

$$\frac{x-x_0}{1}=\frac{y-y_0}{y'(x_0)}=\frac{z-z_0}{z'(x_0)}.\tag{8.7.4}$$

法平面方程为

$$(x-x_0)+y'(x_0)(y-y_0)+z'(x_0)(z-z_0)=0.\tag{8.7.5}$$

切线方向余弦为

$$\cos\alpha=\frac{1}{\sqrt{1+y'^2(x_0)+z'^2(x_0)}},$$

$$\cos\beta=\frac{y'(x_0)}{\sqrt{1+y'^2(x_0)+z'^2(x_0)}},$$

$$\cos\gamma=\frac{z'(x_0)}{\sqrt{1+y'^2(x_0)+z'^2(x_0)}}.$$

将上面求出的$\frac{\mathrm{d}y}{\mathrm{d}x}$,$\frac{\mathrm{d}z}{\mathrm{d}x}$代入式(8.7.4),(8.7.5)即得切线和法平面方程.

2.曲面的切平面与法线

在8.2中曾给出过曲面的切平面的定义.事实上,如果一个平面是曲面在点P_0的切平面,那么曲面上过点P_0的任一曲线的切线都在这个平面上.进而,把过P_0且与切平面垂直的直线称为曲面在点P_0的**法线**.

1)曲面方程为$F(x,y,z)=0$

设$P_0(x_0,y_0,z_0)$为曲面上一点,并设函数$F(x,y,z)$的偏导数F'_x,F'_y,F'_z连续.过P_0任意做一条曲线C,设曲线的参数方程为

$$x=\varphi(t),y=\psi(t),z=\chi(t). \tag{8.7.6}$$

因为曲线C完全在曲面$F(x,y,z)=0$上,所以有恒等式

$$F[\varphi(t),\psi(t),\chi(t))]\equiv 0,$$

此式对t求导,在$t=t_0$处得

$$F'_x(x_0,y_0,z_0)x'(t_0)+F'_y(x_0,y_0,z_0)y'(t_0)+F'_z(x_0,y_0,z_0)z'(t_0)=0. \tag{8.7.7}$$

式(8.7.7)表明向量$\boldsymbol{n}=\{F'_x(x_0,y_0,z_0),F'_y(x_0,y_0,z_0),F'_z(x_0,y_0,z_0)\}$与曲线$C$的切线的方向向量$\boldsymbol{s}=\{x'(t_0),y'(t_0),z'(t_0)\}$垂直.因为曲线$C$是曲面上过点$P_0$的任意一条曲线,所以在曲面上过点$P_0$的一切曲线的切线都在同一平面上(因与同一向量垂直),故此平面就是曲面在点P_0的切平面.该切平面过点$P_0(x_0,y_0,z_0)$,且以向量$\boldsymbol{n}$为它的**法线向量**,故其方程为

$$F'_x(x_0,y_0,z_0)(x-x_0)+F'_y(x_0,y_0,z_0)(y-y_0)+F'_z(x_0,y_0,z_0)(z-z_0)=0. \tag{8.7.8}$$

结论 如果函数$F(x,y,z)$在点$P_0(x_0,y_0,z_0)$具有连续偏导数,则曲面$F(x,y,z)=0$在该点有切平面,其方程是式(8.7.8).

进而,曲面在P_0的法线方程为

$$\frac{x-x_0}{F'_x(x_0,y_0,z_0)}=\frac{y-y_0}{F'_y(x_0,y_0,z_0)}=\frac{z-z_0}{F'_z(x_0,y_0,z_0)}. \tag{8.7.9}$$

法线的方向余弦为

$$\cos\alpha=\frac{F'_x}{\pm\sqrt{F'^2_x+F'^2_y+F'^2_z}},$$

$$\cos\beta=\frac{F'_y}{\pm\sqrt{F'^2_x+F'^2_y+F'^2_z}},$$

$$\cos\gamma=\frac{F'_z}{\pm\sqrt{F'^2_x+F'^2_y+F'^2_z}}.$$

根式前面的符号决定法线指向哪一侧，α,β,γ 则表示法线的方向角.

2)曲面方程为 $z=f(x,y)$

令 $F(x,y,z)=f(x,y)-z$，于是

$$F'_x=f'_x,F'_y=f'_y,F'_z=-1,$$

故法线方程为

$$\frac{x-x_0}{f'_x(x_0,y_0)}=\frac{y-y_0}{f'_y(x_0,y_0)}=\frac{z-z_0}{-1}. \tag{8.7.10}$$

切平面方程为

$$f'_x(x_0,y_0)(x-x_0)+f'_y(x_0,y_0)(y-y_0)=z-z_0. \tag{8.7.11}$$

法线的方向余弦为(假定法线方向向上，$\cos\gamma>0$)

$$\cos\alpha=\frac{-f'_x}{\sqrt{1+f'^2_x+f'^2_y}},$$

$$\cos\beta=\frac{-f'_y}{\sqrt{1+f'^2_x+f'^2_y}},$$

$$\cos\gamma=\frac{1}{\sqrt{1+f'^2_x+f'^2_y}}.$$

例8.7.2　设球面为 $x^2+y^2+z^2=14$，试求在点(1,2,3)的切平面及法线方程.

解　令 $F(x,y,z)=x^2+y^2+z^2-14$，则 $F'_x=2x,F'_y=2y,F'_z=2z,F'_x(1,2,3)=2,F'_y(1,2,3)=4,F'_z(1,2,3)=6$，所以在点(1,2,3)处此球面的切平面方程为

$$2(x-1)+4(y-2)+6(z-3)=0,$$

或　$$x+2y+3z=14.$$

法线方程为

$$\frac{x-1}{2}=\frac{y-2}{4}=\frac{z-3}{6},$$

或

$$\frac{x-1}{1}=\frac{y-2}{2}=\frac{z-3}{3}.$$

例8.7.3　求抛物面 $z=x^2+y^2$ 在点(1,2,5)的切平面及法线方程.

解　$f(x,y)=x^2+y^2,F(x,y,z)=f(x,y)-z,F'_x=f'_x=2x,F'_y=f'_y=2y,F'_z=-1,f'_x(1,2)=2.f'_y(1,2)=4$，所以切平面方程为

$$2(x-1)+4(y-2)-(z-5)=0,$$

或　$$2x+4y-z=5.$$

法线方程为

$$\frac{x-1}{2}=\frac{y-2}{4}=\frac{z-5}{-1}.$$

8.7.2 多元函数的极值

1.利用偏导数求极值

定义 8.7.1 若函数 $f(x,y)$在点 $P_0(x_0,y_0)$的某邻域内恒有 $f(x,y)\geqslant f(x_0,y_0)$,则称函数 $f(x,y)$在点 $P_0(x_0,y_0)$处取得**极小值**,极小值为 $f(x_0,y_0)$.如果在点 P_0的某邻域内恒有 $f(x,y)\leqslant f(x_0,y_0)$,则称 $f(x,y)$在点 $P_0(x_0,y_0)$处取得**极大值**,极大值为 $f(x_0,y_0)$.函数的极小值与极大值统称**极值**,使函数达到极值的点统称**极值点**.

如果函数 $z=f(x,y)$在点 $P_0(x_0,y_0)$附近存在偏导数,且函数在 P_0处达到极值,则对固定的 $y=y_0$,一元函数 $f(x,y)$在 x_0处达到极值,从而 $f'_x(x_0,y_0)=0$.同理也应有 $f'_y(x_0,y_0)=0$.所以有以下定理.

定理 8.7.1 (极值存在必要条件)如果函数 $z=f(x,y)$在点 $P_0(x_0,y_0)$的某邻域内存在偏导数,则 $f(x,y)$在(x_0,y_0)处达到极值的必要条件是

$$f'_x(x_0,y_0)=f'_y(x_0,y_0)=0. \tag{8.7.12}$$

对于 n 元函数 $u=f(x_1,x_2,\cdots,x_n)$也有类似结论,即若可微函数 $f(x_1,x_2,\cdots,x_n)$在点 $P_0(x_1^0,x_2^0,\cdots,x_n^0)$处达到极值,则

$$\frac{\partial f}{\partial x_i}(P_0)=0,i=1,2,\cdots,n. \tag{8.7.13}$$

满足条件(8.7.12)或(8.7.13)的点 P_0称为函数 $f(x,y)$或 $f(x_1,x_2,\cdots,x_n)$的**驻点**(也称**稳定点**).但应当注意,驻点不一定是极值点.还有,极值也可能在偏导数不存在的点上达到.

定理 8.7.2 (极值存在的充分条件)设函数 $z=f(x,y)$在点 $P_0(x_0,y_0)$的某邻域内有连续的二阶偏导数,且 $f'_x(x_0,y_0)=0,f'_y(x_0,y_0)=0$,令

$$A=f''_{xx}(x_0,y_0),B=f''_{xy}(x_0,y_0),C=f''_{yy}(x_0,y_0),$$

则 $f(x,y)$在 $P_0(x_0,y_0)$是否取得极值有以下结论:

(1)当 $B^2-AC<0$ 时取得极值,且当 $A<0$(或 $C<0$)时为极大值,当 $A>0$(或 $C>0$)时为极小值;

(2)当 $B^2-AC>0$ 时没有极值;

(3)当 $B^2-AC=0$ 时可能有极值也可能没有极值,还需另做讨论.

证[①] 设 $z=f(x,y)$在 $P_0(x_0,y_0)$的某邻域 $U_1(P_0)$有连续的二阶偏导数,且 $f'_x(x_0,y_0)=0,f'_y(x_0,y_0)=0$.由二元函数泰勒公式,$\forall(x_0+h,y_0+k)\in U_1(P_0)$有

$$\Delta f=f(x_0+h,y_0+k)-f(x_0,y_0)$$

---

① 教师可视具体情况决定是否讲授此证明过程.

$$=\frac{1}{2}[h^2 f''_{xx}(x_0+\theta h,y_0+\theta k)+2hkf''_{xy}(x_0+\theta h,y_0+\theta k)$$
$$+k^2 f''_{yy}(x_0+\theta h,y_0+\theta k)]\quad(0<\theta<1).\tag{8.7.14}$$

(1)设 $B^2-AC<0$,即

$$f''^2_{xy}(x_0,y_0)-f''_{xx}(x_0,y_0)f''_{yy}(x_0,y_0)<0.\tag{8.7.15}$$

因 $f(x,y)$ 的二阶偏导数在 $U_1(P_0)$ 连续,由式(8.7.15)知,存在 P_0 的邻域 $U_2(P_0)\subset U_1(P_0)$,使得对任意$(x_0+h,y_0+k)\in U_2(P_0)\subset U_1(P_0)$,有

$$f''^2_{xy}(x_0+\theta h,y_0+\theta k)-f''_{xx}(x_0+\theta h,y_0+\theta k)f''_{yy}(x_0+\theta h,y_0+\theta k)<0,\tag{8.7.16}$$

并且显然易知 $f''_{xx}(x_0+\theta h,y_0+\theta k)$ 与 $f''_{yy}(x_0+\theta h,y_0+\theta k)$ 均不为 0 且两者同号.式(8.7.14)可写成

$$\Delta f=\frac{1}{2f''_{xx}}[(hf''_{xx}+kf''_{xy})^2+k^2(f''_{xx}f''_{yy}-f''^2_{xy})].$$

当 h,k 不同时为零且$(x_0+h,y_0+k)\in U_2(P_0)$时,上式右端方括号内的值为正,所以 Δf 异于零且与 f''_{xx} 同号.又由 $f(x,y)$ 二阶偏导数的连续性知 f''_{xx} 与 A 同号,因此,Δf 与 A 同号.所以,当 $A>0$ 时,$f(x_0,y_0)$ 为极小值;当 $A<0$ 时,$f(x_0,y_0)$ 为极大值.

(2)设 $B^2-AC>0$,即

$$f''^2_{xy}(x_0,y_0)-f''_{xx}(x_0,y_0)f''_{yy}(x_0,y_0)>0,\tag{8.7.17}$$

先假定 $f''_{xx}(x_0,y_0)=f''_{yy}(x_0,y_0)=0$,于是由式(8.7.17)可知 $f''_{xy}(x_0,y_0)\neq 0$.现在分别令 $k=h$ 及 $k=-h$,则由式(8.7.14)得

$$\Delta f=\frac{h^2}{2}[f''_{xx}(x_0+\theta_1 h,y_0+\theta_1 h)+2f''_{xy}(x_0+\theta_1 h,y_0+\theta_1 h)$$
$$+f''_{yy}(x_0+\theta_1 h,y_0+\theta_1 h)]$$

及

$$\Delta f=\frac{h^2}{2}[f''_{xx}(x_0+\theta_2 h,y_0-\theta_2 h)-2f''_{xy}(x_0+\theta_2 h,y_0-\theta_2 h)$$
$$+f''_{yy}(x_0+\theta_2 h,y_0-\theta_2 h)],$$

其中 $0<\theta_1,\theta_2<1$.当 $h\to 0$ 时,以上两式中方括号内的式子分别趋于 $2f''_{xy}(x_0,y_0)$和 $-2f''_{xy}(x_0,y_0)$.从而当 h 充分接近零时,两者方括号内的值符号相反,故 Δf 的符号不同,因此 $f(x_0,y_0)$不是极值.

再假定 $f''_{xx}(x_0,y_0)$和 $f''_{yy}(x_0,y_0)$不同时为零.不妨假定 $f''_{xx}(x_0,y_0)\neq 0$.先取 $k=0$,于是由式(8.7.14)得

$$\Delta f=\frac{1}{2}h^2 f''_{xx}(x_0+\theta h,y_0).$$

由此看出,当 h 充分接近零时,Δf 与 $f''_{xx}(x_0,y_0)$同号.

但如果取

$$h=-f''_{xy}(x_0,y_0)s,k=f''_{xx}(x_0,y_0)s, \tag{8.7.18}$$

其中 s 是异于零但充分接近零的数,则可发现,当$|s|$充分小时,Δf 与$f''_{xx}(x_0,y_0)$异号.事实上,在式(8.7.14)中,将 h 及 k 用式(8.7.18)给定的值代入,得

$$\begin{aligned}\Delta f=\frac{s^2}{2}[&f''^2_{xy}(x_0,y_0)f''_{xx}(x_0+\theta h,y_0+\theta k)\\&-2f''_{xy}(x_0,y_0)f''_{xx}(x_0,y_0)f''_{xy}(x_0+\theta h,y_0+\theta k)\\&+f''^2_{xx}(x_0,y_0)f''_{yy}(x_0+\theta h,y_0+\theta k)],\end{aligned} \tag{8.7.19}$$

上式右边方括号的式子当 $s\to0$ 时趋于

$$f''_{xx}(x_0,y_0)[f''_{xx}(x_0,y_0)f''_{yy}(x_0,y_0)-f''^2_{xy}(x_0,y_0)].$$

由不等式(8.7.17),上式方括号内的值为负,故当 s 充分接近零时,式(8.7.19)右边,从而也即 Δf 与 $f''_{xx}(x_0,y_0)$异号.

综合起来,我们知道在点 $P_0(x_0,y_0)$的某邻域中,Δf 取值符号会不同,因此 $f(x_0,y_0)$不是极值.

(3)为说明此点,我们考察函数

$$f(x,y)=(x^2+y^2)^2 \text{ 和 } g(x,y)=xy^2.$$

容易验证,它们均以(0,0)为驻点,且在(0,0)处满足 $B^2-AC=0$.但 $f(x,y)$在点(0,0)处有极小值,而 $g(x,y)$在(0,0)处无极值.

求二元函数极值的步骤如下.

(1)把实际问题化为求某函数 $f(x,y)$的极值问题.

(2)求函数的偏导数 $f'_x(x,y),f'_y(x,y)$,并解方程组

$$\begin{cases}f'_x(x,y)=0,\\f'_y(x,y)=0.\end{cases}$$

求得一切实数解,即求得一切驻点.

(3)对每一驻点(x_0,y_0)求出二阶偏导数(假定这些二阶偏导数都存在)的值,且令

$$A=f''_{xx}(x_0,y_0),B=f''_{xy}(x_0,y_0),C=f''_{yy}(x_0,y_0).$$

(4)当 $B^2-AC<0$ 时,$A>0$,$f(x_0,y_0)$为极小值;$A<0$,$f(x_0,y_0)$为极大值.

当 $B^2-AC>0$ 时,$f(x_0,y_0)$不是极值.

当 $B^2-AC=0$ 时,$f(x_0,y_0)$是否是极值不能决定.但若由问题实际意义知其有极值,且驻点也唯一,则可断定其为极值.

(5)对于偏导数不存在的点(包括边界点),利用极值定义判断该点是否为极值点.

与一元函数一样,也可求二元函数的最大值和最小值.设 $z=f(x,y)$在有界闭区域 D 上连续,则 $f(x,y)$在 D 上必取得最大值与最小值.将 $f(x,y)$在 D 内的所有极值及 $f(x,y)$在 D 的边界上的最大值、最小值相比较,从中找出最大者与最小者,即为所求.

例 8.7.4 设函数 $f(x,y)=x^3-y^3+3x^2+3y^2-9x$,试求其极值点与极值.

解 解方程组

$$\begin{cases} f'_x(x,y)=3x^2+6x-9=0, \\ f'_y(x,y)=-3y^2+6y=0, \end{cases}$$

求得 4 个驻点$(1,0)$,$(1,2)$,$(-3,0)$,$(-3,2)$.又求得二阶导数

$$f''_{xx}=6x+6, f''_{xy}=0, f''_{yy}=-6y+6.$$

在点$(1,0)$处,$B^2-AC=-12\times 6<0$,$A=12>0$,故函数在$(1,0)$处取极小值,其值为$f(1,0)=-5$;在点$(1,2)$处,$B^2-AC=12\times 6>0$,故在$(1,2)$处不取极值;在$(-3,0)$处,$B^2-AC=12\times 6>0$,故在$(-3,0)$处不取极值;在点$(-3,2)$处,$B^2-AC=-12\times 6<0$,$A=-12<0$,故函数在点$(-3,2)$处取极大值,其值为$f(-3,2)=31$.

例 8.7.5　欲将长度为 a 的细杆分为三段,试问如何分才能使三段长度之乘积为最大?

解　令 x,y 分别表示第一、二两段之长,则第三段长度为 $a-x-y$,三段长度之乘积为

$$z=f(x,y)=xy(a-x-y).$$

解方程组

$$\begin{cases} f'_x(x,y)=ay-2xy-y^2=0, \\ f'_y(x,y)=ax-x^2-2xy=0, \end{cases}$$

求得 4 个驻点$(0,0)$,$(\frac{a}{3},\frac{a}{3})$,$(0,a)$及$(a,0)$.

驻点$(0,0)$,$(0,a)$及$(a,0)$不合题的要求,不必讨论.又

$$f''_{xx}(x,y)=-2y,$$
$$f''_{xy}(x,y)=a-2x-2y,$$
$$f''_{yy}(x,y)=-2x.$$

在点$(\frac{a}{3},\frac{a}{3})$处,

$$B^2-AC=(-\frac{a}{3})^2-(-\frac{2}{3}a)(-\frac{2}{3}a)=-\frac{a^2}{3}<0,$$

故在点$(\frac{a}{3},\frac{a}{3})$处,函数取最大值 $f(\frac{a}{3},\frac{a}{3})=\frac{a^3}{27}$.

注　本题可以有更简便解法.显然,本题中的 x,y 应满足 $0<x,y<a$,于是$(\frac{a}{3},\frac{a}{3})$为唯一驻点,且必为最大值点,最大值为$\frac{a^3}{27}$.

2.最小二乘法

本段所讲的最小二乘法可以看作是求多元函数极值方法的重要应用.为了确定某一对变量 x 与 y 之间的依赖关系,对其进行 n 次测量,得到 n 对数据:

$$(x_1,y_1),(x_2,y_2),\cdots,(x_n,y_n),$$

将这些数据看作直角坐标系 xOy 中的点 $A_1(x_1,y_1)$,$A_2(x_2,y_2)$,$\cdots$,$A_n(x_n,y_n)$,并把它们画在坐标平面上(见图 8.9).如果这些点几乎分布在一条直线上,我们就可以认

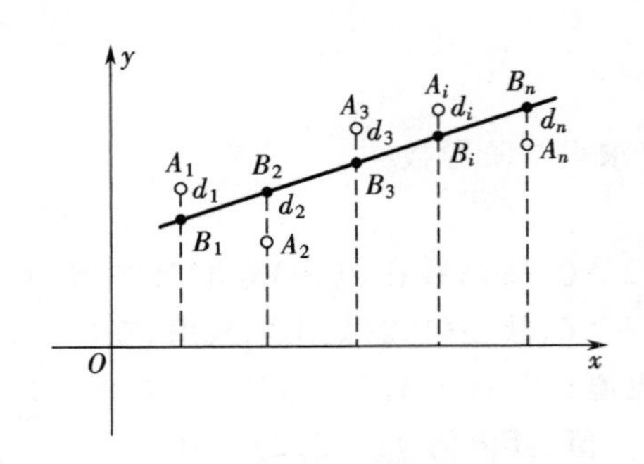

图 8.9　n 对测量数据的分布

为 x 与 y 之间存在线性关系.设其方程为

$$y = ax + b,$$

其中 a, b 为待定参数.

现在的问题是如何确定 a, b 使 $y = ax + b$ 能尽量准确地反映 x 与 y 的关系.从图 8.9 可以看出,这就是要使所有的点 $A_i(x_i, y_i)(i=1, 2, \cdots, n)$都尽量靠近直线 $y = ax + b$.

设在直线上与点 $A_i(i=1,2,\cdots,n)$横坐标相同的点为 $B_i(x_i, ax_i + b)(i=1,2,\cdots,n)$,$A_i$ 与 B_i 的距离

$$d_i = |ax_i + b - y_i|$$

称为观测值与理论值的**偏差**.显然,若点(x_i, y_i)在直线 $y = ax + b$ 上,则偏差 $d_i = 0$;若点(x_i, y_i)不在直线 $y = ax + b$ 上,则偏差 $d_i \neq 0$.此时 d_i 可能大于零也可能小于零,在相加过程中会相互抵消.为了消除符号的影响,我们考虑偏差的平方和

$$S(a, b) = \sum_{i=1}^{n}(ax_i + b - y_i)^2.$$

$S(a, b)$在总体上刻画了 $A_i(i=1,2,\cdots,n)$与直线 $y = ax + b$ 的接近程度.$S(a, b)$越小,A_i 越靠近直线,求 $S(a, b)$的最小值以确定 a, b,从而也就确定了直线 $y = ax + b$ 的方法称为**最小二乘法**.

下面我们用求二元函数极值的的方法来确定 a, b.

因为 S 是 a, b 的二元函数,所以由极值存在的必要条件应有

$$\begin{cases} S'_a = 2\sum_{i=1}^{n}(ax_i + b - y_i)x_i = 0, \\ S'_b = 2\sum_{i=1}^{n}(ax_i + b - y_i) = 0, \end{cases}$$

即

$$\begin{cases} a\sum_{i=1}^{n}x_i^2 + b\sum_{i=1}^{n}x_i = \sum_{i=1}^{n}x_iy_i, \\ a\sum_{i=1}^{n}x_i + nb = \sum_{i=1}^{n}y_i. \end{cases} \tag{8.7.20}$$

称式(8.7.20)为最小二乘法标准方程组.并且由式(8.7.20)可以解得

$$\begin{cases} a=\dfrac{n\sum\limits_{i=1}^{n}x_iy_i-\sum\limits_{i=1}^{n}x_i\cdot\sum\limits_{i=1}^{n}y_i}{n\sum\limits_{i=1}^{n}x_i^2-(\sum\limits_{i=1}^{n}x_i)^2}, \\ b=\dfrac{\sum\limits_{i=1}^{n}x_i^2\cdot\sum\limits_{i=1}^{n}y_i-\sum\limits_{i=1}^{n}x_iy_i\sum\limits_{i=1}^{n}x_i}{n\sum\limits_{i=1}^{n}x_i^2-(\sum\limits_{i=1}^{n}x_i)^2}. \end{cases} \tag{8.7.21}$$

将 a,b 代入方程 $y=ax+b$,即得到所求的经验公式.

例 8.7.6 某证券公司近几年投资于资本市场的资金额如下表所示:

编号 x	0	1	2	3	4
年份	2000 年	2001 年	2002 年	2003 年	2004 年
投资额	480	530	570	540	580

试求 2005 年投资额的估计值.

解 由式(8.7.20)有

$$\begin{cases} 30a+10b=5\ 610, \\ 10a+5b=2\ 700. \end{cases}$$

解得 $a=21,b=498$. 于是所求经验公式为 $y=21x+498$.

当 $x=5$ 时,$y=603$ 即为 2005 年投资额的估计值.

3.条件极值——拉格朗日乘数法

在前面所讨论的极值问题,除了限制函数的自变量必须在函数的定义域内变化外并无其他条件,故常称之为无条件极值问题.但在大量实际问题中,会对函数自变量提出若干附加条件.例如求表面积为 a^2 而体积最大的长方体.如果用 x,y,z 分别表示长方体的长、宽、高,用 V 表示其体积,那么这个问题实际上就是在附加条件

$$2xy+2yz+2zx=a^2$$

的限制下,求函数

$$V=xyz$$

的最大值.像这种对自变量带有附加条件的极值称为**条件极值**.

一般地,求函数

$$y=f(x_1,x_2,\cdots,x_n)$$

在满足函数方程组(即附加的限制条件)

$$\begin{cases} F_1(x_1,x_2,\cdots,x_n)=0, \\ F_2(x_1,x_2,\cdots,x_n)=0, \\ \cdots\cdots \\ F_m(x_1,x_2,\cdots,x_n)=0 \end{cases} \quad (m<n) \tag{8.7.22}$$

的所有点$(x_1,x_2,\cdots,x_n)$构成的集合上的极值，即为条件极值. 函数方程组(8.7.22)称为**联系方程组或约束条件**.

怎样求条件极值呢？对于某些比较简单的情形，可以把条件极值化为无条件极值，然后利用在本节开始所讲的方法去求解. 例如上面提到的长方体问题，可由附加条件$2xy+2yz+2zx=a^2$，将z表成x,y的函数

$$z=\frac{a^2-2xy}{2(x+y)},$$

再把它代入$V=xyz$中，于是问题就化为求

$$V=\frac{xy}{2}(\frac{a^2-2xy}{x+y})$$

的无条件极值.

但是，这种"解法"并不是对所有的条件极值都是可行的. 下面介绍的拉格朗日乘数法是一种直接寻求条件极值的方法.

首先考察二元函数$z=f(x,y)$在附加一个限制条件$\varphi(x,y)=0$的情况下取得极值的必要条件. 容易明白，如果$z=f(x,y)$在(x_0,y_0)取得极值，那么一定有$\varphi(x_0,y_0)=0$. 我们假定$f(x,y)$和$\varphi(x,y)$在(x_0,y_0)的某一邻域内均有连续的一阶偏导数，且设$\varphi(x,y)\neq 0$. 由隐函数存在定理可知，方程$\varphi(x,y)=0$确定一个具有连续导数的函数$y=g(x)$，将其代入$z=f(x,y)$中，则有

$$z=f(x,g(x)).$$

显然，函数$z=f(x,y)$在(x_0,y_0)取得极值，就相当于一元函数$z=f(x,g(x))$在$x=x_0$取得极值. 由一元可导函数取得极值的必要条件知道

$$\frac{\mathrm{d}z}{\mathrm{d}x}\Big|_{x=x_0}=f'_x(x_0,y_0)+f'_y(x_0,y_0)\frac{\mathrm{d}y}{\mathrm{d}x}\Big|_{x=x_0}=0. \tag{8.7.23}$$

而另一方面对$\varphi(x,y)=0$用隐函数求导公式，有

$$\frac{\mathrm{d}y}{\mathrm{d}x}\Big|_{x=x_0}=-\frac{\varphi'_x(x_0,y_0)}{\varphi'_y(x_0,y_0)}.$$

将其代入式(8.7.23)，有

$$f'_x(x_0,y_0)-f'_y(x_0,y_0)\frac{\varphi'_x(x_0,y_0)}{\varphi'_y(x_0,y_0)}=0. \tag{8.7.24}$$

于是$\varphi(x_0,y_0)=0$和式(8.7.24)就是$z=f(x,y)$在$\varphi(x,y)=0$条件下在(x_0,y_0)取得极值的必要条件.

设$\dfrac{f'_y(x_0,y_0)}{\varphi'_y(x_0,y_0)}=-\lambda$，则上述必要条件可改写为

$$\begin{cases}f'_x(x_0,y_0)+\lambda\varphi'_x(x_0,y_0)=0,\\ f'_y(x_0,y_0)+\lambda\varphi'_y(x_0,y_0)=0,\\ \varphi(x_0,y_0)=0.\end{cases} \tag{8.7.25}$$

另一方面，如果引进辅助函数

$$L(x,y)=f(x,y)+\lambda\varphi(x,y).$$

求二元函数 $L(x,y)$的无条件极值时,其必要条件为

$$\begin{cases}L'_x(x,y)=f'_x(x,y)+\lambda\varphi'_x(x,y)=0,\\L'_y(x,y)=f'_y(x,y)+\lambda\varphi'_y(x,y)=0.\end{cases}$$

对于极值点(x_0,y_0),当然应使上二式成立,且同时使 $\varphi(x_0,y_0)=0$ 成立,而它们就是式(8.7.25).函数 $L(x,y)$称为**拉格朗日函数**,参数 λ 称为**拉格朗日乘子**.

归纳以上讨论,我们给出以下结论.

拉格朗日乘数法:设给定二元函数 $z=f(x,y)$和附加条件 $\varphi(x,y)=0$.为寻找 f 在附加条件下的极值点,先作拉格朗日函数

$$L(x,y)=f(x,y)+\lambda\varphi(x,y),$$

其中 λ 为参数.求 $L(x,y)$对 x 和 y 的一阶偏导数,令它们等于零,并与附加条件联立,即

$$\begin{cases}L'_x(x,y)=f'_x(x,y)+\lambda\varphi'_x(x,y)=0,\\L'_y(x,y)=f'_y(x,y)+\lambda\varphi'_y(x,y)=0,\\\varphi(x,y)=0.\end{cases}$$

由上述方程组解出 x,y 及 λ,如此求得的(x,y)就是函数 $z=f(x,y)$在附加条件 $\varphi(x,y)=0$ 的可能极值点.

现在,把上述方法推广到一般情况.求 n 元函数 $y=f(x_1,x_2,\cdots,x_n)$在 m 个附加条件

$$\varphi_i(x_1,x_2,\cdots,x_n)=0,i=1,2,\cdots,m,m<n$$

下条件极值的步骤如下.

(1)由拉格朗日乘数法,作辅助函数

$$L(x_1,x_2,\cdots,x_n)=f(x_1,x_2,\cdots,x_n)+\sum_{i=1}^{m}\lambda_i\varphi_i(x_1,\cdots,x_n);$$

(2)求 $L(x_1,x_2,\cdots,x_n)$关于 $x_1,x_2,\cdots,x_n$ 的偏导数,令它们等于零,并与各附加条件方程联立,即

$$\begin{cases}L'_{x_i}=f'_{x_i}+\sum\limits_{i=1}^{m}\lambda_i\varphi'_{x_i}=0,i=1,2,\cdots,n,\\\varphi_k(x_1,x_2,\cdots,x_n)=0,k=1,2,\cdots,m.\end{cases}$$

求解此方程组,设解为$(x_1^0,x_2^0,\cdots,x_n^0,\lambda_1^0,\lambda_2^0,\cdots,\lambda_m^0)$,求解过程中可消去 $\lambda_k(k=1,2,\cdots,m)$,从而得到函数 $y=f(x_1,x_2,\cdots,x_n)$在附加条件 $\varphi_k(x_1,x_2,\cdots,x_n)=0$ $(k=1,\cdots,m)$下可能的极值点$(x_1^0,x_2^0,\cdots,x_n^0)$;

(3)由问题的实际意义,若函数必存在条件极值,而可能的极值点又是唯一的,则该点必是所求的极值点.

例 8.7.7　设生产 z(t-吨)某产品与所用 A,B 两种原料数量 x,y(t)之间的关系式为 $z(x,y)=0.005x^2y$.现拟向银行贷款 150 万元购买原料,已知 A,B 两种原料价格

分别为 1 万元/t 和 2 万元/t. 问怎样购进这两种原料可使该产品生产的数量最多?

解 依题意,问题归结为求函数 $z(x,y)=0.005x^2y$ 在附加条件 $x+2y=150$ 下的最大值. 作拉格朗日函数

$$L(x,y)=0.005x^2y+\lambda(x+2y-150).$$

求 $L(x,y)$ 关于 x,y 偏导数,令它们等于零并与 $x+2y-150=0$ 联立,得到方程组

$$\begin{cases}L'_x(x,y)=0.01xy+\lambda=0,\\ L'_y(x,y)=0.005x^2+2\lambda=0,\\ x+2y-150=0.\end{cases}$$

解之得 $x=100, y=25, \lambda=-25$.

因为此实际问题的最大值是存在的,且驻点(100,25)是唯一的,所以点(100,25)也是 $z(x,y)$ 的最大值点. 其最大值是 $z(100,25)=1\ 250(\text{t})$. 当购进 A,B 原料分别为 100 t 和 25 t 可使产量最大.

习题 8

1. 描述下列平面区域,并指出它是开区域、闭区域、有界区域还是无界区域.

(1) $\{(x,y)\mid |x|+|y|\leqslant 1\}$; (2) $\{(x,y)\mid x^2>y\}$;

(3) $\{(x,y)\mid |x+y|<1\}$; (4) $\{(x,y)\mid x^2-y^2\leqslant 1\}$;

(5) $\{(x,y)\mid |xy|\leqslant 1\}$; (6) $\{(x,y)\mid |x|+y\leqslant 1\}$.

2. 描绘空间区域(体)的图像,并指出它是开区域还是闭区域.

(1) $D=\{(x,y,z)\mid |x|+|y|+|z|\leqslant 1\}$;

(2) $D=\{(x,y,z)\mid x^2+y^2+z^2\leqslant 4\}$;

(3) $D=\{(x,y,z)\mid \frac{x^2}{a^2}+\frac{y^2}{b^2}+\frac{z^2}{c^2}<1\}$;

(4) $D=\{(x,y,z)\mid x^2+y^2\leqslant a^2, |z|\leqslant h\}$;

(5) $D=\{(x,y,z)\mid x^2+y^2<z, z<2\}$.

3. 求下列函数的定义域:

(1) $z=\ln(4-xy)$;

(2) $z=x+\arccos y$;

(3) $z=\sqrt{\sin(x^2+y^2)}$;

(4) 三角形三边长分别是 x,y,z,已知 $x+y+z=2p$,则三角形面积 $S=\sqrt{p(p-x)(p-y)(p-z)}$.

4. 若 $f(x+y,\frac{y}{x})=x^2-y^2$,求 $f(x,y)$.

5. 用极限定义证明下列极限:

(1) $\lim\limits_{\substack{x\to 2\\ y\to 1}}(3x^2+2y)=14$；　(2) $\lim\limits_{\substack{x\to 3\\ y\to +\infty}}\dfrac{xy-1}{y+1}=3$；

(3) $\lim\limits_{\substack{x\to 0\\ y\to 0}}\dfrac{x^2y}{x^2+y^2}=0$.　(提示:应用$\left|\dfrac{2xy}{x^2+y^2}\right|\leqslant 1$).

6. 讨论下列极限的存在性:

(1) $\lim\limits_{\substack{x\to 0\\ y\to 0}}\dfrac{x^2-y^2+x^3-y^3}{x^2+y^2}$；　(2) $\lim\limits_{\substack{x\to 0\\ y\to 0}}\dfrac{x^2-y^2}{x^2+y^2}$.

7. 求下列函数在(0,0)处的两个累次极限,并讨论在该点处的二重极限的存在性.

(1) $f(x,y)=\dfrac{x-y}{x+y}$；　(2) $f(x,y)=\dfrac{x^2y^2}{x^2y^2+(x-y)^2}$.

8. 求下列极限:

(1) $\lim\limits_{\substack{x\to\infty\\ y\to\infty}}\dfrac{x+y}{x^2-xy+y^2}$；　(2) $\lim\limits_{\substack{x\to 0\\ y\to a}}\dfrac{\sin xy}{x}$；

(3) $\lim\limits_{\substack{x\to 0\\ y\to 0}}(x^2+y^2)^{x^2y^2}$；　(4) $\lim\limits_{\substack{x\to 1\\ y\to 0}}\dfrac{\ln(x+e^y)}{\sqrt{x^2+y^2}}$.

9. 求下列函数的累次极限:$\lim\limits_{x\to a}\lim\limits_{y\to b}f(x,y)$和$\lim\limits_{y\to b}\lim\limits_{x\to a}f(x,y)$.

(1) $f(x,y)=\dfrac{x^2+y^2}{x^2+y^4}$, $a=\infty$, $b=\infty$；

(2) $f(x,y)=\dfrac{x^y}{1+x^y}$, $a=+\infty$, $b=0^+$；

(3) $f(x,y)=\sin\dfrac{\pi x}{2x+y}$, $a=\infty$, $b=\infty$；

(4) $f(x,y)=\dfrac{1}{xy}\tan\dfrac{xy}{1+xy}$, $a=0$, $b=\infty$；

(5) $f(x,y)=\log_x(x+y)$, $a=1$, $b=0$.

10. 求下列函数的间断点:

(1) $z=\dfrac{1}{\sqrt{x^2+y^2}}$；　(2) $z=\dfrac{xy}{x+y}$；

(3) $z=\sin\dfrac{1}{xy}$；　(4) $z=\dfrac{1}{\sin x\cdot\sin y}$.

11. 试证明函数

$$f(x,y)=\begin{cases}\dfrac{\ln(1+xy)}{x}, & x\neq 0,\\ y, & x=0\end{cases}$$

在其定义域上是连续的.

12. 证明:$f'_y(a,y)=\dfrac{\mathrm{d}}{\mathrm{d}y}f(a,y)$.

13. 求下列函数一阶和二阶偏导数:

(1) $z=xy+\frac{x}{y}$;　　(2) $z=x\sin(x+y)$;

(3) $z=x^y$;　　(4) $u=(\frac{x}{y})^z$.

14. 设 $f(x,y,z)=\ln(xy+z)$,求 $f'_x(1,2,0)$,$f'_y(1,2,0)$,$f'_z(1,2,0)$.

15. 验证下列各题中的等式成立.

(1) $z=\frac{x-y}{x+y}\ln\frac{y}{x}$,$x\frac{\partial z}{\partial x}+y\frac{\partial z}{\partial y}=0$;

(2) $z=\arctan\frac{x^3+y^3}{x-y}$,$x\frac{\partial z}{\partial x}+y\frac{\partial z}{\partial y}=\sin 2z$;

(3) $u=(\frac{x-y+z}{x+y-z})^n$,$x\frac{\partial u}{\partial x}+y\frac{\partial u}{\partial y}+z\frac{\partial u}{\partial z}=0$.

16. 设 $f(x,y)$定义于点 $P_0(x_0,y_0)$的一个邻域 $U(P_0,\delta_0)(\delta_0>0)$内,$f(x_0,y)$作为 y 的函数在 y_0 连续,f'_x在 $U(P_0,\delta_0)$内处处存在且有界,证明 $f(x,y)$在点 P_0 连续(参考定理 8.2.1 的证明).

17. 设 $z=\ln\sqrt{(x-a)^2+(y-b)^2}$($a,b$ 为常数),证明:

$$\frac{\partial^2 z}{\partial x^2}+\frac{\partial^2 z}{\partial y^2}=0.$$

18. 证明:函数

$$f(x,y)=\begin{cases}1, & xy=0,\\ 0, & xy\neq 0\end{cases}$$

在原点(0,0)存在偏导数,但在(0,0)处间断.

19. 求下列函数的全微分:

(1) $z=\frac{x+y}{1+y}$;　　(2) $z=\ln\sqrt{x^2+y^2}$.

20. 设 $f(x,y,z)=(\frac{x}{y})^{\frac{1}{z}}$,求 $\mathrm{d}f(1,1,1)$,$\mathrm{d}^2f(1,1,1)$.

21. 设 $u=\sqrt{x^2+y^2+z^2}$,证明 $\mathrm{d}^2u\geqslant 0$.

22. 证明:函数

$$f(x,y)=\begin{cases}\dfrac{xy}{\sqrt{x^2+y^2}}, & x^2+y^2\neq 0,\\ 0, & x^2+y^2=0\end{cases}$$

在(0,0)的邻域中连续且有有界的偏导数 $f'_x(x,y)$和 $f'_y(x,y)$,但在(0,0)处全微分不存在.

23. 已知$\frac{(x+ay)\mathrm{d}x+y\mathrm{d}y}{(x+y)^2}$为某函数的全微分,则 a 等于什么?

24. 求下列复合函数的偏导数(或导数):

(1) $u=f(x^2+y^2+z^2)$,求 f'_x. f''_{xx},f''_{xy};

(2) $z=\ln(e^x+e^y)$, $y=x^3$，求$\frac{dz}{dx}$；

(3) $u=z^2+y^2+yz$, $z=\sin t$, $y=e^t$，求$\frac{du}{dt}$；

(4) $u=\arctan\frac{s}{t}$, $s=x+y$, $t=x-y$，求$\frac{\partial u}{\partial x}$，$\frac{\partial u}{\partial y}$；

(5) $z=x^2y-xy^2$, $x=s\cos t$, $y=s\sin t$，求$\frac{\partial z}{\partial s}$，$\frac{\partial z}{\partial t}$；

(6) $z=f(x^2-y^2,e^{xy})$，求$\frac{\partial z}{\partial x}$，$\frac{\partial z}{\partial y}$；

(7) $u=f(x,xy,xyz)$，求$\frac{\partial u}{\partial x}$，$\frac{\partial u}{\partial y}$，$\frac{\partial u}{\partial z}$；

(8) $z=f(x+y,xy)$，求$\frac{\partial^2 z}{\partial x\partial y}$；

(9) $z=f(x,\frac{x}{y})$，求$\frac{\partial^2 z}{\partial x^2}$，$\frac{\partial^2 z}{\partial y^2}$，$\frac{\partial^2 z}{\partial x\partial y}$.

25. 已知函数 $z(x,y)$满足

$$\frac{\partial z}{\partial x}=-\sin y+\frac{1}{1-xy},$$

及 $z(0,y)=2\sin y+y^2$，试求 $z(x,y)$的表达式.

26. 求下列复合函数的一阶和二阶全微分：

(1) $u=f(t)$, $t=\frac{y}{x}$；　　(2) $u=f(\xi,\eta)$, $\xi=ax$, $\eta=by$.

27. 验证下列方程在指定点邻域存在以 x 为自变量的隐函数，并求$\frac{dy}{dx}$.

(1) $\sin x+2\cos y-\frac{1}{2}=0$，在点$(\frac{\pi}{6},\frac{3}{2}\pi)$；

(2) $xy+2\ln x+3\ln y-1=0$，在点$(1,1)$.

28. 验证下列方程在指定点邻域存在以 x,y 为自变量的隐函数，并求$\frac{\partial z}{\partial x}$，$\frac{\partial z}{\partial y}$.

(1) $x+y-z-\cos(xyz)=0$，在点$(0,0,-1)$；

(2) $x^3+y^3+z^3-3xyz-4=0$，在点$(1,1,2)$.

29. 求下列方程所确定的隐函数的导数或偏导数：

(1) $\ln\sqrt{x^2+y^2}=\arctan\frac{y}{x}$，求$\frac{dy}{dx}$；

(2) $z^3-3xyz=a^3$，求$\frac{\partial z}{\partial x}$，$\frac{\partial z}{\partial y}$；

(3) $\cos^2 x+\cos^2 y+\cos^2 z=1$，求 dz；

(4) $e^z=xyz$，求$\frac{\partial z}{\partial x}$，$\frac{\partial z}{\partial y}$；

(5) $x+y+z=e^{-(x+y+z)}$，求$\frac{\partial z}{\partial x}$，$\frac{\partial z}{\partial y}$；

(6) $z^3-3xyz=a^2$,求$\frac{\partial^2 z}{\partial x^2},\frac{\partial^2 z}{\partial y^2},\frac{\partial^2 z}{\partial x\,\partial y}$.

30. 证明:若方程 $F(x,y,z)=0$ 的任意一个变量都是另外两个变量的隐函数,即 $z=f(x,y),x=g(y,z),y=h(z,x)$,则

$$\frac{\partial z}{\partial x}\cdot\frac{\partial x}{\partial y}\cdot\frac{\partial y}{\partial z}=-1.$$

31. 验证下列方程组在指定点邻域存在隐函数组,并求它的偏导数或全微分.

(1) $\begin{cases}u+v=x+y,\\ \frac{\sin u}{\sin v}=\frac{x}{y}\end{cases}$ 在点$(\frac{\pi}{3},\frac{\pi}{3},\frac{\pi}{3},\frac{\pi}{3})$,求 $\mathrm{d}u$ 与 $\mathrm{d}v$;

(2) $\begin{cases}x+y+z=0,\\ x^2+y^2+z^2=1\end{cases}$ 在点$(\frac{1}{\sqrt{2}},\frac{-1}{\sqrt{2}},0)$,求$\frac{\mathrm{d}x}{\mathrm{d}z},\frac{\mathrm{d}y}{\mathrm{d}z}$.

32. 求由方程组

$$\begin{cases}x+y+z=0,\\ x^3+y^3-z^3=10\end{cases}$$

确定的隐函数组 $y=y(x),z=z(x)$在点 $P(1,1,-2)$的导数 y',z',y''和 z''.

33. 证明:由方程组

$$\begin{cases}x\cos\alpha+y\sin\alpha+\ln z=f(\alpha),\\ -x\sin\alpha+y\cos\alpha=f'(\alpha)\end{cases}$$

所确定的函数 $z=z(x,y)$满足方程式

$$(\frac{\partial z}{\partial x})^2+(\frac{\partial z}{\partial y})^2=z^2.$$

其中 $\alpha=\alpha(x,y)$,$f(\alpha)$为任意可微分的函数.

34. 将下列函数在指定点展成泰勒公式.

(1) $f(x,y)=2x^2-xy-y^2-6x-3y+5$,在点$(1,-2)$;

(2) $f(x,y,z)=x^3+y^3+z^3-3xyz$,在点$(1,1,1)$.

35. 证明:若函数 $f(x,y)$在点$(0,0)$邻域内存在一阶与二阶偏导数,且这些偏导数在$(0,0)$连续,则

$$f''_{xx}(0,0)=\lim_{h\to 0^+}\frac{f(2h,\mathrm{e}^{-\frac{1}{2h}})-2f(h,\mathrm{e}^{-\frac{1}{h}})+f(0,0)}{h^2}.$$

(证法:应用二元函数的泰勒公式,整理之后取极限.)

36. 设 $0<|x|,|y|\ll 1$,试给出 $\arctan\frac{1+x}{1-y}$的二次近似多项式.

37. 求函数 $z=x^2-xy+y^2$在点$(1,1)$沿与 x 轴正向组成α 角的射线 l 的方向导数.又 α 角取何值,方向导数有:

(1)最大值;(2)最小值;(3)等于 0.

38. 求下列函数在指定点和指定方向的方向导数:

(1) $u=xyz$,在点$(1,1,1)$沿方向 $l\{\cos\alpha,\cos\beta,\cos\gamma\}$;

(2) $u=x^2-xy+z^2$ 在点 $(1,1,1)$ 处，从点 $(1,0,1)$ 到点 $(3,-1,3)$ 的方向.

39. 求下列函数在指定点的梯度：

(1) $u=2x^3y-3y^2z$，在 $(1,2,-1)$ 点；

(2) $z=xy$，在 $(1,1)$ 点；

(3) $u=\ln r, r=\sqrt{x^2+y^2}$，在 (x,y) 点.

40. 证明：$\text{grad}\ f(u)=f'(u)\text{grad}\ u$.

41. 求下列曲线在指定点的切线方程与法平面方程：

(1) $x=t-\cos t, y=3+\sin 2t, z=1+\cos 3t$，在点 $t=\dfrac{\pi}{2}$；

(2) $y=x, z=x^2$，在点 $(1,1,1)$；

(3) $x^2+z^2=10, y^2+z^2=10$，在点 $(1,1,3)$.

42. 在曲线 $x=t, y=t^2, z=t^3$ 上求出一点，使此点的切线平行于平面 $x+2y+z=4$.

43. 求下列曲面在指定点的切平面方程与法线方程：

(1) $z=\arctan\dfrac{y}{x}$，在 $\left(1,1,\dfrac{\pi}{4}\right)$；　　(2) $x^2+y^2+z^2=169$，在 $(3,4,12)$.

44. 求曲面 $x^2+2y^2+3z^2=21$ 的切平面，使其平行于平面 $x+4y+6z=0$.

45. 求下列函数的极值：

(1) $z=x^3+3xy^2-15x-12y$；　　(2) $z=x^2+(y-1)^2$；

(3) $z=(2ax-x^2)(2by-y^2), ab\neq 0$；　　(4) $u=(6t-t^2)(4s-s^2)$.

46. 某养殖场饲养两种鱼，若甲种鱼放养 x（万尾），乙种鱼放养 y（万尾），收获时两种鱼的收获量分别为

$$(3-ax-by)x \text{ 和 } (4-bx-2ay)y \quad (a>b>0).$$

求使产鱼总量最大的放养数.

47. 用最小二乘法求与下表给定数据最相合的函数 $y=ax+b$：

x	10	20	30	40	50	60
y	150	100	40	0	-60	-100

48. 求下列函数的条件极值：

(1) $z=x^2+y^2$ 在附加条件 $\dfrac{x}{a}+\dfrac{y}{b}=1$ 下的极值；

(2) $z=xy$ 在附加条件 $x+y=1$ 下的极值；

(3) $u=x-2y+2z$ 在附加条件 $x^2+y^2+z^2=1$ 下的极值.

49. 应用题.

(1) 计划围圈一个面积为 60 m^2 的矩形场地. 正面所用材料价格为 10 元/m，其余三面所用材料价格均为 5 元/m，试问场地的长、宽各为多少米时，所用材料费最少？

(2)某公司收入 R 与另外两个变量间的依赖关系是:

$$R(x,y)=-3x^2+2xy-6y^2+30x+24y-86,$$

其中 x 是用于仓储的投资额(万元),y 是用于广告宣传的支出额(万元).试问 x 与 y 取何值时可使收入 R 最大?

(3)设某两种商品的需求函数为

$$D_1=26-P_1, D_2=10-\frac{1}{4}P_2,$$

其中 D_1,P_1,D_2,P_2 分别是这两种商品的需求量及其价格.设生产此两种商品的总成本函数是

$$K=D_1^2+2D_1D_2+D_2^2,$$

试问这两种商品生产多少时,可使利润最大?

50. 用拉格朗日乘数法求 $f(x,y)=x^3-y^2+2$ 在椭圆域 $D=\{(x,y)\mid x^2+\frac{y^2}{4}\leqslant 1\}$ 上的最大值和最小值.

第 9 章　重积分

上一章把一元函数微分学推广到了多元函数的情形. 本章将把一元函数的定积分推广到多元函数的重积分.

9.1　二重积分

9.1.1　二重积分的概念与性质

1. 二重积分的概念

正像从求曲边梯形面积一类问题入手,通过分割、近似、求和、取极限几个步骤引入了一元函数 $f(x)$在$[a,b]$上的定积分概念一样,二元函数的二重积分的概念也可以由求曲顶柱体的体积入手,利用同样的思路得到. 先讨论两个实际问题.

问题 1　求曲顶柱体的体积.

设 $z=f(x,y)$是有界闭区域 D 上的非负连续函数,则它的图形是一张连续曲面,记作 S. 以区域 D 为底以 S 为顶,以柱面(其准线为 D 的边界,母线平行于 z 轴)为侧面的立体,称为曲顶柱体(图 9.1). 试求该曲顶柱体的体积 V.

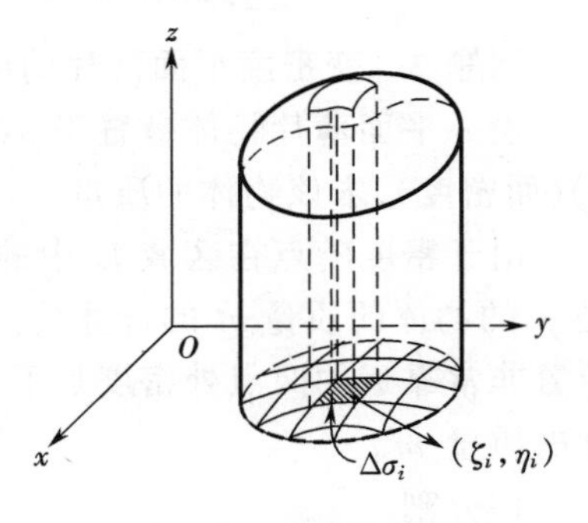

图 9.1　曲顶柱体

若在 D 上 $f(x,y)\equiv h$($h>0$ 为常数),则曲顶柱体蜕化成一"平顶"的直柱体,此时可合理地将此柱体体积定义成

$$体积=(D\text{ 的面积})\times(高\ h).$$

但在 f 的取值随点在 D 内位置不同而变化时,上式失效. 于是可仿照形成一元函数定积分的原始思想那样,利用极限方法来定义并计算此曲顶柱体的体积 V. 具体步骤如下.

1)分割

用任意的曲线将区域 D 分为 n 个小区域

$$\Delta\sigma_1,\Delta\sigma_2,\cdots,\Delta\sigma_n$$

(并用它们表示小区域的面积),于是曲顶柱体相应地被分成 n 个小曲顶柱体,设每个小曲顶柱体体积为 $\Delta V_i(i=1,2,\cdots,n)$,则 $V=\sum\limits_{i=1}^{n}\Delta V_i$.

2)近似

在每个小区域 $\Delta\sigma_i$ 上任取一点 (ξ_i,η_i). 因为 $f(x,y)$ 连续,所以当分割很细密时,小曲顶柱体的体积 ΔV_i 就近似地等于以 $f(\xi_i,\eta_i)$ 为高、以 $\Delta\sigma_i$ 为底的小平顶柱体的体积,即

$$\Delta V_i \approx f(\xi_i,\eta_i)\Delta\sigma_i \qquad (i=1,2,\cdots,n).$$

3)求和

对求得的 ΔV_i 的近似值求和,可得 V 的近似值

$$V=\sum_{i=1}^{n}\Delta V_i \approx \sum_{i=1}^{n} f(\xi_i,\eta_i)\Delta\sigma_i.$$

4)取极限

对每个区域 $\Delta\sigma_i$,称其任意两点间距离之最大值为直径,记作 $d(\Delta\sigma_i)$,并将这 n 个直径的最大值记作 λ,即

$$\lambda=\max_{1\leqslant i\leqslant n}(d(\Delta\sigma_i)),$$

让每个小区域 $\Delta\sigma_i$ 都收缩为一点,即令 $\lambda\to 0$,若 n 个柱体的体积之和 $\sum\limits_{i=1}^{n} f(\xi_i,\eta_i)\Delta\sigma_i$ 存在极限,则

$$V=\lim_{\lambda\to 0}\sum_{i=1}^{n} f(\xi_i,\eta_i)\Delta\sigma_i.$$

问题 2 变密度平面薄片的质量.

设一平面薄片物体被置于 xOy 平面上,形成有界闭区域 D,其密度已知为 $\mu(x,y)$(面密度),求该物体的质量.

由于密度随点在区域 D 中的位置而变,所以不能简单地套用面积为 A,均匀密度是 μ 的物体的质量 m 的计算公式 $m=\mu A$. 但是可以设想,变密度一般是连续变化的,位置非常靠近的两点处密度是不会有太大区别的. 这样可用极限方法定义并计算此薄片的质量 m.

1)分割

引入网域,将平面区域 D 划分成除边界外没有公共部分的 n 个子区域 $\Delta\sigma_1$, $\Delta\sigma_2,\cdots,\Delta\sigma_n$(并用它们表示小区域的面积). 若记 $\Delta\sigma_i$ 这块薄片的质量为 Δm_i,总质量为 m,则有

$$m=\sum_{i=1}^{n}\Delta m_i.$$

2)近似

在每一小区域 $\Delta\sigma_i$ 上任取一点 $(\xi_i,\eta_i)\in\Delta\sigma_i$,并以 $\mu(\xi_i,\eta_i)$ 作为 $\Delta\sigma_i$ 上的均匀密度,则可对 $i=1,2,\cdots,n$,求出 Δm_i 的近似值

$$\Delta m_i \approx \mu(\xi_i,\eta_i)\,\Delta\sigma_i.$$

3)求和

对上式求和,可得 m 的近似值

$$m=\sum_{i=1}^{n}\Delta m_i\approx\sum_{i=1}^{n}\mu(\xi_i,\eta_i)\,\Delta\sigma_i.$$

4)取极限

若仍以 λ 记这 n 个子区域直径之最大值,则当 $\lambda\to 0$ 且极限存在时,近似值将成为精确值,即

$$m=\lim_{\lambda\to 0}\sum_{i=1}^{n}\mu(\xi_i,\eta_i)\,\Delta\sigma_i.$$

以上用相同的数学手法,处理了性质迥异的两个实际问题,都归结为求一种具有相同结构的和式的极限.我们把它抽象出来,就得到二重积分的定义.

定义 9.1.1　设二元有界函数 $f(x,y)$ 在有界闭区域 D 上有定义,将 D 任意地划分成除可能出现部分公共边界外没有其他公共部分的 n 个子区域 $\Delta\sigma_i(i=1,2,\cdots,n)$,即

$$D=\bigcup_{i=1}^{n}\Delta\sigma_i.$$

且 $\Delta\sigma_i$ 也表示第 i 个小区域的面积,在每个子区域 $\Delta\sigma_i$ 上任取一点 $(\xi_i,\eta_i)(i=1,2,\cdots,n)$,形成和式 $\sum\limits_{i=1}^{n}f(\xi_i,\eta_i)\Delta\sigma_i$.若记各个子区域直径 $d(\Delta\sigma_i)$ 之最大值为 λ,则当极限

$$\lim_{\lambda\to 0}\sum_{i=1}^{n}f(\xi_i,\eta_i)\,\Delta\sigma_i$$

存在,且其值与区域 D 的划分方法及 $(\xi_i,\eta_i)\in\Delta\sigma_i$ 的选取方法无关时,称函数 $f(x,y)$ 在 D 上可积,并称此极限为函数 $f(x,y)$ 在区域 D 上的**二重积分**,记作 $\iint\limits_D f(x,y)\mathrm{d}\sigma$,即

$$\iint\limits_D f(x,y)\mathrm{d}\sigma=\lim_{\lambda\to 0}\sum_{i=1}^{n}f(\xi_i,\eta_i)\,\Delta\sigma_i,$$

其中 $f(x,y)$ 称为**被积函数**,D 称为**积分区域**,$\mathrm{d}\sigma$ 称为**面积元素**.

由二重积分的定义知,曲顶柱体的体积 V 是曲顶函数 $f(x,y)$ 在底面区域 D 上的二重积分,即

$$V=\iint\limits_D f(x,y)\mathrm{d}\sigma.$$

这就是 $f\geqslant 0$ 时,二重积分 $\iint\limits_D f(x,y)\mathrm{d}\sigma$ 的几何意义.特别地,若 $f\equiv 1$,则二重积分 $\iint\limits_D 1\cdot\mathrm{d}\sigma$ 在数值上等于积分区域的面积 D,即

$$\iint\limits_D \mathrm{d}\sigma=D.$$

平面薄片的质量 m 是面密度函数 $\mu(x,y)$ 在薄片所占区域 D 上的二重积分,即

$$m=\iint\limits_D \mu(x,y)\mathrm{d}\sigma.$$

当二重积分存在时,其值的大小仅与积分区域 D 和被积函数 $f(x,y)$ 有关,而与 D

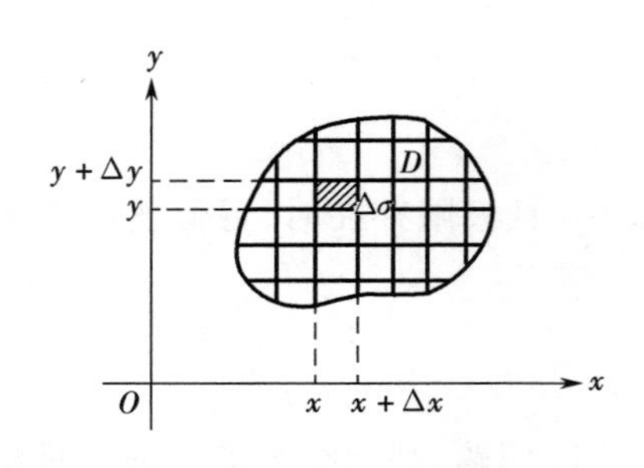

图 9.2 问题 2 图示

的分割和点(ξ_i,η_i)的取法无关.因此,在实际运算时,为了方便,可采用特殊方法来分割区域D.在直角坐标系中,常用两族间隔分别为Δx和Δy且平行于坐标轴的直线网将区域D(见图 9.2)分割成许多小区域,除了靠近边界曲线的一些小区域外,绝大部分都是小矩形区域,且

$$\Delta\sigma=\Delta x\Delta y.$$

因此,在直角坐标系中,有时也把面积元素$d\sigma$记作$dxdy$,而把二重积分记为

$$\iint_D f(x,y)dxdy,$$

其中$dxdy$称为直角坐标系中的面积元素.

与一元函数的情形类似,以下两类函数在有界区域D上是可积的:

(1)D上的连续函数,

(2)D上的分片连续(即把D分为有限个子区域后,函数在每个子区域上连续)的有界函数.

这两个结论的证明要用到重积分的可积性理论,此处从略.

2.二重积分的性质

二重积分具有与定积分类似的性质,其证明方法与定积分的相应性质的证法相同.这里只给出二重积分中值定理的证明,其余性质的证明从略.为了书写简便,有时将函数$f(x,y)$表为f.

性质 1 若函数f在D上可积,k是常数,则函数kf在D上也可积,且

$$\iint_D kf d\sigma=k\iint_D f d\sigma.$$

性质 2 若函数f_1与f_2在D上都可积,则函数$f_1\pm f_2$在D上也可积,且

$$\iint_D (f_1\pm f_2)d\sigma=\iint_D f_1 d\sigma\pm\iint_D f_2 d\sigma.$$

性质 3 若函数f在D_1与D_2上都可积,则f在$D_1\cup D_2$上也可积,当D_1与D_2没有公共内点时,有

$$\iint_{D_1\cup D_2} f d\sigma=\iint_{D_1} f d\sigma+\iint_{D_2} f d\sigma.$$

性质 4 若函数f_1与f_2在D上可积,且$\forall(x,y)\in D$,有

$$f_1(x,y)\leqslant f_2(x,y),$$

则

$$\iint_D f_1 d\sigma\leqslant\iint_D f_2 d\sigma.$$

性质 5 若函数f在D上可积,且$\forall(x,y)\in D$,有$\alpha\leqslant f(x,y)\leqslant\beta$,这里$\alpha,\beta$为

常数,则

$$\alpha A \leqslant \iint\limits_D f \mathrm{d}\sigma \leqslant \beta A,$$

其中 A 是区域 D 的面积.

特别地,当在 D 上 $f(x,y)\geqslant 0$ 时,有

$$\iint\limits_D f \mathrm{d}\sigma \geqslant 0.$$

性质 6　若函数 f 在 D 上可积,则函数 $|f|$ 在 D 上也可积,且

$$\left|\iint\limits_D f \mathrm{d}\sigma\right| \leqslant \iint\limits_D |f| \mathrm{d}\sigma.$$

性质 7　(**中值定理**)若函数 $f(x,y)$ 在有界闭区域 D 上连续,则在 D 上至少存在一点 (ξ,η),使得

$$\iint\limits_D f(x,y)\mathrm{d}\sigma = f(\xi,\eta)\cdot A,$$

其中 A 是区域 D 的面积.

证　因为 $f(x,y)$ 在有界闭区域 D 上连续,所以 $f(x,y)$ 在 D 上有最大值和最小值,记 M,m 分别为 $f(x,y)$ 在 D 上的最大值和最小值,则对任意 $(x,y)\in D$,都有

$$m \leqslant f(x,y) \leqslant M,$$

由性质 5 知,$mA \leqslant \iint\limits_D f(x,y)\mathrm{d}\sigma \leqslant MA$,即 $m \leqslant \frac{1}{A}\iint\limits_D f(x,y)\mathrm{d}\sigma \leqslant M$.

这就是说,实数 $\frac{1}{A}\iint\limits_D f(x,y)\mathrm{d}\sigma$ 介于函数 $f(x,y)$ 在闭区域 D 上的最大值 M 与最小值 m 之间,根据有界闭区域上连续函数的介值定理,在 D 上至少存在一点 (ξ,η),使得函数在该点的值与这个确定的数值相等,即

$$\frac{1}{A}\iint\limits_D f(x,y)\mathrm{d}\sigma = f(\xi,\eta).$$

上式两边各乘以 A,就得到所需证明的公式.

二重积分中值定理的几何意义十分明显,曲顶柱体的体积必等于以 D 为底,以某“中间”函数值 $f(\xi,\eta)$ 为高的平顶柱体的体积.通常 $f(\xi,\eta)$ 也称为函数在区域 D 上的**平均值**.

在处理有关二重积分的计算、估值、比较等问题时,以上这些性质常常是很有用的.

例 9.1.1　设 D 是圆盘 $\{(x,y)\mid x^2+y^2\leqslant 1\}$,试求

$$\iint\limits_D \frac{1}{1+x^2+y^2}\mathrm{d}x\mathrm{d}y$$

的上界及下界.

解　因在 D 的每一处,有

$$0 \leqslant x^2+y^2 \leqslant 1,$$

故

$$\frac{1}{1+1}\leqslant\frac{1}{1+x^2+y^2}\leqslant\frac{1}{1+0}.$$

又因为 D 的面积是 π,故得

$$\frac{\pi}{2}\leqslant\iint_D\frac{1}{1+x^2+y^2}\mathrm{d}x\mathrm{d}y\leqslant\pi.$$

9.1.2 二重积分的计算

二重积分若由定义直接计算,因归结为求积分和的极限,计算相当复杂.因此在二重积分存在时,一般可根据其几何意义,将二重积分化为两次定积分,即累次积分的形式进行计算.由于二重积分与积分区域有关,因此当讨论二重积分的计算时,总是先从积分区域着手,对于积分区域的不同类型,分别采用不同的坐标系来处理.在这里,关键是根据积分区域的边界来确定两个定积分的上下限.

1.在直角坐标系下计算二重积分

先考虑在二重积分$\iint_D f(x,y)\mathrm{d}\sigma$ 中有$f(x,y)\geqslant0$ 及 D 是矩形区域$\{a\leqslant x\leqslant b,c\leqslant y\leqslant d\}$的情形.根据二重积分的几何意义,二重积分$\iint_D f(x,y)\mathrm{d}\sigma$ 表示以曲面 $z=f(x,y)$为顶,以区域 D 为底的曲顶柱体的体积.现采用定积分中"已知平行截面的面积,求立体体积"的公式来重新计算这个曲顶柱体的体积.

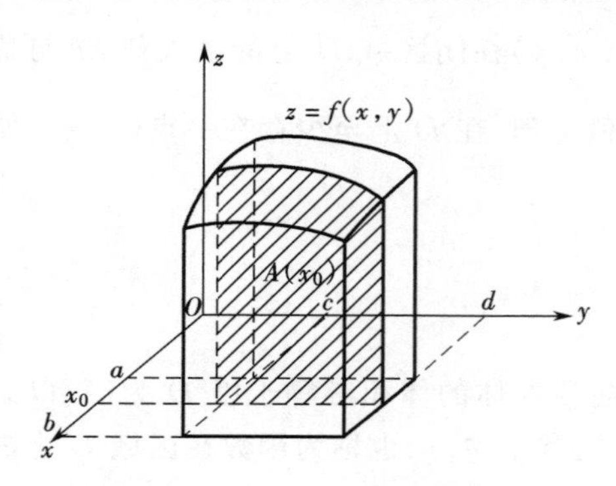

图 9.3 以 $z=f(x_0,y)$为曲边的曲边梯形

先计算平行截面的面积.为此,在区间$[a,b]$上任取一点 x_0,过这点作一个垂直于 x 轴的平面,这平面截曲顶柱体所得的截面是以区间$[c,d]$为底,以曲线 $z=f(x_0,y)$为曲边的曲边梯形,见图 9.3 中阴影部分,设其面积为 $A(x_0)$,则由定积分的几何意义知

$$A(x_0)=\int_c^d f(x_0,y)\mathrm{d}y.$$

让 x_0取遍$[a,b]$,便得到$[a,b]$上任一点 x 处的截面积

$$A(x)=\int_c^d f(x,y)\mathrm{d}y.$$

上式中积分变量为 y,x 在积分过程中被看作常数.根据平行截面积为 $A(x)$的立体体积公式,曲顶柱体的体积为 $V=\int_a^b A(x)\mathrm{d}x$,于是有

$$V=\int_a^b\left[\int_c^d f(x,y)\mathrm{d}y\right]\mathrm{d}x \xlongequal{\text{(记作)}} \int_a^b \mathrm{d}x\int_c^d f(x,y)\mathrm{d}y.$$

上式右端的积分称为**累次积分**或**二次积分**.这样,二重积分的计算就归结为求两次定积分,第一次定积分是把 x 看作常数首先对变量 y 积分,第二次定积分是对变量 x 积分.

下面给出化二重积分为累次积分的定理.

定理 9.1.1　设函数 $f(x,y)$ 在矩形区域 $D=\{a\leqslant x\leqslant b,c\leqslant y\leqslant d\}$ 上可积(其积分值记为 I),且对一切 $x\in[a,b]$,积分

$$Q(x)=\int_c^d f(x,y)\mathrm{d}y$$

存在,则有公式

$$I=\iint_D f(x,y)\mathrm{d}x\mathrm{d}y=\int_a^b\mathrm{d}x\int_c^d f(x,y)\mathrm{d}y.$$

证　因为 $f(x,y)$ 在 D 上可积,所以取特殊的分割及特殊的分法后,其积分和的极限仍为 I.我们在 $[a,b]$ 与 $[c,d]$ 上分别插入任意的分点 x_i 和 y_j $(i=0,1,2,\cdots,n;j=0,1,2,\cdots,m)$,过各分点分别作平行于坐标轴的直线,将矩形 D 分为 mn 个小矩形 $D_{ij}=\{x_{i-1}\leqslant x\leqslant x_i,y_{j-1}\leqslant y\leqslant y_j\}$ $(i=0,1,2,\cdots,n;j=0,1,2,\cdots,m)$(图 9.4).

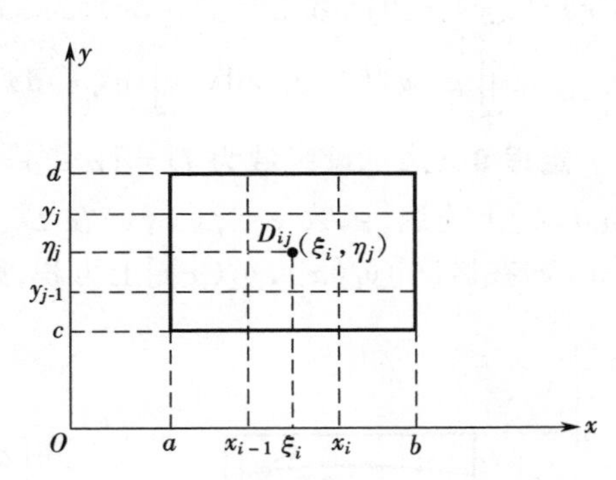

图 9.4　定理 9.1.1 图

在区间 $[x_{i-1},x_i]$ 上任取一点 ξ_i,在区间 $[y_{j-1},y_j]$ 上任取一点 η_j,相应地,在小矩形 D_{ij} 中得到一点 (ξ_i,η_j).由于 $f(x,y)$ 在 D 上可积,因此对任意给定的 $\varepsilon>0$,存在 $\delta>0$,当 $\lambda=\max\limits_i\{\Delta x_i\}<\delta,\lambda'=\max\limits_j\{\Delta y_j\}<\delta$ 时,有

$$I-\varepsilon<\sum_{i=1}^n\left[\sum_{j=1}^m f(\xi_i,\eta_j)\Delta y_j\right]\Delta x_i<I+\varepsilon$$

(其中 $\Delta x_i=x_i-x_{i-1},\Delta y_j=y_j-y_{j-1}$).

在上式中,先把 x_i,ξ_i 固定,而令 $\lambda'=\max\limits_j\{\Delta y_j\}\to 0$,得

$$I-\varepsilon\leqslant\sum_{i=1}^n\left[\lim_{\lambda'\to 0}\sum_{j=1}^m f(\xi_i,\eta_j)\Delta y_j\right]\Delta x_i\leqslant I+\varepsilon.$$

由于对一切 $x\in[a,b]$,积分 $\int_c^d f(x,y)\mathrm{d}y$ 存在,因此有

$$I-\varepsilon\leqslant\sum_{i=1}^n\left[\int_c^d f(\xi_i,y)\mathrm{d}y\right]\Delta x_i\leqslant I+\varepsilon.$$

上式当 $\lambda=\max\limits_i\{\Delta x_i\}<\delta$ 时,对任意的 $\xi_i\in[x_{i-1}.x_i]$ 都成立,而

$$\sum_{i=1}^n\left[\int_c^d f(\xi_i,y)\mathrm{d}y\right]\Delta x_i=\sum_{i=1}^n Q(\xi_i)\Delta x_i$$

正是函数 $Q(x)=\int_c^d f(x,y)\mathrm{d}y$ 的积分和,于是$Q(x)$在区间$[a,b]$上可积,且积分值等于 I,即 $I=\int_a^b Q(x)\mathrm{d}x$.从而

$$\iint_D f(x,y)\mathrm{d}x\mathrm{d}y=I=\int_a^b \mathrm{d}x\int_c^d f(x,y)\mathrm{d}y.$$

注 (1)类似地,若 $f(x,y)$在矩形闭区域 $D=\{(x,y)\mid a\leqslant x\leqslant b,c\leqslant y\leqslant d\}$上可积,且对一切 $y\in[c,d]$,定积分 $J(y)=\int_a^b f(x,y)\mathrm{d}x$ 存在,则

$$I=\iint_D f(x,y)\mathrm{d}x\mathrm{d}y=\int_c^d \mathrm{d}y\int_a^b f(x,y)\mathrm{d}x.$$

(2)**推论** 若函数 $g(x)$在$[a,b]$可积,函数 $h(y)$在$[c,d]$可积,那么乘积函数 $g(x)\cdot h(y)$在闭区域 $D=\{(x,y)\mid a\leqslant x\leqslant b,c\leqslant x\leqslant d\}$上也可积,且

$$\iint_D g(x)h(y)\mathrm{d}x\mathrm{d}y=\int_a^b g(x)\mathrm{d}x\cdot\int_c^d h(y)\mathrm{d}y.$$

定理 9.1.2 设区域为 $D=\{a\leqslant x\leqslant b,y_1(x)\leqslant y\leqslant y_2(x)\}$,其中 $y_1(x),y_2(x)$在$[a,b]$上连续,函数 $z=f(x,y)$在 D 上可积,且对一切固定的 $x\in[a,b]$,一元函数 $f(x,y)$在区间$[y_1(x),y_2(x)]$上可积,则函数

$$Q(x)=\int_{y_1(x)}^{y_2(x)} f(x,y)\mathrm{d}y$$

在$[a,b]$上可积,且积分值等于$\iint_D f(x,y)\mathrm{d}x\mathrm{d}y$,即

$$\iint_D f(x,y)\mathrm{d}x\mathrm{d}y=\int_a^b \mathrm{d}x\int_{y_1(x)}^{y_2(x)} f(x,y)\mathrm{d}y.$$

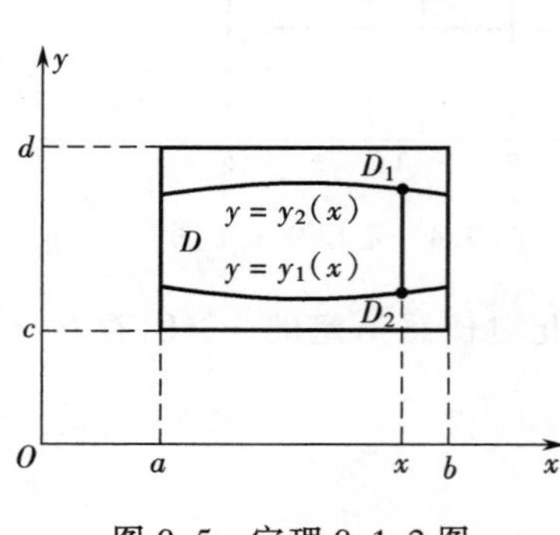

图 9.5 定理 9.1.2 图

证 设法化为上个定理的情形.做一完全包含 D 的矩形 $R=\{a\leqslant x\leqslant b,c\leqslant y\leqslant d\}$(图 9.5).

显然,矩形 R 是无公共内点的三个区域 D,D_1,D_2之和.在 R 上定义函数

$$g(x,y)=\begin{cases}f(x,y), & (x,y)\in D,\\ 0, & (x,y)\in R\setminus D.\end{cases}$$

易知 $g(x,y)$在区域 D,D_1,D_2上都可积,从而在 R 上也可积,由二重积分的性质得

$$\iint_R g(x,y)\mathrm{d}x\mathrm{d}y=\iint_D g(x,y)\mathrm{d}x\mathrm{d}y+\iint_{D_1} g(x,y)\mathrm{d}x\mathrm{d}y+\iint_{D_2} g(x,y)\mathrm{d}x\mathrm{d}y$$
$$=\iint_D g(x,y)\mathrm{d}x\mathrm{d}y.$$

由定理 9.1.1 知

$$\iint_R g(x,y)\mathrm{d}x\mathrm{d}y=\int_a^b \mathrm{d}x\int_c^d g(x,y)\mathrm{d}y,$$

而

$$\int_c^d g(x,y)\mathrm{d}y=\int_c^{y_1(x)} g(x,y)\mathrm{d}y+\int_{y_1(x)}^{y_2(x)} g(x,y)\mathrm{d}y+\int_{y_2(x)}^{d} g(x,y)\mathrm{d}y$$

$$=\int_{y_1(x)}^{y_2(x)} f(x,y)\mathrm{d}y.$$

综合上两式，得

$$\iint_R g(x,y)\mathrm{d}x\mathrm{d}y=\int_a^b \mathrm{d}x\int_{y_1(x)}^{y_2(x)} f(x,y)\mathrm{d}y.$$

从而

$$\iint_D f(x,y)\mathrm{d}x\mathrm{d}y=\int_a^b \mathrm{d}x\int_{y_1(x)}^{y_2(x)} f(x,y)\mathrm{d}y.$$

类似地，如果积分区域如图 9.6 所示，则有如下定理.

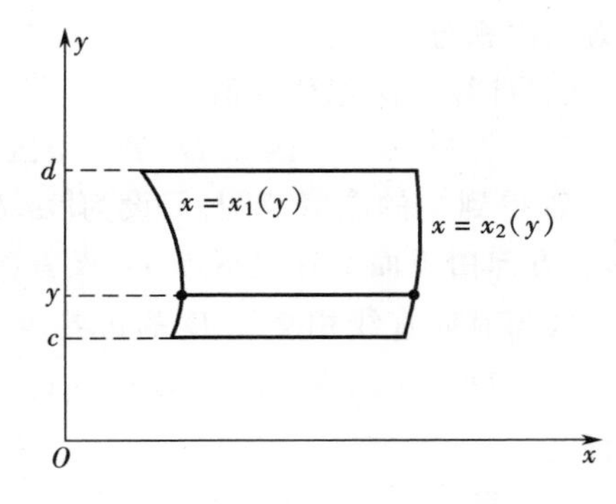

图 9.6　定理 9.1.3 图

定理 9.1.3　设区域 $D=\{c\leqslant y\leqslant d,\ x_1(y)\leqslant x\leqslant x_2(y)\}$，其中 $x_1(y)$，$x_2(y)$ 在 $[c,d]$ 上连续，函数 $z=f(x,y)$ 在 D 上可积，且对一切固定的 $y\in[c,d]$，一元函数 $f(x,y)$ 在区间 $[x_1(y),x_2(y)]$ 上可积，则函数

$$Q(y)=\int_{x_1(y)}^{x_2(y)} f(x,y)\mathrm{d}x$$

在 $[c,d]$ 上可积，且

$$\iint_D f(x,y)\mathrm{d}x\mathrm{d}y=\int_c^d \mathrm{d}y\int_{x_1(y)}^{x_2(y)} f(x,y)\mathrm{d}x.$$

定义 9.1.2　若平面区域 D 是由不等式组 $D:\begin{cases}a\leqslant x\leqslant b,\\ y_1(x)\leqslant y\leqslant y_2(x)\end{cases}$ 确定，这样的区域称为 $X-$**型区域**. 若平面区域是由不等式组 $D:\begin{cases}c\leqslant y\leqslant d,\\ x_1(y)\leqslant x\leqslant x_2(y)\end{cases}$ 确定，这样的区域称为 $Y-$**型区域**.

$X-$型区域的特点是平行于 y 轴且穿过区域内部的直线与区域边界相交不多于两点. 对积分区域是 $X-$型区域的二重积分，常采用先对 y 积分再对 x 积分的方法化为累次积分. 类似地，$Y-$型区域的特点是平行于 x 轴且穿过区域内部的直线与区域边界相交不多于两点. 对积分区域是 $Y-$型区域的二重积分，常采用先对 x 积分 再对 y 积分的方法化为累次积分. 在应用时还要考虑被积函数对二次积分产生的难度. 如果积分区域 D 既不能看成 $X-$型，又不能看成 $Y-$型，那么可以把 D 分成几个小区域，使每一个小区域都是 $X-$型或 $Y-$型区域(图 9.7). 利用二重积分对积分区域的可加性，仍然可以将二重积分 $\iint_D f(x,y)\mathrm{d}x\mathrm{d}y$ 化为若干个二重积分之和.

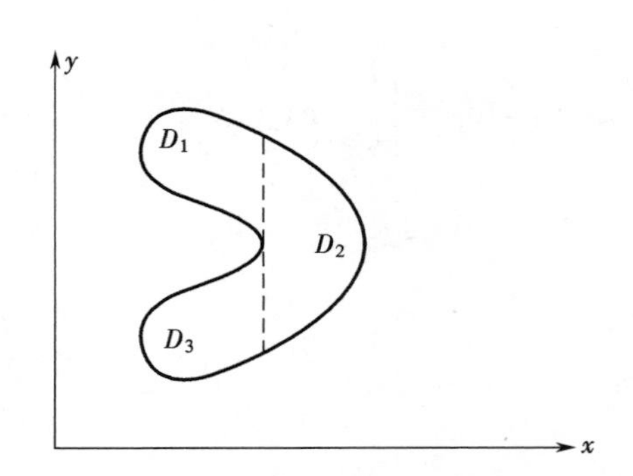

图 9.7 将区域 D 分成几个小区域

二重积分的计算可形象地描述为:要完成二重积分的计算,就要使积分变量 x 与 y 不重复、不遗漏地扫描(取遍)整个积分区域.

在直角坐标系下,求二重积分可按以下步骤进行:

(1)画出积分区域 D;

(2)确定 D 是否为 X - 型或 Y - 型区域.如既不是 X - 型又不是 Y - 型区域,则要将 D 划分成几个 X - 型或 Y - 型区域,并用不等式组表示每个 X - 型或 Y - 型区域;

(3)用定理 9.1.2 或定理 9.1.3 化二重积分为二次积分;

(4)计算二次积分的值.

注 为将 X - 型区域 D(Y - 型区域可类似处理)用不等式组表示,可先将 D 投影到 x 轴得到 x 的取值范围,假设为 $[a,b]$,再过 $[a,b]$ 上任意一点作平行于 y 轴的有向直线,方向由下而上穿过区域 D,设首次与有向直线相交的 D 的边界线为 $y=y_1(x)$,第二次与有向直线相交的 D 的边界线为 $y=y_2(x)$,则积分区域可表示成

$$D=\{(x,y)\mid a\leqslant x\leqslant b,y_1(x)\leqslant y\leqslant y_2(x)\}.$$

从而

$$\iint_D f(x,y)\mathrm{d}x\mathrm{d}y=\int_a^b\mathrm{d}x\int_{y_1(x)}^{y_2(x)}f(x,y)\mathrm{d}y.$$

例 9.1.2 求函数 $z=1-\frac{x}{3}-\frac{y}{4}$ 在矩形域 D: $-1\leqslant x\leqslant 1$, $-2\leqslant y\leqslant 2$ 的二重积分.

解 先作区域 D 的图形,如图 9.8.

设化为二次积分计算时,取积分次序为先对 y 后对 x,则

$$\begin{aligned}I&=\iint_D\left(1-\frac{x}{3}-\frac{y}{4}\right)\mathrm{d}\sigma\\&=\int_{-1}^{1}\mathrm{d}x\int_{-2}^{2}\left(1-\frac{x}{3}-\frac{y}{4}\right)\mathrm{d}y\\&=\int_{-1}^{1}\left[y-\frac{x}{3}y-\frac{1}{8}y^2\right]\Big|_{y=-2}^{y=2}\mathrm{d}x\\&=\int_{-1}^{1}\left(4-\frac{4}{3}x\right)\mathrm{d}x=\left[4x-\frac{2}{3}x^2\right]\Big|_{-1}^{1}=8.\end{aligned}$$

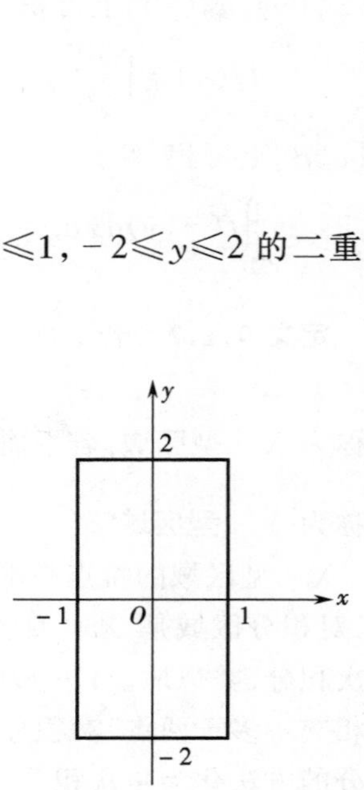

图 9.8 例 9.1.2 图

若取积分次序为先对 x 后对 y,则

$$I=\int_{-2}^{2}\mathrm{d}y\int_{-1}^{1}\left(1-\frac{x}{3}-\frac{y}{4}\right)\mathrm{d}x=\int_{-2}^{2}\left[x-\frac{x^2}{6}-\frac{xy}{4}\right]\Big|_{x=-1}^{x=1}\mathrm{d}y$$

$$=\int_{-2}^{2}\left(2-\frac{y}{2}\right)\mathrm{d}y=\left[2y-\frac{y^2}{4}\right]\Bigg|_{-2}^{2}=8.$$

例 9.1.3　把二重积分$\iint\limits_D f(x,y)\mathrm{d}\sigma$化为累次积分,区域 D 是由 $y=x$,$x=a(a>0)$,$y=0$ 所围成的图形.

解　根据区域 D 的边界,画出区域 D 的图形如图 9.9.

若选积分次序为先对 y 后对 x,则把区域 D 表达为

$$D:\begin{cases}0\leqslant x\leqslant a,\\0\leqslant y\leqslant x,\end{cases}$$

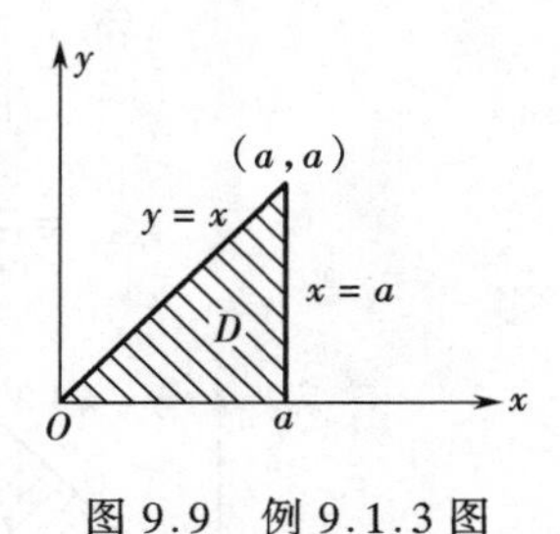

图 9.9　例 9.1.3 图

故

$$\iint\limits_D f(x,y)\mathrm{d}\sigma=\int_0^a\mathrm{d}x\int_0^x f(x,y)\mathrm{d}y.$$

若取积分次序为先对 x 后对 y,则把区域 D 表达为

$$D:\begin{cases}0\leqslant y\leqslant a,\\y\leqslant x\leqslant a,\end{cases}$$

故

$$\iint\limits_D f(x,y)\mathrm{d}\sigma=\int_0^a\mathrm{d}y\int_y^a f(x,y)\mathrm{d}x.$$

例 9.1.4　计算二重积分$\iint\limits_D(2y-x)\mathrm{d}\sigma$,其中 D 由抛物线 $y=x^2$ 和直线 $y=x+2$ 围成(图 9.10).

解　由方程组 $\begin{cases}y=x+2,\\y=x^2\end{cases}$ 得$\begin{cases}x_1=-1,\\y_1=1\end{cases}$ 和$\begin{cases}x_2=2,\\y_2=4.\end{cases}$

从而得图中交点

$A(-1,1),B(2,4)$.

区域 D 可看成 X-型区域,并可表示成:

$$D:\begin{cases}-1\leqslant x\leqslant 2,\\x^2\leqslant y\leqslant x+2,\end{cases}$$

则

$$\iint\limits_D(2y-x)\mathrm{d}\sigma=\int_{-1}^{2}\mathrm{d}x\int_{x^2}^{x+2}(2y-x)\mathrm{d}y=\int_{-1}^{2}\left[y^2-xy\right]\Bigg|_{y=x^2}^{y=x+2}\mathrm{d}x$$

$$=\int_{-1}^{2}[(x+2)^2-x(x+2)-x^4+x^3]\mathrm{d}x=\frac{243}{20}.$$

若将 D 看成 Y-型区域,必须用直线 $y=1$ 将区域 D 分成 D_1、D_2 两部分,且 D_1、D_2 可分别表示成:

$$D_1:\begin{cases}0\leqslant y\leqslant 1,\\-\sqrt{y}\leqslant x\leqslant\sqrt{y},\end{cases}\qquad D_2:\begin{cases}1\leqslant y\leqslant 4,\\y-2\leqslant x\leqslant\sqrt{y},\end{cases}$$

且 $D=D_1\cup D_2$，从而

$$\begin{aligned}\iint\limits_{D}(2y-x)\mathrm{d}\sigma &=\iint\limits_{D_1}(2y-x)\mathrm{d}\sigma+\iint\limits_{D_2}(2y-x)\mathrm{d}\sigma\\ &=\int_0^1\mathrm{d}y\int_{-\sqrt{y}}^{\sqrt{y}}(2y-x)\mathrm{d}x+\int_1^4\mathrm{d}y\int_{y-2}^{\sqrt{y}}(2y-x)\mathrm{d}x\\ &=\int_0^1\left[2yx-\frac{1}{2}x^2\right]\Bigg|_{x=-\sqrt{y}}^{x=\sqrt{y}}\mathrm{d}y+\int_1^4\left[2yx-\frac{1}{2}x^2\right]\Bigg|_{x=y-2}^{x=\sqrt{y}}\mathrm{d}y\\ &=\frac{243}{20}.\end{aligned}$$

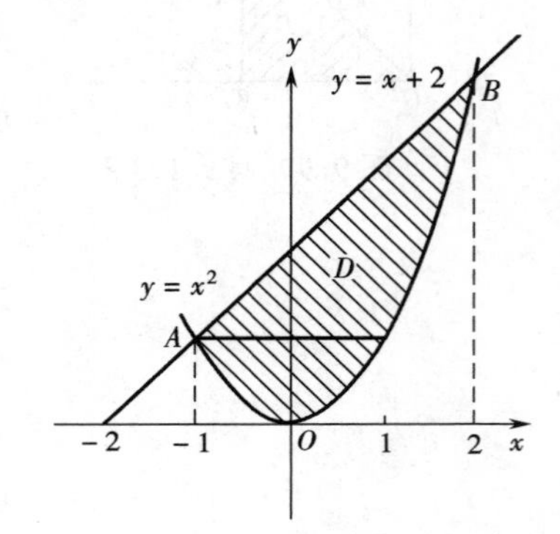

图 9.10 例 9.1.4 图

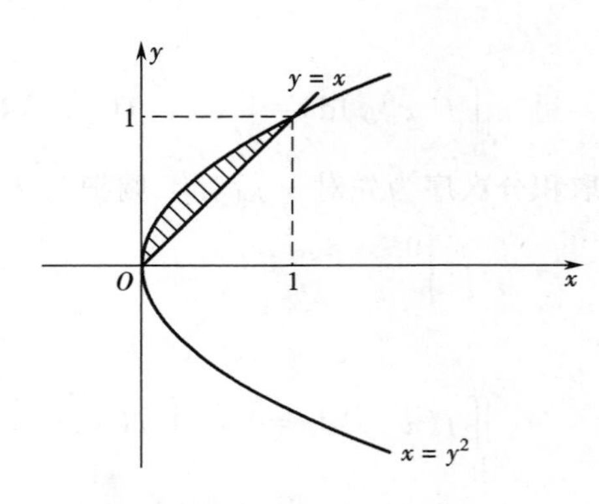

图 9.11 例 9.1.5 图

例 9.1.5 计算 $I=\iint\limits_{D}\frac{\sin y}{y}\mathrm{d}\sigma$，其中 D 是由直线 $y=x$ 及抛物线 $x=y^2$ 所围成得区域(图 9.11).

解 区域 D 既可看成 X－型，又可看成 Y－型区域. 下面先把 D 看成 Y－型区域. 将 D 表示为

$$D:\begin{cases}0\leqslant y\leqslant 1,\\ y^2\leqslant x\leqslant y,\end{cases}$$

则

$$\begin{aligned}I&=\iint\limits_{D}\frac{\sin y}{y}\mathrm{d}\sigma=\int_0^1\mathrm{d}y\int_{y^2}^{y}\frac{\sin y}{y}\mathrm{d}x=\int_0^1\frac{\sin y}{y}x\Bigg|_{x=y^2}^{x=y}\mathrm{d}y\\ &=\int_0^1\frac{\sin y}{y}(y-y^2)\mathrm{d}y=\int_0^1\sin y\mathrm{d}y-\int_0^1 y\sin y\mathrm{d}y\\ &=-[\cos y]\Big|_0^1-[-y\cos y+\sin y]\Big|_0^1=1-\sin 1.\end{aligned}$$

如果把 D 看成 X－型区域，D 可表示为

$$D:\begin{cases}0\leqslant x\leqslant 1,\\ x\leqslant y\leqslant\sqrt{x},\end{cases}$$

则

$$I=\iint\limits_{D}\frac{\sin y}{y}\mathrm{d}\sigma=\int_0^1\mathrm{d}x\int_x^{\sqrt{x}}\frac{\sin y}{y}\mathrm{d}y.$$

由于$\frac{\sin y}{y}$的原函数不是初等函数,因此它的积分现在无法求得.

由上面例子可见,在将二重积分转化成二次积分时,积分次序的选择非常重要,不能只看积分区域的形状,还要考虑被积函数的特点.只有这样,才能使二重积分的计算简便有效.

另外,有些以二次积分的形式给出的积分按给出的次序积分较为困难,甚至无法积分.这时可以考虑交换所给的积分次序来计算,下面举例说明.

例 9.1.6　求 $I=\int_0^1 \mathrm{d}x\int_x^1 \mathrm{e}^{y^2}\mathrm{d}y$.

解　由于函数 e^{y^2} 的原函数不是初等函数,所以这个二次积分无法直接积出.注意到二重积分可以有两种不同积分次序,若把这个二次积分还原为二重积分,再利用另一种次序的二次积分计算,有可能求出积分值.

由 I 的二次积分表达式,作 $x=0$, $x=1$, $y=x$, $y=1$ 围成的区域 D,如图 9.12 所示.D 可表示为

$$D:\begin{cases}0\leqslant y\leqslant 1,\\ 0\leqslant x\leqslant y,\end{cases}$$

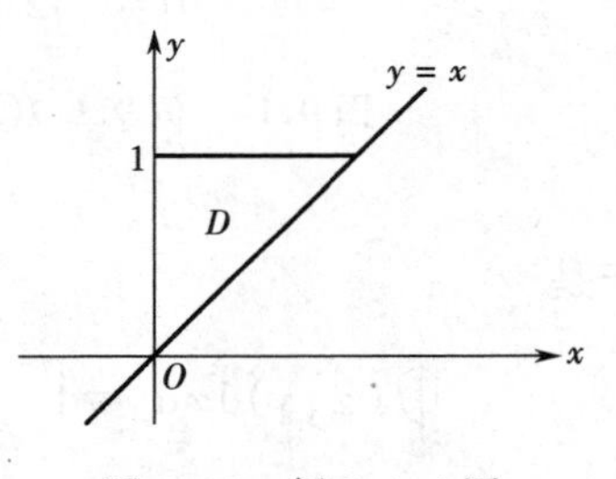

图 9.12　例 9.1.6 图

则

$$\begin{aligned}I&=\int_0^1 \mathrm{d}x\int_x^1 \mathrm{e}^{y^2}\mathrm{d}y=\iint_D \mathrm{e}^{y^2}\mathrm{d}y\\&=\int_0^1 \mathrm{d}y\int_0^y \mathrm{e}^{y^2}\mathrm{d}x=\int_0^1\left[x\mathrm{e}^{y^2}\right]\Big|_{x=0}^{x=y}\mathrm{d}y\\&=\int_0^1 y\mathrm{e}^{y^2}\mathrm{d}y\\&=\frac{1}{2}\mathrm{e}^{y^2}\Big|_0^1=\frac{1}{2}(\mathrm{e}-1).\end{aligned}$$

例 9.1.7　设 $f(x,y)$连续,改变下列积分次序.

(1)$\int_1^2 \mathrm{d}x\int_x^{2x} f(x,y)\mathrm{d}y$;

(2)$\int_0^2 \mathrm{d}y\int_{-\sqrt{y}}^{\sqrt{y}} f(x,y)\mathrm{d}x+\int_2^4 \mathrm{d}y\int_{-\sqrt{4-y}}^{\sqrt{4-y}} f(x,y)\mathrm{d}x$.

解　(1)积分区域为

$$D:\begin{cases}1\leqslant x\leqslant 2,\\ x\leqslant y\leqslant 2x,\end{cases}$$

即 D 由 $y=x$, $y=2x$, $x=1$, $x=2$ 四条直线所围成(见图 9.13).

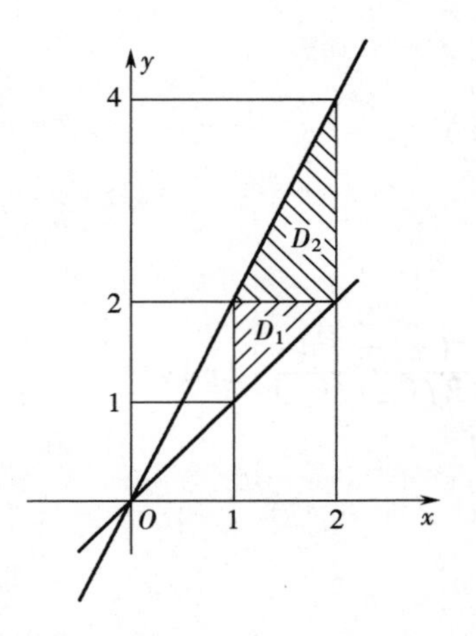

图 9.13　例 9.1.7(1)图

若改成先对 x 后对 y 积分,用直线 $y=2$ 把 D 分成 D_1 和 D_2 两部分:

$$D_1:\begin{cases}1\leqslant y\leqslant 2,\\1\leqslant x\leqslant y;\end{cases}\quad D_2:\begin{cases}2\leqslant y\leqslant 4,\\\dfrac{y}{2}\leqslant x\leqslant 2.\end{cases}$$

于是$\int_1^2 dx\int_x^{2x} f(x,y)dy=\int_1^2 dy\int_1^y f(x,y)dx+\int_2^4 dy\int_{\frac{y}{2}}^2 f(x,y)dx$.

(2)积分区域为 D_1 和 D_2,

$$D_1:\begin{cases}0\leqslant y\leqslant 2,\\-\sqrt{y}\leqslant x\leqslant\sqrt{y};\end{cases}$$

$$D_2:\begin{cases}2\leqslant y\leqslant 4,\\-\sqrt{4-y}\leqslant x\leqslant\sqrt{4-y}.\end{cases}$$

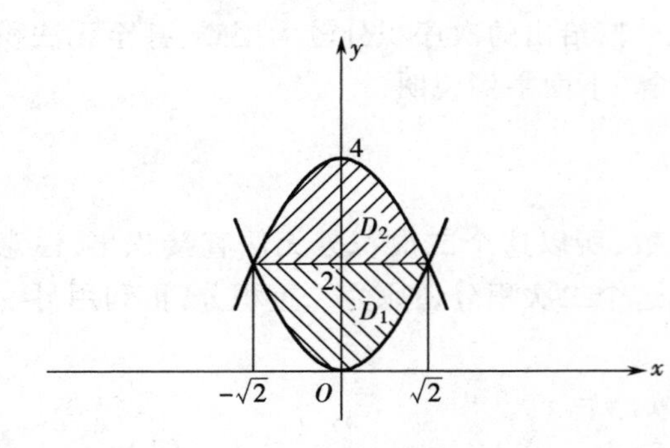

图 9.14 例 9.1.7(2)图

令 $D=D_1\cup D_2$,则 D 是由曲线 $y=x^2$ 与 $y=4-x^2$ 所围成(见图 9.14). D 可表示成

$$D:\begin{cases}-\sqrt{2}\leqslant x\leqslant\sqrt{2},\\x^2\leqslant y\leqslant 4-x^2.\end{cases}$$

于是

$$\iint_D f(x,y)dxdy=\int_{-\sqrt{2}}^{\sqrt{2}}dx\int_{x^2}^{4-x^2}f(x,y)dy.$$

例 9.1.8 若函数 $f(x)$在$[a,b]$是正值连续函数,则

(1)$\iint_D\frac{f(x)}{f(y)}dxdy\geqslant(b-a)^2$,其中 $D:\begin{cases}a\leqslant x\leqslant b,\\a\leqslant y\leqslant b;\end{cases}$

(2)$\int_a^b f(x)dx\cdot\int_a^b\frac{1}{f(x)}dx\geqslant(b-a)^2$.

证 函数 $f(x)$与$\frac{1}{f(y)}$都可积,且有

$$\iint_D\frac{f(x)}{f(y)}dxdy=\iint_D\frac{f(y)}{f(x)}dxdy=\int_a^b f(x)dx\int_a^b\frac{dx}{f(x)}$$

(因为$\int_a^b f(x)dx=\int_a^b f(y)dy$).

从而

$$\iint_D\frac{f(x)}{f(y)}dxdy=\frac{1}{2}\iint_D\left(\frac{f(y)}{f(x)}+\frac{f(x)}{f(y)}\right)dxdy=\iint_D\frac{f^2(x)+f^2(y)}{2f(x)f(y)}dxdy$$

$$\geqslant\iint_D dxdy=(b-a)^2,$$

或

$$\int_a^b f(x)dx\cdot\int_a^b\frac{1}{f(x)}dx\geqslant(b-a)^2.$$

可见对某些定积分的不等式问题,如果将其转化为二重积分证明,则较方便.

例 9.1.9　将二重积分$\iint\limits_D f(x,y)\mathrm{d}x\mathrm{d}y$化为按不同积分次序的累次积分，其中 D 是由上半圆周 $y=\sqrt{2ax-x^2}$、抛物线 $y^2=2ax(y\geqslant 0)$和直线 $x=2a$ 所围成，如图 9.15.

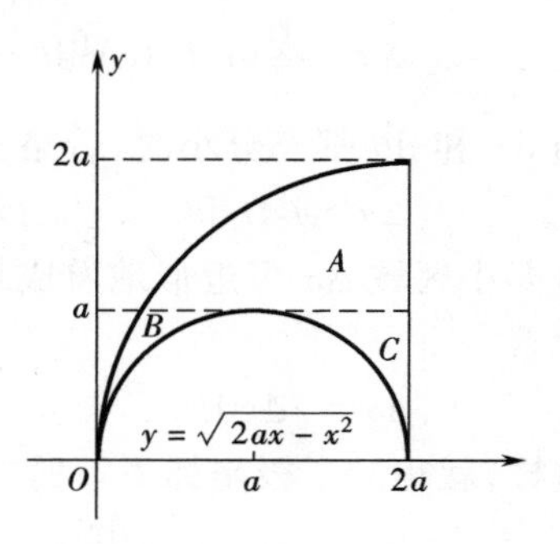

图 9.15　例 9.1.9 图

解　先对 y 积分后对 x 积分，有

$$\iint\limits_D f(x,y)\mathrm{d}x\mathrm{d}y=\int_0^{2a}\mathrm{d}x\int_{\sqrt{2ax-x^2}}^{\sqrt{2ax}}f(x,y)\mathrm{d}y.$$

先对 x 积分后对 y 积分，首先将区域 D 分成三个小区域 A,B,C，其次分别在每个小区域上将二重积分化为累次积分，即

$$\iint\limits_D f(x,y)\mathrm{d}x\mathrm{d}y=\iint\limits_A f(x,y)\mathrm{d}x\mathrm{d}y+\iint\limits_B f(x,y)\mathrm{d}x\mathrm{d}y+\iint\limits_C f(x,y)\mathrm{d}x\mathrm{d}y$$

$$=\int_a^{2a}\mathrm{d}y\int_{\frac{y^2}{2a}}^{2a}f(x,y)\mathrm{d}x+\int_0^a\mathrm{d}y\int_{\frac{y^2}{2a}}^{a-\sqrt{a^2-y^2}}f(x,y)\mathrm{d}x+\int_0^a\mathrm{d}y\int_{a+\sqrt{a^2-y^2}}^{2a}f(x,y)\mathrm{d}x.$$

2.在极坐标系下计算二重积分

对于积分区域是圆域或者被积函数形为 $f(x^2+y^2)$的积分，采用极坐标计算往往要简便得多.

在直角坐标系 Oxy 中，取原点作为极坐标系的极点，取 x 轴正半轴为极轴(图 9.16)，则点 P 的直角坐标(x,y)与极坐标(r,θ)之间有关系式

$$\begin{cases}x=r\cos\theta,\\ y=r\sin\theta;\end{cases}\qquad \begin{cases}r=\sqrt{x^2+y^2},\\ \tan\theta=\dfrac{y}{x}.\end{cases}$$

在极坐标系下计算二重积分，需将被积函数 $f(x,y)$，积分区域 D 以及面积元素 $\mathrm{d}\sigma$ 都用极坐标来表示.函数 $f(x,y)$的极坐标形式为 $f(r\cos\theta,r\sin\theta)$.为得到极坐标系下的面积元素 $\mathrm{d}\sigma$，我们采用过极点的射线族与圆心在极点的同心圆族(这些线是极坐标系中的坐标曲线.它们也是互相正交的)来细分区域 D.设 $\Delta\sigma$ 是从 r 到 $r+\mathrm{d}r$ 和从 θ 到 $\theta+\mathrm{d}\theta$ 之间的小区域(图 9.17).易知其面积为

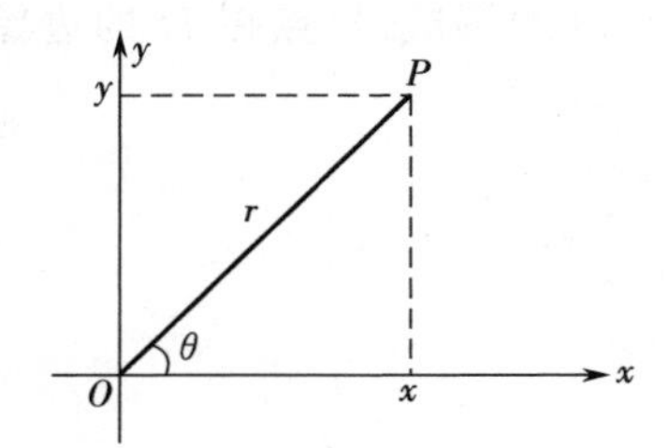

图 9.16　点 P 的极坐标

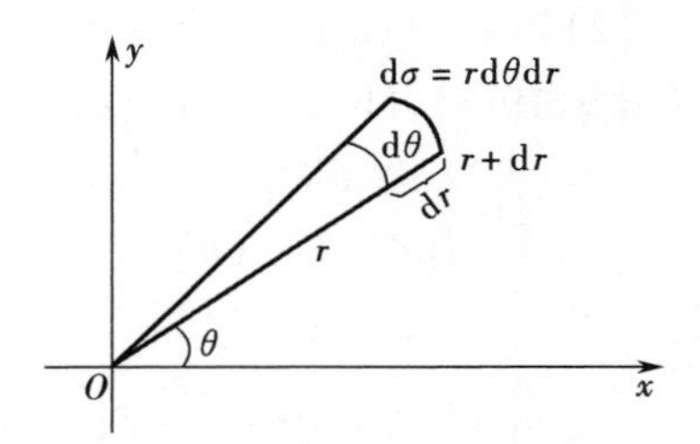

图 9.17　极坐标系下面积元素

$$\Delta\sigma=\frac{1}{2}(r+\mathrm{d}r)^2\mathrm{d}\theta-\frac{1}{2}r^2\mathrm{d}\theta=r\mathrm{d}r\mathrm{d}\theta+\frac{1}{2}(\mathrm{d}r)^2\mathrm{d}\theta.$$

当 $\mathrm{d}r$ 和 $\mathrm{d}\theta$ 都充分小时,若略去比 $\mathrm{d}r\mathrm{d}\theta$ 更高阶的无穷小,则得到 $\Delta\sigma$ 的近似公式

$$\Delta\sigma\approx r\mathrm{d}r\mathrm{d}\theta.$$

也即小区域 $\Delta\sigma$ 可近似地看成长为 $r\mathrm{d}\theta$,宽为 $\mathrm{d}r$ 的小矩形. 于是得到极坐标系下的面积元素

$$\mathrm{d}\sigma=r\mathrm{d}r\mathrm{d}\theta.$$

这样,就得到了极坐标系下的二重积分表达式

$$\iint_D f(x,y)\mathrm{d}\sigma=\iint_{D'} f(r\cos\theta,r\sin\theta)r\mathrm{d}r\mathrm{d}\theta,$$

其中 D' 为 D 在极坐标系下的表示形式. 为了书写方便,在应用极坐标计算二重积分时,常把 D' 仍写作 D. 当然 D 是由 r,θ 的取值范围所确定的区域.

下面按积分区域 D 的三种情形,在极坐标系下将二重积分化为累次积分.

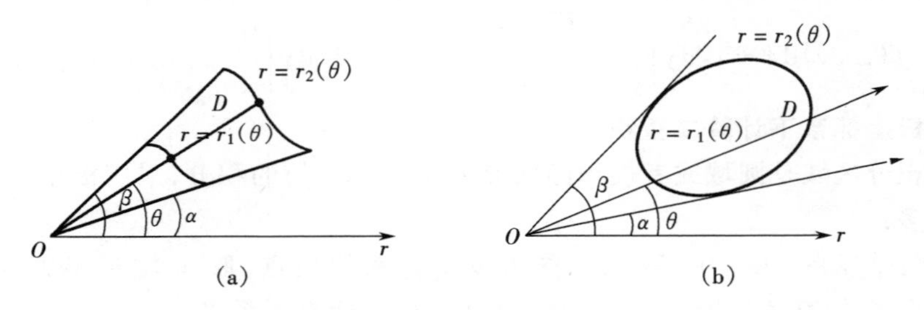

图 9.18　极点不在 D 的内部

(1)如果 D 由射线 $\theta=\alpha,\theta=\beta(\beta>\alpha)$,连续曲线 $r=r_1(\theta)$ 和 $r=r_2(\theta)(r_2(\theta)\geqslant r_1(\theta))$ 围成,极点 O 不在区域 D 内部(图 9.18(a),(b)),D 可表示为

$$D:\begin{cases}\alpha\leqslant\theta\leqslant\beta,\\ r_1(\theta)\leqslant r\leqslant r_2(\theta),\end{cases}$$

则

$$\iint_D f(x,y)\mathrm{d}\sigma=\int_\alpha^\beta\mathrm{d}\theta\int_{r_1(\theta)}^{r_2(\theta)}f(r\cos\theta,r\sin\theta)r\mathrm{d}r.$$

(2)如果 D 由射线 $\theta=\alpha,\theta=\beta(\beta>\alpha)$ 和连续曲线 $r=r(\theta)$ 围成,极点在 D 的边界上(图 9.19(a),(b)),D 可表示为

$$D:\begin{cases}\alpha\leqslant\theta\leqslant\beta,\\ 0\leqslant r\leqslant r(\theta),\end{cases}$$

则

$$\iint_D f(x,y)\mathrm{d}\sigma=\int_\alpha^\beta\mathrm{d}\theta\int_0^{r(\theta)}f(r\cos\theta,r\sin\theta)r\mathrm{d}r.$$

(3)如果 D 由封闭的连续曲线 $r=r(\theta)$ 围成,极点在 D 的内部(图 9.20(a)),或极点在 D 的内边界内(图 9.20(b)),则 D 可表示为

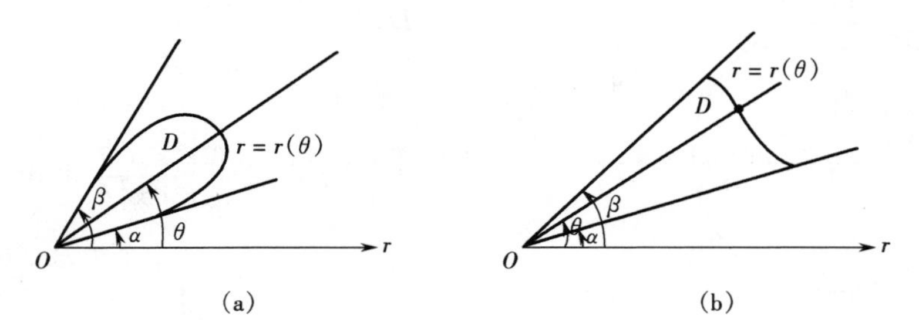

图 9.19　极点在 D 的边界上

$$D:\begin{cases}0\leqslant\theta\leqslant 2\pi,\\ 0\leqslant r\leqslant r(\theta),\end{cases}\quad \text{或 } D:\begin{cases}0\leqslant\theta\leqslant 2\pi,\\ r_1(\theta)\leqslant r\leqslant r_2(\theta),\end{cases}$$

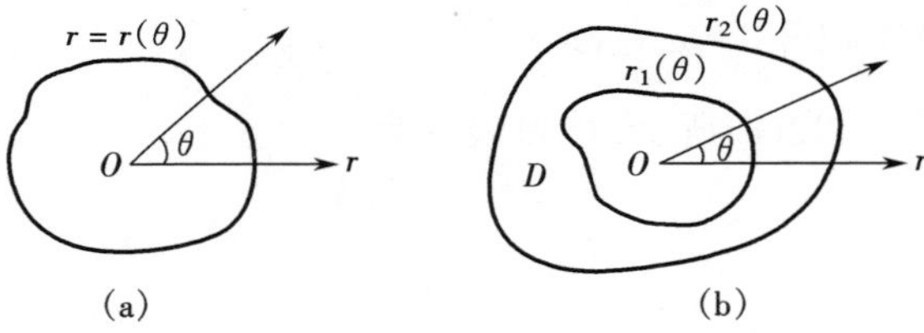

图 9.20　极点在 D 的内部或内边界内

且有

$$\iint\limits_D f(x,y)\mathrm{d}\sigma=\int_0^{2\pi}\mathrm{d}\theta\int_0^{r(\theta)}f(r\cos\theta,r\sin\theta)r\mathrm{d}r,$$

或

$$\iint\limits_D f(x,y)\mathrm{d}\sigma=\int_0^{2\pi}\mathrm{d}\theta\int_{r_1(\theta)}^{r_2(\theta)}f(r\cos\theta,r\sin\theta)r\mathrm{d}r.$$

例 9.1.10　计算二重积分 $\iint\limits_D\sqrt{x^2+y^2}\mathrm{d}x\mathrm{d}y$，其中 $D=\{(x,y)\mid x^2+y^2\leqslant 1\}$.

解　D 可表示为

$$D:\begin{cases}0\leqslant\theta\leqslant 2\pi,\\ 0\leqslant r\leqslant 1,\end{cases}$$

故有

$$\iint\limits_D\sqrt{x^2+y^2}\mathrm{d}x\mathrm{d}y=\int_0^{2\pi}\mathrm{d}\theta\int_0^1 r\cdot r\mathrm{d}r=\int_0^{2\pi}\frac{1}{3}[r^3]\Big|_0^1\mathrm{d}\theta=\frac{2\pi}{3}.$$

例 9.1.11　计算二重积分 $\iint\limits_D\frac{y^2}{x^2}\mathrm{d}x\mathrm{d}y$，其中 D 是由曲线 $x^2+y^2=2x$ 所围成的平面区域.

解　积分区域 D 是以点(1,0)为圆心，以 1 为半径的圆域，见图 9.21. 其边界曲线的极坐标方程为 $r=2\cos\theta$. 于是积分区域 D 可表为

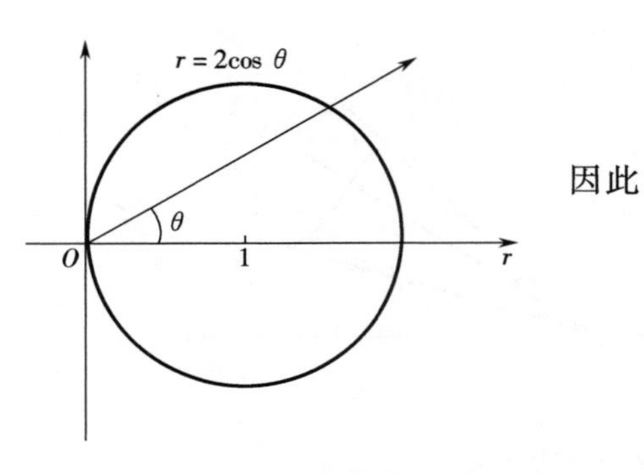

图 9.21 例 9.1.11 图

$$D:\begin{cases}-\dfrac{\pi}{2}\leqslant\theta\leqslant\dfrac{\pi}{2},\\ 0\leqslant r\leqslant 2\cos\theta.\end{cases}$$

因此

$$\iint_D\frac{y^2}{x^2}\mathrm{d}x\mathrm{d}y=\iint_D\frac{r^2\sin^2\theta}{r^2\cos^2\theta}r\mathrm{d}r\mathrm{d}\theta=\int_{-\frac{\pi}{2}}^{\frac{\pi}{2}}\mathrm{d}\theta\int_0^{2\cos\theta}\frac{\sin^2\theta}{\cos^2\theta}r\mathrm{d}r=\int_{-\frac{\pi}{2}}^{\frac{\pi}{2}}2\sin^2\theta\mathrm{d}\theta=\pi.$$

例 9.1.12 计算二重积分$\iint_D e^{-x^2-y^2}\mathrm{d}x\mathrm{d}y$,其中 D 是圆 $x^2+y^2=a^2$ 在第一象限的部分,并由此证明:概率积分$\int_0^{+\infty}e^{-x^2}\mathrm{d}x=\dfrac{\sqrt{\pi}}{2}$.

解 区域 D 如图 9.22(a)所示. D 可表示为

$$D:\begin{cases}0\leqslant\theta\leqslant\dfrac{\pi}{2},\\ 0\leqslant r\leqslant a.\end{cases}$$

于是

$$\iint_D e^{-x^2-y^2}\mathrm{d}x\mathrm{d}y=\int_0^{\frac{\pi}{2}}\mathrm{d}\theta\int_0^a e^{-r^2}\cdot r\mathrm{d}r=\int_0^{\frac{\pi}{2}}\left[-\frac{1}{2}e^{-r^2}\right]\Bigg|_0^a\mathrm{d}\theta=\frac{\pi}{4}(1-e^{-a^2}).$$

为了计算概率积分$\int_0^{+\infty}e^{-x^2}\mathrm{d}x$,令 $I(a)=\int_0^a e^{-x^2}\mathrm{d}x$,于是

$$\int_0^{+\infty}e^{-x^2}\mathrm{d}x=\lim_{a\to+\infty}I(a).$$

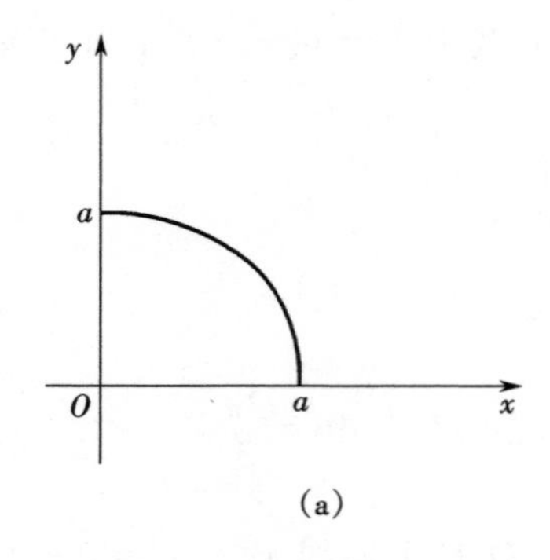

(a)

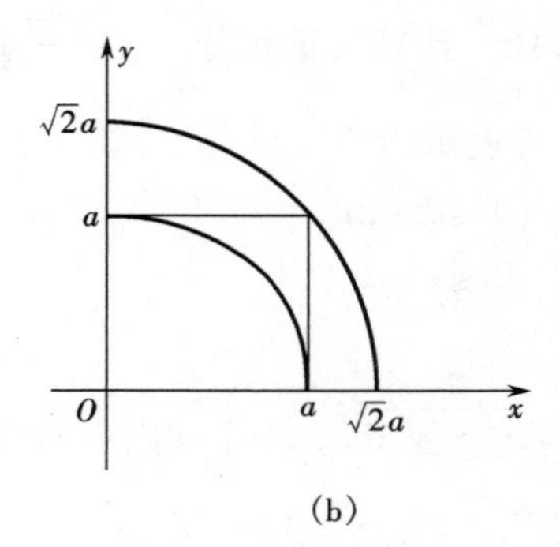

(b)

图 9.22 例 9.1.12 图

考虑图 9.22(b)中的三个区域:D 为正方形$\{0\leqslant x\leqslant a,0\leqslant y\leqslant a\}$,$D_1$ 为圆 $x^2+y^2\leqslant a^2$ 的第一象限部分,D_2 为圆 $x^2+y^2\leqslant 2a^2$ 的第一象限部分,因为 $e^{-x^2-y^2}\geqslant 0$,所以有

$$\iint\limits_{D_1} e^{-x^2-y^2}\,dx\,dy \leqslant \iint\limits_{D} e^{-x^2-y^2}\,dx\,dy \leqslant \iint\limits_{D_2} e^{-x^2-y^2}\,dx\,dy,$$

易知

$$\iint\limits_{D} e^{-x^2-y^2}\,dx\,dy = \int_0^a e^{-x^2}\,dx \int_0^a e^{-y^2}\,dy = [I(a)]^2,$$

$$\iint\limits_{D_1} e^{-x^2-y^2}\,dx\,dy = \frac{\pi}{4}(1-e^{-a^2}),$$

$$\iint\limits_{D_2} e^{-x^2-y^2}\,dx\,dy = \frac{\pi}{4}(1-e^{-2a^2}).$$

于是有

$$\frac{\pi}{4}(1-e^{-a^2}) \leqslant [I(a)]^2 \leqslant \frac{\pi}{4}(1-e^{-2a^2}).$$

当 $a\to+\infty$ 时,上式两边的极限都是 $\frac{\pi}{4}$,因此 $\lim\limits_{a\to+\infty}[I(a)]^2=\frac{\pi}{4}$,从而 $\lim\limits_{a\to+\infty}I(a)=\frac{\sqrt{\pi}}{2}$,即

$$\int_0^{+\infty} e^{-x^2}\,dx = \frac{\sqrt{\pi}}{2}.$$

例 9.1.13　计算心形线 $r=1+\sin\theta$ 所围区域(图 9.23)的面积.

解　心形线所围区域 D 可表示成

$$D:\begin{cases}0\leqslant\theta\leqslant 2\pi,\\ 0\leqslant r\leqslant 1+\sin\theta,\end{cases}$$

从而面积

$$\begin{aligned}A &= \iint\limits_{D} d\sigma = \int_0^{2\pi} d\theta \int_0^{1+\sin\theta} r\,dr \\ &= \int_0^{2\pi} \frac{1}{2}(1+\sin\theta)^2\,d\theta \\ &= \frac{1}{2}\int_0^{2\pi}\left(1+2\sin\theta+\frac{1-\cos 2\theta}{2}\right)d\theta \\ &= \frac{1}{2}\left(\frac{3}{2}\theta-2\cos\theta-\frac{\sin 2\theta}{4}\right)\Bigg|_0^{2\pi} = \frac{3\pi}{2}.\end{aligned}$$

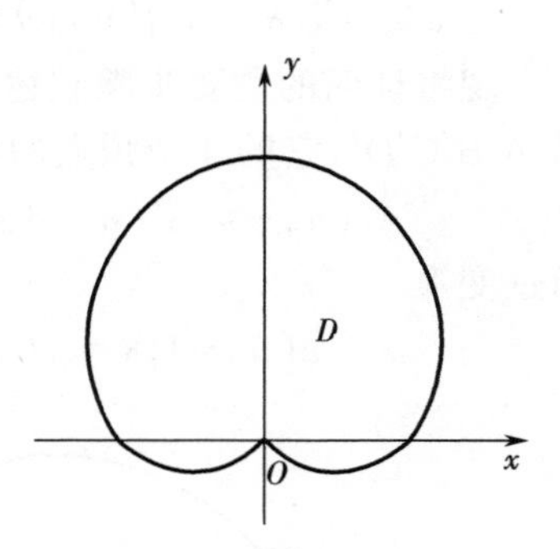

图 9.23　例 9.1.13 图

尽管用单积分是可以求出平面曲边图形面积的,但从本例可看出,用二重积分的方法更为一般,特别是当曲边方程在极坐标中的形式较为简单时,可在极坐标系中计算二重积分.从而可推出用定积分计算曲边三角形 $D=\{(r,\theta)\mid\alpha\leqslant\theta\leqslant\beta,0\leqslant r\leqslant r(\theta)\}$ 面积 A 的公式是

$$A=\frac{1}{2}\int_\alpha^\beta r^2(\theta)\,d\theta.$$

3.二重积分的一般变量替换

为了计算二重积分,除了引用上面讲过的极坐标这一特殊变换外,有时还需要作一般的变量替换,作变量替换的目的是使积分值能较易算出.

设函数 $x=x(u,v),y=y(u,v)$ 在 UV 平面的某区域 $\widetilde{D}$ 内具有连续的一阶偏导数,当 u,v 在 $\widetilde{D}$ 上变动时,对应于 XY 平面上的点 (x,y) 在区域 D 上变动.又设函数 $x=x(u,v),y=y(u,v)$ 建立了 $\widetilde{D}$ 和 D 之间的一一对应,并且雅可比行列式在 $\widetilde{D}$ 上处处不为0,即

$$J=\frac{\partial(x,y)}{\partial(u,v)}=\begin{vmatrix}\frac{\partial x}{\partial u} & \frac{\partial x}{\partial v}\\ \frac{\partial y}{\partial u} & \frac{\partial y}{\partial v}\end{vmatrix}\neq 0,\qquad (u,v)\in\widetilde{D}.$$

又设在 UV 平面上有一块包含点 (u,v) 的区域 $\tilde{\sigma}$,点 (u,v) 和区域 $\tilde{\sigma}$ 都在 $\widetilde{D}$ 内.通过变换 $x=x(u,v),y=y(u,v)$ 将点 (u,v) 变换为 XY 平面上的一点 (x,y),并且将区域 $\tilde{\sigma}$ 变换为 XY 平面包含点 (x,y) 的一块区域 σ.那么当区域 $\tilde{\sigma}$ 无限地向点 (u,v) 收缩时,它们的面积之比 $\frac{\sigma}{\tilde{\sigma}}$ 的极限正是 $|J|$,即

$$\lim_{\tilde{\sigma}\to(u,v)}\frac{\sigma}{\tilde{\sigma}}=\left|\frac{\partial(x,y)}{\partial(u,v)}\right|.$$

现将证明的主要步骤叙述如下:如图9.24(a)在 $\widetilde{D}$ 上取一点 $A'(u,v)$,作一个矩形 $A'B'C'D'$.它的4个顶点的坐标分别为

$$A'(u,v),B'(u+\mathrm{d}u,v),C'(u+\mathrm{d}u,v+\mathrm{d}v),D'(u,v+\mathrm{d}v).$$

通过变换

$$x=x(u,v),y=y(u,v),$$

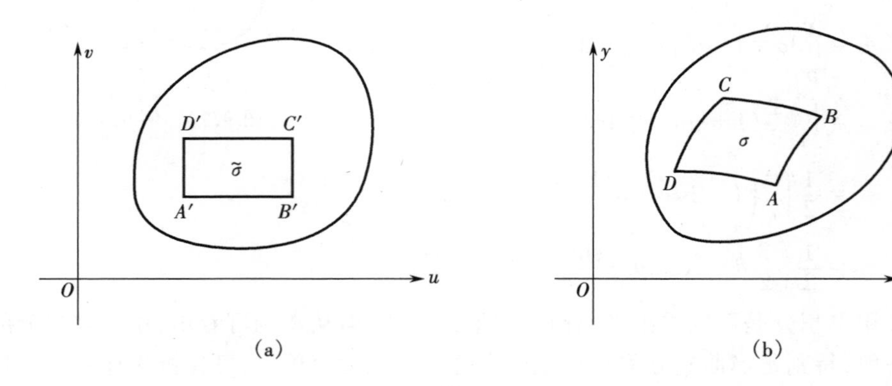

图 9.24

(a)在 UV 平面上作矩形 $A'B'C'D'$ (b) XY 平面上相应的曲边四边形

相应地在 XY 平面上得到一个曲边四边形 $ABCD$(图9.24(b)).它的4个顶点的坐标为

$$A(x_1,y_1),B(x_2,y_2),C(x_3,y_3),D(x_4,y_4).$$

利用泰勒公式可得

$$A: x_1 = x(u,v), y_1 = y(u,v);$$

$$B: x_2 = x(u+\mathrm{d}u, v) = x(u,v) + \frac{\partial x(u,v)}{\partial u}\mathrm{d}u + o(\mathrm{d}u),$$

$$y_2 = y(u+\mathrm{d}u, v) = y(u,v) + \frac{\partial y(u,v)}{\partial u}\mathrm{d}u + o(\mathrm{d}u);$$

$$C: x_3 = x(u+\mathrm{d}u, v+\mathrm{d}v) = x(u,v) + \frac{\partial x(u,v)}{\partial u}\mathrm{d}u + \frac{\partial x(u,v)}{\partial v}\mathrm{d}v + o(\mathrm{d}u) + o(\mathrm{d}v),$$

$$y_3 = y(u+\mathrm{d}u, v+\mathrm{d}v) = y(u,v) + \frac{\partial y(u,v)}{\partial u}\mathrm{d}u + \frac{\partial y(u,v)}{\partial v}\mathrm{d}v + o(\mathrm{d}u) + o(\mathrm{d}v);$$

$$D: x_4 = x(u, v+\mathrm{d}v) = x(u,v) + \frac{\partial x(u,v)}{\partial v}\mathrm{d}v + o(\mathrm{d}v),$$

$$y_4 = y(u, v+\mathrm{d}v) = y(u,v) + \frac{\partial y(u,v)}{\partial v}\mathrm{d}v + o(\mathrm{d}v).$$

现在讨论曲边四边形 $ABCD$ 的面积.将4个顶点用直线相连,作出一个四边形 $ABCD$(图9.25中阴影部分).可以证明当 $\mathrm{d}u\mathrm{d}v$ 甚小时,若除去一更高阶的无穷小量不计外,曲边四边形 $ABCD$ 的面积等于四边形 $ABCD$ 的面积.

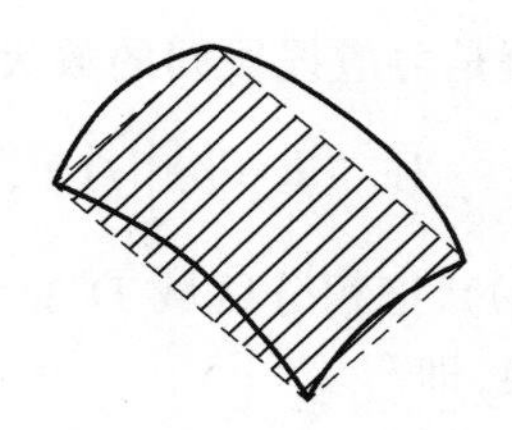

图9.25　用曲边四边形的4个顶点作出四边形

再由 x_i 及 $y_i(i=1,2,3,4)$ 的表示,若略去高阶无穷小的项 $o(\mathrm{d}u)$ 及 $o(\mathrm{d}v)$ 不计外,得

$$x_2 - x_1 = x_3 - x_4,$$

$$y_2 - y_1 = y_3 - y_4,$$

$$x_4 - x_1 = x_3 - x_2,$$

$$y_4 - y_1 = y_3 - y_2.$$

由这4个等式知道,在四边形 $ABCD$ 中,两两对边的长度是相等的.因此,若不计高阶无穷小,四边形 $ABCD$ 为一平行四边形,其面积 $\mathrm{d}\sigma$ 应为三角形 ABC 面积的两倍.由解析几何中三角形面积的公式,有

$$\mathrm{d}\sigma = \pm \begin{vmatrix} x_1 & y_1 & 1 \\ x_2 & y_2 & 1 \\ x_3 & y_3 & 1 \end{vmatrix}.$$

注意,行列式前符号的选择应保证 $\mathrm{d}\sigma>0$.

将 $x_i, y_i(i=1,2,3)$ 的表示式代入,略去高阶无穷小量,得

$$\mathrm{d}\sigma = \pm \begin{vmatrix} x(u,v) & y(u,v) & 1 \\ x(u,v) + \frac{\partial x}{\partial u}\mathrm{d}u & y(u,v) + \frac{\partial y}{\partial u}\mathrm{d}u & 1 \\ x(u,v) + \frac{\partial x}{\partial u}\mathrm{d}u + \frac{\partial x}{\partial v}\mathrm{d}v & y(u,v) + \frac{\partial y}{\partial u}\mathrm{d}u + \frac{\partial y}{\partial v}\mathrm{d}v & 1 \end{vmatrix}$$

$$= \pm \begin{vmatrix} x & y & 1 \\ \frac{\partial x}{\partial u}\mathrm{d}u & \frac{\partial y}{\partial u}\mathrm{d}u & 0 \\ \frac{\partial x}{\partial v}\mathrm{d}v & \frac{\partial y}{\partial v}\mathrm{d}v & 0 \end{vmatrix}$$

$$= \left|\frac{\partial(x,y)}{\partial(u,v)}\right| \mathrm{d}u\mathrm{d}v,$$

亦即面积之比

$$\frac{\mathrm{d}\sigma}{\mathrm{d}u\mathrm{d}v} = \left|\frac{\partial(x,y)}{\partial(u,v)}\right|.$$

右端取绝对值是因为面积之比总是正的.

注意,在定积分换元法则中,若把变换函数 $x=\varphi(t)$理解为 t 轴与 x 轴上点的对应关系,则

$$\varphi'(t) = \frac{\mathrm{d}x}{\mathrm{d}t} = \lim_{\Delta t \to 0}\frac{\Delta x}{\Delta t}$$

就是对应线段间的放大系数.

对二重积分$\iint\limits_D f(x,y)\mathrm{d}\sigma$ 作变量代换时,除了要把 $f(x,y)$变为 $f(x(u,v),y(u,v))$,把积分区域 D 变为$\tilde{D}$ 外,还应把面积微元 $\mathrm{d}\sigma$ 作关于$\tilde{D}$ 的面积微元 $\mathrm{d}\tilde{\sigma}$ 相应的替换,即

$$\begin{aligned} \iint\limits_D f(x,y)\mathrm{d}\sigma &= \lim_{\lambda(\Delta)\to 0}\sum_{i=1}^{n} f(x_i,y_i)\Delta\sigma_i \\ &= \lim_{\lambda(\tilde{\Delta})\to 0}\sum_{i=1}^{n} f(x(u_i,v_i),y(u_i,v_i))\left|\frac{\partial(x,y)}{\partial(u,v)}\right|\Delta u\Delta v \\ &= \iint\limits_{\tilde{D}} f(x(u,v),y(u,v))\left|\frac{\partial(x,y)}{\partial(u,v)}\right|\mathrm{d}\tilde{\sigma}, \end{aligned} \qquad (*)$$

其中 $x_i=x(u_i,v_i)$,$y_i=y(u_i,v_i)$,$\tilde{\Delta}$ 是$\tilde{D}$ 的一个分割,而 Δ 是$\tilde{\Delta}$ 在变换 $x=x(u,v)$,$y=y(u,v)$下 D 的一个分割.$\lambda(\Delta)$和 $\lambda(\tilde{\Delta})$分别为分割 Δ 与$\tilde{\Delta}$ 的最大直径.

由于 $x=x(u,v)$,$y=y(u,v)$在 D 上一致连续,所以当 $\lambda(\tilde{\Delta})\to 0$ 时,亦有 $\lambda(\Delta)\to 0$.由于

$$\sum_{i=1}^{n} f(x_i,y_i)\Delta\sigma_i = \sum_{i=1}^{n} f(x(u_i,v_i),y(u_i,v_i))\left|\frac{\partial(x,y)}{\partial(u,v)}\right|\Delta u\Delta v + o\Big(\sum_{i=1}^{n} f(x_i,y_i)\Delta\sigma_i\Big),$$

因此当 $\lambda(\Delta)(\lambda(\tilde{\Delta}))\to 0$ 时,上式左端的积分和趋于$\iint\limits_D f(x,y)\mathrm{d}\sigma=\iint\limits_D f(x,y)\mathrm{d}x\mathrm{d}y$,右端第二项趋于零.故右端第一项趋于二重积分$\iint\limits_D f(x,y)\mathrm{d}x\mathrm{d}y$,而右端第一项又以

$$\iint_{\tilde{D}} f(x(u,v),y(u,v))\left|\frac{\partial(x,y)}{\partial(u,v)}\right| \mathrm{d}\tilde{\sigma}$$

为极限,因此(*)式成立.我们有下述定理.

定理 9.1.4　设函数 $f(x,y)$在有界闭区域 D 上连续,作变换

$$x=x(u,v),y=y(u,v),$$

使满足

(1)把 UV 平面上的区域$\tilde{D}$ 一一对应地变到XY 平面上的区域D,

(2)变换函数 $x(u,v),y(u,v)$在 $\tilde{D}$ 上连续,且有连续的一阶偏导数,

(3)雅可比行列式在 $\tilde{D}$ 上处处不等于 0,即

$$J(u,v)=\frac{\partial(x,y)}{\partial(u,v)}=\begin{vmatrix}\frac{\partial x}{\partial u} & \frac{\partial x}{\partial v}\\ \frac{\partial y}{\partial u} & \frac{\partial y}{\partial v}\end{vmatrix}\neq 0,\quad (u,v)\in\tilde{D},$$

则有换元公式

$$\iint_D f(x,y)\mathrm{d}x\mathrm{d}y=\iint_{\tilde{D}} f[x(u,v),y(u,v)]|J|\mathrm{d}u\mathrm{d}v.$$

注　在定理中,假设变换的行列式$\frac{\partial(x,y)}{\partial(u,v)}$在积分区域 $\tilde{D}$ 上非零.但有时会遇到这样的情形,变换的行列式在区域 $\tilde{D}$ 内的个别点上等于零,或只在一条线上等于零而在其他点上非零,这时定理的结论仍然成立.

在上面的换元法则中,把方程组

$$x=x(u,v),y=y(u,v)$$

解释为 UV 平面到XY 平面上的一个变换,在这个变换之下将 UV 平面上的区域$\tilde{D}$ 变为 XY 平面上的区域D.但也可以将这个变换看为同一平面上点的坐标变换,这时,在换元法则中有关的积分区域 D 仍旧是同一区域,仅仅是用坐标来表示区域时,所对应的两种表示法不同.例如区域 D 为中心在原点半径为a 的在第一象限内的圆,用直角坐标表示为:$0\leqslant y\leqslant\sqrt{a^2-x^2}$,$0\leqslant x\leqslant a$,而用极坐标来表示则为:$0\leqslant r\leqslant a$,$0\leqslant\theta\leqslant\frac{\pi}{2}$.在这种情况下,换元法则显然仍成立:

$$\iint_D f(x,y)\mathrm{d}x\mathrm{d}y=\iint_{\tilde{D}} f[x(u,v),y(u,v)]\left|\frac{\partial(x,y)}{\partial(u,v)}\right|\mathrm{d}u\mathrm{d}v.$$

称$\left|\frac{\partial(x,y)}{\partial(u,v)}\right|\mathrm{d}u\mathrm{d}v$ 为面积元素.

作为一个特例,我们考虑极坐标变换 $x=r\cos\theta,y=r\sin\theta$ 的雅可比式为

$$J=\begin{vmatrix}\cos\theta & -r\sin\theta\\ \sin\theta & r\cos\theta\end{vmatrix}=r.$$

仅仅在极点($r=0$)处雅可比式为零,因而对任何不论是否包含极点的区域 D 成立

$$\iint_D f(x,y)\mathrm{d}x\mathrm{d}y=\iint_{\tilde{D}} f(r\cos\theta,r\sin\theta)r\mathrm{d}r\mathrm{d}\theta.$$

在各个具体问题中，选择变换公式的依据有两条：

(1)如同定积分那样使得经过变换后的函数容易积分；

(2)使得积分限容易安排.

例 9.1.14 计算二重积分$\iint\limits_D (x+y)^2(x-y)^2\mathrm{d}x\mathrm{d}y$，其中 D 为 $x+y=1$，$x+y=3$，$x-y=-1$ 及 $x-y=1$ 所围成的区域.

解 作变换$\begin{cases} u=x+y, \\ v=x-y, \end{cases}$即$\begin{cases} x=\dfrac{1}{2}(u+v), \\ y=\dfrac{1}{2}(u-v). \end{cases}$

$$\frac{\partial x}{\partial u}=\frac{1}{2},\frac{\partial x}{\partial v}=\frac{1}{2},\frac{\partial y}{\partial u}=\frac{1}{2},\frac{\partial y}{\partial v}=-\frac{1}{2},$$

$$J=\begin{vmatrix} \dfrac{\partial x}{\partial u} & \dfrac{\partial x}{\partial v} \\ \dfrac{\partial y}{\partial u} & \dfrac{\partial y}{\partial v} \end{vmatrix}=-\frac{1}{2},$$

故

$$\iint\limits_D (x+y)^2(x-y)^2\mathrm{d}x\mathrm{d}y=\frac{1}{2}\iint\limits_{D_1} u^2v^2\mathrm{d}u\mathrm{d}v.$$

D_1 可表示为 $1\leqslant u\leqslant 3$，$-1\leqslant v\leqslant 1$，因此

$$\iint\limits_{D_1} u^2v^2\mathrm{d}u\mathrm{d}v=\int_1^3\mathrm{d}u\int_{-1}^1 u^2v^2\mathrm{d}v=\frac{52}{9},$$

$$\iint\limits_D (x+y)^2(x-y)^2\mathrm{d}x\mathrm{d}y=\frac{26}{9}.$$

例 9.1.15 求椭球体的体积.

解 设椭球面方程为

$$\frac{x^2}{a^2}+\frac{y^2}{b^2}+\frac{z^2}{c^2}=1.$$

由于对称性，只需求出椭球在第一卦限的体积，然后再乘以 8 即可.

作广义极坐标变换

$$x=ar\cos\theta,y=br\sin\theta$$

(这里 $a>0,b>0,0<r<\infty,0\leqslant\theta<2\pi$). 这时椭球面化为

$$z=c\sqrt{1-\left[\frac{(ar\cos\theta)^2}{a^2}+\frac{(br\sin\theta)^2}{b^2}\right]}=c\sqrt{1-r^2},$$

又

$$\left|\frac{\partial(x,y)}{\partial(r,\theta)}\right|=\begin{vmatrix} \dfrac{\partial x}{\partial r} & \dfrac{\partial x}{\partial \theta} \\ \dfrac{\partial y}{\partial r} & \dfrac{\partial y}{\partial \theta} \end{vmatrix}=\begin{vmatrix} a\cos\theta & -ar\sin\theta \\ b\sin\theta & br\cos\theta \end{vmatrix}=abr,$$

于是

$$\frac{1}{8}V=\iint_{D_{xy}}z(x,y)\mathrm{d}\sigma=\iint_{D_{r\theta}}z(r,\theta)\left|\frac{\partial(x,y)}{\partial(r,\theta)}\right|\mathrm{d}r\mathrm{d}\theta$$

$$=\int_0^{\frac{\pi}{2}}\mathrm{d}\theta\int_0^1 c\sqrt{1-r^2}\cdot abr\mathrm{d}r=\frac{\pi}{2}abc\int_0^1 r\sqrt{1-r^2}\mathrm{d}r$$

$$=\frac{\pi}{2}abc\int_0^1\left(-\frac{1}{2}\sqrt{1-r^2}\right)\mathrm{d}(1-r^2)=-\frac{1}{2}\frac{\pi}{2}abc\left[\frac{2}{3}(1-r^2)^{\frac{3}{2}}\Big|_0^1\right]$$

$$=\frac{\pi}{6}abc.$$

所以椭球体积

$$V=\frac{4\pi}{3}abc.$$

特别当 $a=b=c=R$ 时，得到以 R 为半径的球体积为 $\frac{4\pi}{3}R^3$.

9.1.3　二重积分的应用

1.平面图形的面积

不仅可以用定积分求平面图形的面积，二重积分也可以用来求平面图形的面积.设 D 是 xOy 平面上的有界区域，用 S_D 表示它的面积，则

$$S_D=\iint_D\mathrm{d}\sigma,$$

其中 $\mathrm{d}\sigma$ 表示面积元素.

在直角坐标系中，$S_D=\iint_D\mathrm{d}x\mathrm{d}y$；在极坐标系中，$S_D=\iint_D r\mathrm{d}r\mathrm{d}\theta$.

例 9.1.16　求双纽线 $(x^2+y^2)^2=2a^2(x^2-y^2)$ 所围成区域的面积.

解　作极坐标变换

$$x=r\cos\theta,y=r\sin\theta.$$

双纽线的极坐标方程是

$$r^2=2a^2\cos 2\theta.$$

双纽线关于 x 轴与 y 轴都对称.于是，双纽线所围成区域 D 的面积 S_D 是第一象限内那部分区域面积的 4 倍(如图 9.26).第一象限的部分区域是

$$\begin{cases}0\leqslant\theta\leqslant\frac{\pi}{4},\\0\leqslant r\leqslant a\sqrt{2\cos 2\theta}.\end{cases}$$

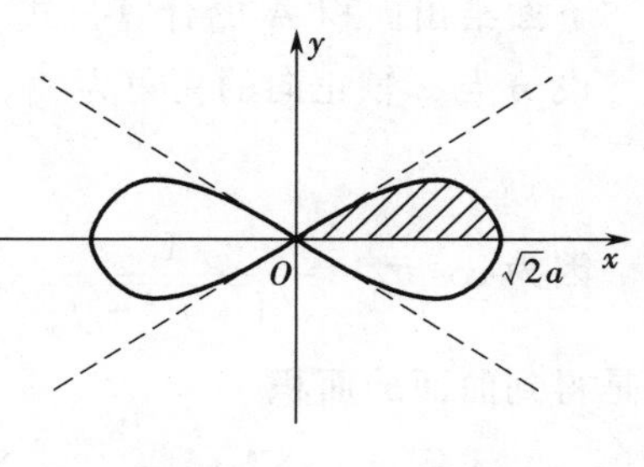

图 9.26　例 9.1.16 图

于是，有

$$S_D=\iint\limits_D \mathrm{d}x\mathrm{d}y=4\int_0^{\frac{\pi}{4}}\mathrm{d}\theta\int_0^{a\sqrt{2\cos 2\theta}} r\mathrm{d}r=4a^2\int_0^{\frac{\pi}{4}}\cos 2\theta\mathrm{d}\theta=2a^2.$$

2.空间曲面的面积

设有一空间曲面 Σ,其方程为 $z=f(x,y)$,该曲面在 xOy 平面上的投影为 D_{xy}(图 9.27(a)),函数 $f(x,y)$在 D_{xy}上具有连续偏导数.下面计算曲面 Σ 的面积.

把区域 D_{xy} 任意分为 n 个小区域,以 $\mathrm{d}\sigma$ 作为小区域的代表,并记分法为 T.在 $\mathrm{d}\sigma$ 上任取一点 $P(x,y)$,曲面 Σ 上相应地有点 $M(x,y,f(x,y))$与之对应,P 为 M 在 xOy 面上的投影.过点 M 作曲面 Σ 的切平面 π(图 9.27(b)),它有法向量 $\boldsymbol{n}=\{-f'_x,-f'_y,1\}$.以 $\mathrm{d}\sigma$ 的边界为准线,作母线平行于 z 轴的柱面,截得曲面 Σ 的一小块曲面 ΔS,截得切平面 π 上相应于 ΔS 的曲面微元 $\mathrm{d}S$.当分法 T 的最大直径 $\lambda(T)\to 0$ 时,若这些小切平面块的面积之和 $\sum \mathrm{d}S$ 有极限 A(A 的值不依赖于分法 T 及点 P 的取法),则称此极限值为曲面 Σ 的面积,即

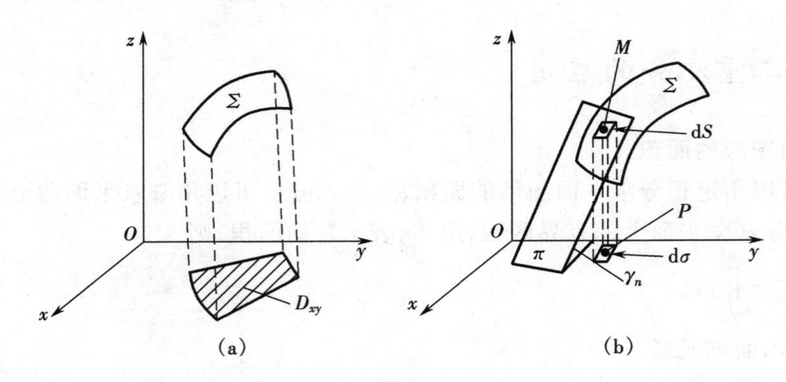

图 9.27
(a)空间曲面 Σ 在 xOy 平面上的投影 (b)过点 M 作曲面 Σ 的切平面 π

$$A=\lim_{\lambda(T)\to 0}\sum \mathrm{d}S.$$

下面给出面积 A 的计算公式.

设 $\boldsymbol{n}$ 与 z 轴正向的夹角为 γ_n,切平面 π 与 xOy 面的夹角恰为 $\boldsymbol{n}$ 与 z 轴正向的夹角 γ_n.

因为 $\cos\gamma_n=\dfrac{1}{\sqrt{1+f_x'^2+f_y'^2}}$,所以 $\Delta S\approx \mathrm{d}S=\dfrac{\mathrm{d}\sigma}{\cos\gamma_n}=\sqrt{1+f_x'^2+f_y'^2}\mathrm{d}\sigma$.

于是得到曲面的面积

$$A=\lim_{\lambda(T)\to 0}\sum \mathrm{d}S=\lim_{\lambda(T)\to 0}\sum\sqrt{1+f_x'^2+f_y'^2}\mathrm{d}\sigma,$$

即

$$A=\iint\limits_{D_{xy}}\sqrt{1+f_x'^2+f_y'^2}\mathrm{d}\sigma=\iint\limits_{D_{xy}}\sqrt{1+f_x'^2+f_y'^2}\mathrm{d}x\mathrm{d}y.$$

上式也可写成

$$A=\iint_{D_{xy}}\sqrt{1+\left(\frac{\partial z}{\partial x}\right)^2+\left(\frac{\partial z}{\partial y}\right)^2}\,\mathrm{d}x\mathrm{d}y.$$

例 9.1.17　证明:半径为 R 的球面的面积 $A=4\pi R^2$.

证　在直角坐标系中,取球心在原点半径为 R 的球面方程

$$x^2+y^2+z^2=R^2,$$

只需求出上半球面的面积,再二倍即可.上半球面方程为

$$z=\sqrt{R^2-x^2-y^2},$$

从而

$$z'_x=\frac{-x}{\sqrt{R^2-x^2-y^2}},\ z'_y=\frac{-y}{\sqrt{R^2-x^2-y^2}},$$

$$\sqrt{1+z'^2_x+z'^2_y}=\frac{R}{\sqrt{R^2-x^2-y^2}}.$$

于是

$$\begin{aligned}A&=2\iint_D\sqrt{1+z'^2_x+z'^2_y}\,\mathrm{d}\sigma=2R\iint_D\frac{1}{\sqrt{R^2-x^2-y^2}}\mathrm{d}\sigma\\&=2R\int_0^{2\pi}\mathrm{d}\theta\int_0^R\frac{1}{\sqrt{R^2-r^2}}r\mathrm{d}r=4\pi R^2,\end{aligned}$$

其中　$D=\{(x,y)\mid x^2+y^2\leqslant R^2\}$.

例 9.1.18　计算球面 $x^2+y^2+z^2=a^2$ 含在柱面 $x^2+y^2=ax(a>0)$ 内部的那部分面积.

解　设含在圆柱面内部的那部分在第一卦限的曲面(图 9.28)的面积为 A_1,所求面积为 A,由球面与圆柱面的对称性可知 $A=4A_1$,而

$$\begin{aligned}A_1&=\iint_D\sqrt{1+\left(\frac{\partial z}{\partial x}\right)^2+\left(\frac{\partial z}{\partial y}\right)^2}\,\mathrm{d}x\mathrm{d}y=\iint_D\frac{a}{\sqrt{a^2-x^2-y^2}}\mathrm{d}x\mathrm{d}y\\&=\int_0^{\frac{\pi}{2}}\mathrm{d}\theta\int_0^{a\cos\theta}\frac{a}{\sqrt{a^2-r^2}}r\mathrm{d}r=-a\int_0^{\frac{\pi}{2}}\left[\sqrt{a^2-r^2}\right]\Big|_0^{a\cos\theta}\mathrm{d}\theta\\&=a\int_0^{\frac{\pi}{2}}(a-a\sin\theta)\mathrm{d}\theta=\left(\frac{\pi}{2}-1\right)a^2.\end{aligned}$$

于是　$A=4A_1=(2\pi-4)a^2$.

3.立体的体积

由二重积分的几何意义可求一般几何体的体积.

例 9.1.19　求由圆柱面 $x^2+y^2=R^2$ 与 $x^2+z^2=R^2$ 所围成的立体的体积.

解　如图 9.29(a),由于圆柱面 $x^2+y^2=R^2$,$x^2+z^2=R^2$ 围成的立体关于三个坐标面都对称,只要能求出立体在第一卦限内的部分的体积 V_1,然后乘以 8,即得所求体积 V.

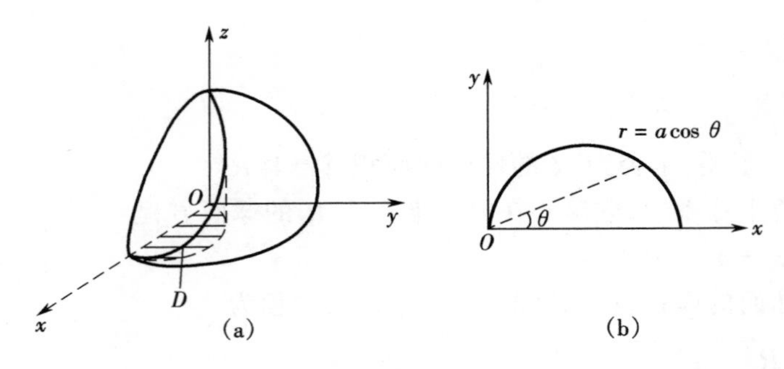

图 9.28 例 9.1.18 图

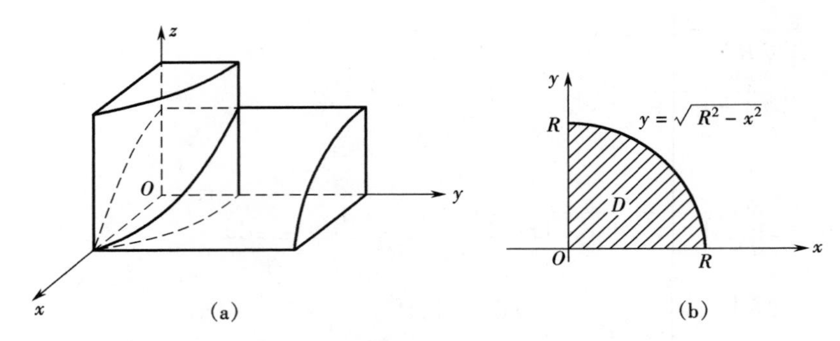

图 9.29 例 9.1.19 图

而 $$V_1=\iint\limits_D \sqrt{R^2-x^2}\,\mathrm{d}\sigma,\text{其中 } D:\begin{cases}0\leqslant x\leqslant R,\\ 0\leqslant y\leqslant\sqrt{R^2-x^2}.\end{cases}$$

因此

$$V_1=\int_0^R \mathrm{d}x\int_0^{\sqrt{R^2-x^2}}\sqrt{R^2-x^2}\,\mathrm{d}y=\int_0^R \sqrt{R^2-x^2}\,y\Big|_{y=0}^{y=\sqrt{R^2-x^2}}\mathrm{d}x$$

$$=\int_0^R (R^2-x^2)\mathrm{d}x=\frac{2}{3}R^3.$$

故所围立体的体积 $V=8V_1=\frac{16}{3}R^3$.

例 9.1.20 求球体 $x^2+y^2+z^2\leqslant R^2$ 被圆柱 $x^2+y^2=Rx\,(R>0)$ 所截得的那部分立体的体积.

解 从图形上看(图 9.30),所截得的那部分立体关于 xOy 平面对称,也关于 xOz 平面对称,于是只要求出它在第一卦限内的体积,然后乘以 4 即可.

上半球面的方程为 $z=\sqrt{R^2-x^2-y^2}$. 设在第一卦限内的那部分立体在 xOy 坐标面上的投影为 D,则 $D: x^2+y^2\leqslant Rx$ 且 $y\geqslant 0$. 于是在第一卦限内的部分体积 V_1 为

$$V_1=\iint\limits_D \sqrt{R^2-x^2-y^2}\,\mathrm{d}x\mathrm{d}y.$$

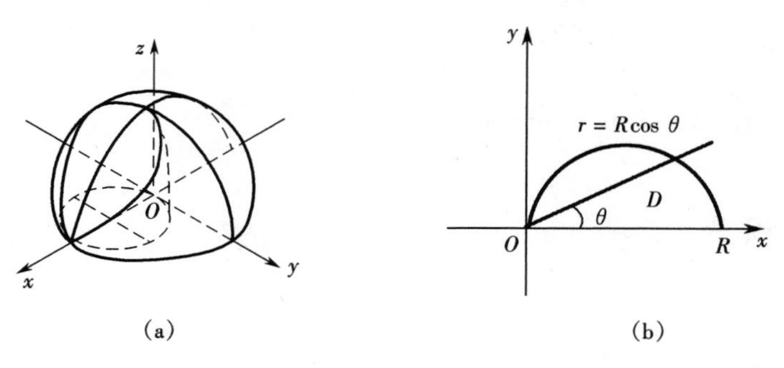

图 9.30　例 9.1.20 图

采用极坐标计算上面的二重积分：　$x=r\cos\theta, y=r\sin\theta$，

$$D:\begin{cases}0\leqslant\theta\leqslant\dfrac{\pi}{2},\\ 0\leqslant r\leqslant R\cos\theta,\end{cases}\qquad \sqrt{R^2-x^2-y^2}=\sqrt{R^2-r^2},$$

于是

$$\begin{aligned}V_1&=\iint\limits_D\sqrt{R^2-r^2}\,r\mathrm{d}r\mathrm{d}\theta=\int_0^{\frac{\pi}{2}}\mathrm{d}\theta\int_0^{R\cos\theta}\sqrt{R^2-r^2}\,r\mathrm{d}r\\&=\int_0^{\frac{\pi}{2}}\left[-\frac{1}{3}(R^2-r^2)^{\frac{3}{2}}\right]\Bigg|_0^{R\cos\theta}\mathrm{d}\theta=\int_0^{\frac{\pi}{2}}\frac{1}{3}[R^3-(R^2-R^2\cos^2\theta)^{\frac{3}{2}}]\mathrm{d}\theta\\&=\frac{1}{3}R^3\int_0^{\frac{\pi}{2}}(1-\sin^3\theta)\mathrm{d}\theta=\frac{1}{3}R^3\left(\frac{\pi}{2}-\frac{2}{3}\right),\end{aligned}$$

故所求立体的体积为 $4V_1=\dfrac{4}{3}R^3\left(\dfrac{\pi}{2}-\dfrac{2}{3}\right)$.

例 9.1.21　求曲面 $z=3-x^2-y^2$ 与 $z=1+x^2+y^2$ 所围立体的体积 V.

解　作出由所给曲面围成立体的草图如图 9.31 所示.将此两曲面的交线

$$\begin{cases}z=3-x^2-y^2,\\ z=1+x^2+y^2,\end{cases}$$

投向 xOy 平面,得到投影曲线

$$\begin{cases}z=0,\\ 3-x^2-y^2=1+x^2+y^2,\end{cases}$$

即 $\begin{cases}z=0,\\ x^2+y^2=1,\end{cases}$ 这正是此立体在 xOy 平面上投影域 D 的边界线,于是

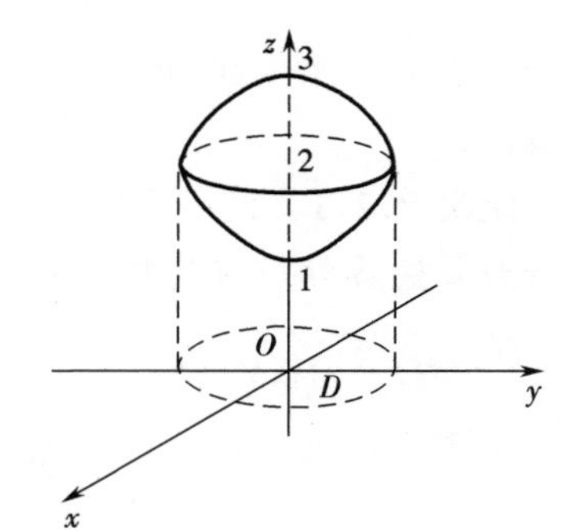

图 9.31　例 9.1.21 图

$$V=\iint\limits_D[(3-x^2-y^2)-(1+x^2+y^2)]\mathrm{d}\sigma$$

$$=\iint_D[2-2(x^2+y^2)]\mathrm{d}\sigma=\int_0^{2\pi}\mathrm{d}\theta\int_0^1(2-2r^2)r\mathrm{d}r$$

$$=2\pi\int_0^1(1-r^2)\mathrm{d}r^2=-\pi(1-r^2)^2\Big|_0^1=\pi.$$

9.2 三重积分

9.2.1 三重积分的概念

考虑非均匀密度空间物体的质量,可引出三重积分的概念.

设某物体占有空间区域 Ω,它在点(x,y,z)处的体密度函数为 $\rho(x,y,z)$,这里的 ρ 在 Ω 上非负连续,为考察物体的质量,可将 Ω 分割成至多只有公共界面的 n 个小立体 $\Delta V_1,\Delta V_2,\cdots,\Delta V_n$(也用 ΔV_i 表示第 i 个小立体的体积)之和:

$$\Omega=\Delta V_1\cup\Delta V_2\cup\cdots\cup\Delta V_n.$$

若在每个小立体 ΔV_i 上任取一点(ξ_i,η_i,ζ_i),则各小立体的质量 M 就近似地等于

$$\sum_{i=1}^n\rho(\xi_i,\eta_i,\zeta_i)\Delta V_i.$$

记 n 个小体积的最大直径为 λ,于是,在极限

$$\lim_{\lambda\to0}\sum_{i=1}^n\rho(\xi_i,\eta_i,\zeta_i)\Delta V_i$$

存在时,可合理地把这个极限值规定为立体 V 的质量 M,即

$$M=\lim_{\lambda\to0}\sum_{i=1}^n\rho(\xi_i,\eta_i,\zeta_i)\Delta V_i.$$

由于不少实际问题都归结为上述类型的极限,故抽去实际意义,在数学上建立三重积分的概念.

定义 9.2.1 设三元函数 $f(x,y,z)$在空间有界闭区域 Ω 上有定义,将 Ω 任意地划分成除边界外没有公共部分的 n 个子区域 $\Delta V_i(i=1,2,\cdots,n)$,

$$\Omega=\bigcup_{i=1}^n\Delta V_i,$$

在每个子区域 ΔV_i 中任取一点(ξ_i,η_i,ζ_i),形成积分和式

$$\sum_{i=1}^n f(\xi_i,\eta_i,\zeta_i)\Delta V_i.$$

若记各个子区域直径之最大值为 λ,当极限

$$\lim_{\lambda\to0}\sum_{i=1}^n f(\xi_i,\eta_i,\zeta_i)\Delta V_i$$

存在且其值与 Ω 的划分法及$(\xi_i,\eta_i,\zeta_i)\in\Delta V_i$ 的选取法无关时,则称函数 $f(x,y,z)$

在 Ω 上可积，并且称此极限为函数 $f(x,y,z)$ 在空间区域 Ω 上的**三重积分**，记作 $\iiint\limits_{\Omega} f(x,y,z)\mathrm{d}V$，即

$$\iiint\limits_{\Omega} f(x,y,z)\mathrm{d}V=\lim_{\lambda\to 0}\sum_{i=1}^{n} f(\xi_i,\eta_i,\zeta_i)\Delta V_i,$$

其中 $f(x,y,z)$ 称为**被积函数**，Ω 称为**积分区域**，$\mathrm{d}V$ 称为**体积元素**.

由三重积分的定义知，空间物体的质量 M 等于体密度的三重积分，即

$$M=\iiint\limits_{\Omega} \rho(x,y,z)\mathrm{d}V.$$

当 $f(x,y,z)\equiv 1$ 时，三重积分 $\iiint\limits_{\Omega}\mathrm{d}V$ 的值等于区域 Ω 的体积.

可以证明，有界闭区域 Ω 上的连续函数或分块连续函数在 Ω 上是可积的.

在空间直角坐标系 $O-xyz$ 中，常用分别平行于三个坐标面的三组平面去分割区域 Ω，于是 $\Delta V_i=\Delta x\Delta y\Delta z$，体积元素为

$$\mathrm{d}V=\mathrm{d}x\mathrm{d}y\mathrm{d}z.$$

因此三重积分可写为 $\iiint\limits_{\Omega} f(x,y,z)\mathrm{d}x\mathrm{d}y\mathrm{d}z$.

三重积分也有与二重积分类似的性质，这里不再重复.

9.2.2 三重积分的计算

1.在直角坐标系下计算三重积分

计算三重积分的方法是化三重积分为三次积分(即累次积分).

设函数 $f(x,y,z)$ 在空间区域 Ω 上连续，平行于 z 轴的任何直线与区域 Ω 的边界曲面 S 的交点不多于两个. 把区域 Ω 投影到 xOy 平面上得一平面区域 D_{xy}，见图 9.32.

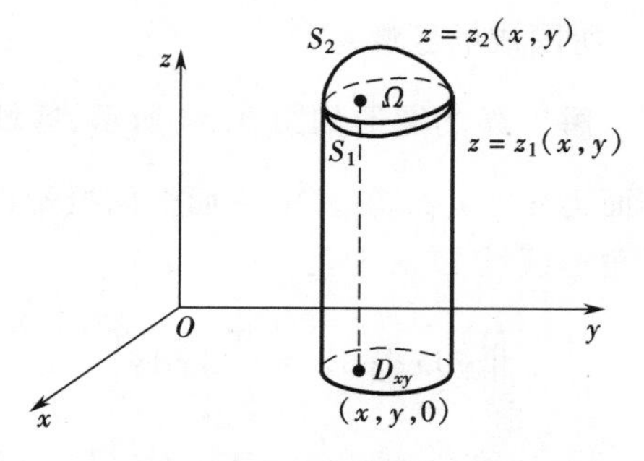

图 9.32 把空间区域 Ω 投影到 xOy 平面上

以 D_{xy} 的边界为准线作母线平行于 z 轴的柱面，曲面 S 与此柱面的交线把 S 分为两部分，其方程分别为

$$S_1: z=z_1(x,y),$$

$$S_2: z=z_2(x,y),$$

$z_1(x,y)$，$z_2(x,y)$ 均是 D_{xy} 上的连续函数，并且 $z_1(x,y)\leqslant z_2(x,y)$，则有

$$\iiint\limits_{\Omega} f(x,y,z)\mathrm{d}V=\iint\limits_{D_{xy}}\mathrm{d}x\mathrm{d}y\int_{z_1(x,y)}^{z_2(x,y)} f(x,y,z)\mathrm{d}z.$$

又若 xOy 平面上的区域 D_{xy} 是由曲线

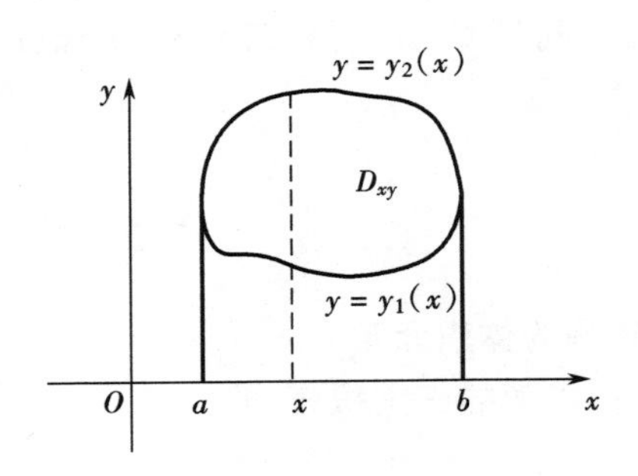

图 9.33 xOy 平面上的区域

$$y=y_1(x), y=y_2(x) \quad (a\leqslant x\leqslant b)$$

所围成(图 9.33),再按化二重积分为二次积分的步骤,得三重积分计算公式

$$\begin{aligned}&\iiint\limits_{\Omega} f(x,y,z)\mathrm{d}V\\&=\iint\limits_{D_{xy}}\mathrm{d}x\mathrm{d}y\int_{z_1(x,y)}^{z_2(x,y)}f(x,y,z)\mathrm{d}z\\&=\int_a^b\mathrm{d}x\int_{y_1(x)}^{y_2(x)}\mathrm{d}y\int_{z_1(x,y)}^{z_2(x,y)}f(x,y,z)\mathrm{d}z.\end{aligned}$$

公式可以这样理解:先在 D_{xy} 上固定一点(x,y),函数沿 z 轴的正方向从点 $z_1(x,y)$ 到点 $z_2(x,y)$ 的线段上积分,得到内层积分 $\int_{z_1(x,y)}^{z_2(x,y)}f(x,y,z)\mathrm{d}z$,它是变量 x,y 的二元函数,然后再将该二元函数在区域 D_{xy} 上积分,就得到在整个空间区域 Ω 上的三重积分.

有时为了计算方便,将区域 Ω 投向 xOz 平面或 yOz 平面,可分别得到相应的计算公式:

$$\iiint\limits_{\Omega} f(x,y,z)\mathrm{d}V=\iint\limits_{D_{zx}}\mathrm{d}z\mathrm{d}x\int_{y_1(x,z)}^{y_2(x,z)}f(x,y,z)\mathrm{d}y$$

及

$$\iiint\limits_{\Omega} f(x,y,z)\mathrm{d}V=\iint\limits_{D_{yz}}\mathrm{d}y\mathrm{d}z\int_{x_1(y,z)}^{x_2(y,z)}f(x,y,z)\mathrm{d}x.$$

例 9.2.1 计算三重积分 $\iiint\limits_{\Omega} y\mathrm{d}x\mathrm{d}y\mathrm{d}z$,其中 Ω 是由三个坐标平面及平面 $x+y+2z=2$ 所围成的区域.

解 Ω 的图形如图 9.34 所示,区域 Ω 的上方边界面为 $z=1-\frac{1}{2}(x+y)$,下方边界面为 $z=0$. Ω 在 xOy 平面上的投影区域为由直线 $x=0$, $y=0$ 及 $x+y=2$ 所围成的三角形区域 D_{xy},于是

$$\begin{aligned}\iiint\limits_{\Omega} y\mathrm{d}x\mathrm{d}y\mathrm{d}z&=\iint\limits_{D_{xy}}\mathrm{d}x\mathrm{d}y\int_0^{1-\frac{1}{2}(x+y)}y\mathrm{d}z=\iint\limits_{D_{xy}}\left[1-\frac{1}{2}(x+y)\right]y\mathrm{d}x\mathrm{d}y\\&=\int_0^2\mathrm{d}x\int_0^{2-x}\left[1-\frac{1}{2}(x+y)\right]y\mathrm{d}y=\frac{1}{3}.\end{aligned}$$

例 9.2.2 计算由抛物面 $x^2+y^2=6-z$,坐标面 xOz, yOz 以及平面 $y=4z$, $x=1$, $y=2$ 所围成的立体的体积.如图 9.35 所示.

解 区域 Ω 的上边界面为 $z=6-x^2-y^2$,下边界面为 $z=\frac{1}{4}y$,区域 Ω 在 xOy 平面上的投影区域 D_{xy} 是由 x 轴, y 轴及直线 $y=1$, $y=2$ 所围成的矩形域,即

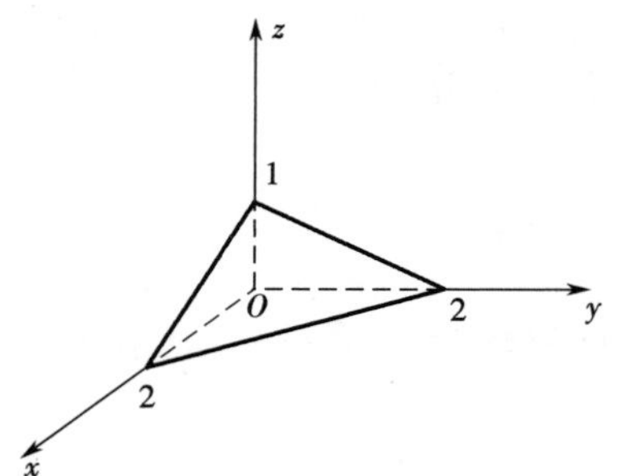

图 9.34　例 9.2.1 图

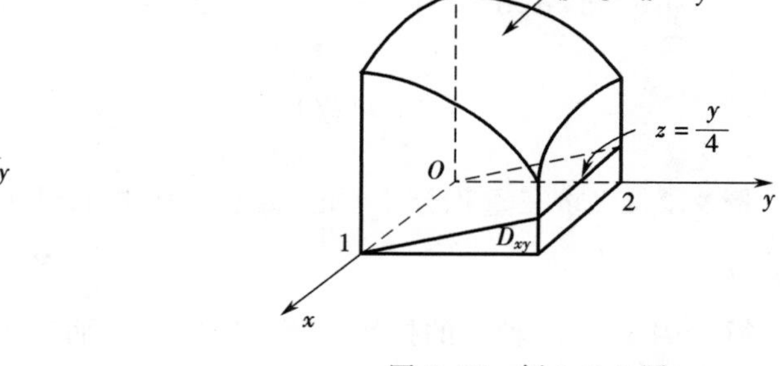

图 9.35　例 9.2.2 图

$$D_{xy}:\begin{cases}0\leqslant y\leqslant 2,\\ 0\leqslant x\leqslant 1,\end{cases}$$

于是

$$\begin{aligned}V&=\iiint\limits_{\Omega}\mathrm{d}V=\iint\limits_{D_{xy}}\mathrm{d}x\mathrm{d}y\int_{\frac{y}{4}}^{6-x^2-y^2}\mathrm{d}z\\&=\int_0^1\mathrm{d}x\int_0^2\mathrm{d}y\int_{\frac{y}{4}}^{6-x^2-y^2}\mathrm{d}z=\int_0^1\mathrm{d}x\int_0^2 z\Big|_{\frac{y}{4}}^{6-x^2-y^2}\mathrm{d}y\\&=\int_0^1\mathrm{d}x\int_0^2\left(6-x^2-y^2-\frac{y}{4}\right)\mathrm{d}y=\int_0^1\left[6y-x^2y-\frac{1}{3}y^3-\frac{y^2}{8}\right]\Big|_0^2\mathrm{d}x\\&=\int_0^1\left(\frac{53}{6}-2x^2\right)\mathrm{d}x=\left[\frac{53}{6}x-\frac{2}{3}x^3\right]\Big|_0^1=\frac{49}{6}.\end{aligned}$$

化三重积分为累次积分时，除了可以先求定积分再求二重积分(先单后重)外，有时也可以先求二重积分，再求定积分(先重后单).

设空间区域 Ω 夹在二平面 $z=c$ 及 $z=d$ 之间(图 9.36). 过区间 $[c,d]$ 上任一点 z 作垂直于 z 轴的平面，截 Ω 得平面区域 D_z. 若函数 $f(x,y,z)$ 在 Ω 上连续，则

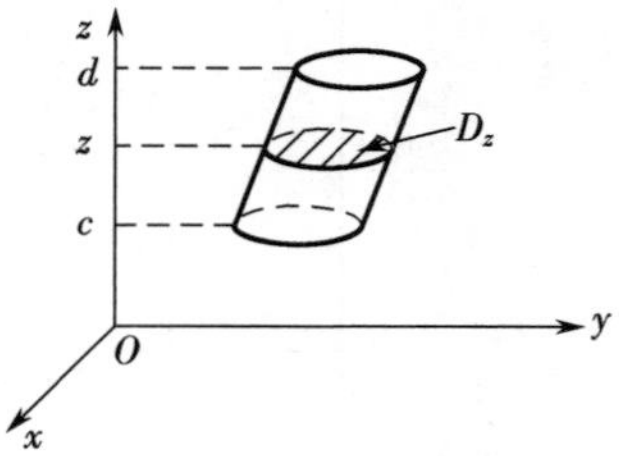

图 9.36　先重后单图

$$\iiint\limits_{\Omega}f(x,y,z)\mathrm{d}x\mathrm{d}y\mathrm{d}z=\int_c^d\mathrm{d}z\iint\limits_{D_z}f(x,y,z)\mathrm{d}x\mathrm{d}y.$$

例 9.2.3　求 $\iiint\limits_{\Omega}\mathrm{e}^{|z|}\mathrm{d}x\mathrm{d}y\mathrm{d}z$，其中 Ω 为 $x^2+y^2+z^2\leqslant 1$ 所围成的区域.

分析　注意到被积函数 $f(x,y,z)=\mathrm{e}^{|z|}$ 只依赖于一个变元 z，且用 z 等于常量的平面与球体 Ω 相截，其截面为圆 $x^2+y^2\leqslant 1-z^2$，其面积为 $\pi(1-z^2)$. 因此这类问题转化为先计算二重积分再计算定积分比较简单.

解

$$\iiint_{\Omega} e^{|z|}dxdydz = \int_{-1}^{1} e^{|z|}dz\iint_{D_z}dxdy = \int_{-1}^{1} e^{|z|}\pi(1-z^2)dz$$

$$= 2\int_0^1 e^z\pi(1-z^2)dz = 2\pi.$$

例 9.2.4 求三重积分 $I=\iiint_{\Omega} xyz\,dV$,其中 Ω 为单位球 $x^2+y^2+z^2\leqslant 1$ 在第一卦限的部分.

解 因 Ω 在 z 轴上的投影为闭区间$[0,1]$,而对于 $z_0\in[0,1]$,用平面 $z=z_0$ 截 Ω 得到的平面区域是$D_{z_0}=\{(x,y,z_0)\mid x^2+y^2\leqslant 1-z_0^2, x\geqslant 0, y\geqslant 0\}$故有(积分过程中将 z_0写成 z):

$$I = \int_0^1 dz\iint_{D_z} xyz\,dxdy = \int_0^1 dz\int_0^{\frac{\pi}{2}} d\theta\int_0^{\sqrt{1-z^2}} zr^3\sin\theta\cos\theta\,dr$$

(D_z 是圆域:$x^2+y^2\leqslant 1-z^2$,$\iint_{D_z} xy\,dxdy$ 采用极坐标计算)

$$= \frac{1}{2}\sin^2\theta\Big|_0^{\frac{\pi}{2}}\cdot\int_0^1\frac{1}{4}z(1-z^2)^2dz = \frac{1}{8}\int_0^1(z^5-2z^3+z)dz$$

$$= \frac{1}{48}.$$

2.在柱面坐标系下计算三重积分

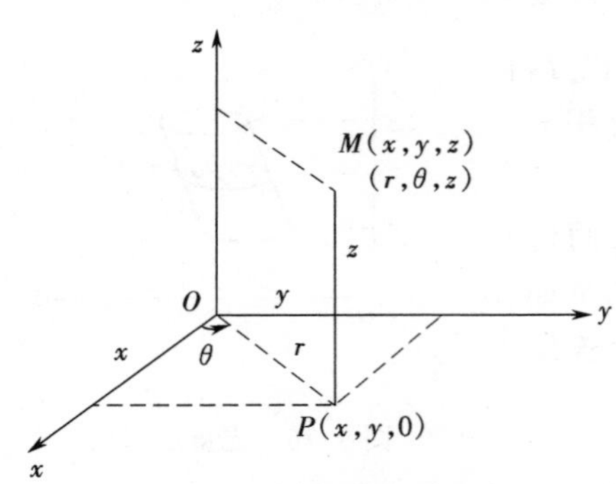

图 9.37 点 M 的柱面坐标

与二重积分时的情形类似,讨论三重积分在其他坐标系下的计算.首先讨论在柱面坐标系下的计算.

设 $M(x,y,z)$为空间一点,在 xOy 平面上的投影点为 P(图 9.37),且点 $P(x,y)$在极坐标系下为 $P(r,\theta)$,则三元有序数组(r,θ,z)为点 M 的柱面坐标.

点 M 的直角坐标 (x,y,z) 与柱坐标(r,θ,z)之间有关系式

$$\begin{cases} x = r\cos\theta, \\ y = r\sin\theta, \\ z = z, \end{cases} \quad \begin{cases} r = \sqrt{x^2+y^2}, \\ \tan\theta = \dfrac{y}{x}, \\ z = z. \end{cases}$$

当 M 取遍空间一切点时,r,θ,z 的取值范围是

$$0\leqslant r\leqslant+\infty, 0\leqslant\theta<2\pi, -\infty<z<+\infty.$$

在柱面坐标系中,三组坐标面如下:

$r=$常数,是以 z 轴为中心轴,r 为半径的圆柱面;

$\theta=$常数，是过 z 轴的半平面，它和 xOz 面的夹角为 θ；

$z=$常数，是平行于 xOy 面的平面.

在柱面坐标系下计算三重积分时，需要写出体积元素 $\mathrm{d}V$ 在柱面坐标系下的表达式.为此，用柱面坐标系的三组坐标面去分割积分区域 Ω.设 ΔV 是由圆柱面 $r=r, r=r+\mathrm{d}r$，半平面 $\theta=\theta, \theta=\theta+\mathrm{d}\theta$，以及平面 $z=z, z=z+\mathrm{d}z$ 围成的小区域，如图9.38所示.

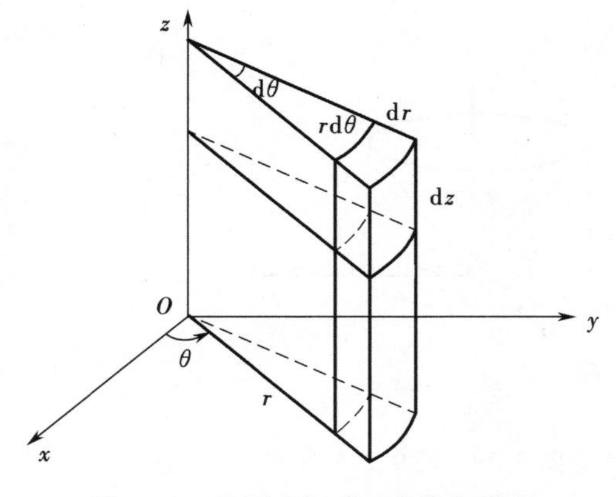

图9.38　柱面坐标系下的体积元素

当 $\mathrm{d}r, \mathrm{d}\theta, \mathrm{d}z$ 都很小时，该小区域近似一个长方体，从而可取体积元素为

$$\mathrm{d}V=r\mathrm{d}r\mathrm{d}\theta\mathrm{d}z.$$

于是三重积分化为

$$\iiint_{\Omega} f(x,y,z)\mathrm{d}V=\iiint_{\Omega'} f(r\cos\theta, r\sin\theta, z)r\mathrm{d}r\mathrm{d}\theta\mathrm{d}z,$$

其中 Ω' 为 Ω 的柱面坐标变化域，此即三重积分由直角坐标化为柱面坐标的公式.

如果包围 Ω 的上、下表面可用柱坐标表示为 $z=z_2(r,\theta), z=z_1(r,\theta)$ 且 Ω 在 xOy 面上的投影 $D_{r\theta}$ 可用极坐标不等式表示为 $\alpha\leqslant\theta\leqslant\beta, r_1(\theta)\leqslant r\leqslant r_2(\theta)$，那么，在柱面坐标系下，三重积分化为三次积分的计算公式为

$$\begin{aligned}\iiint_{\Omega} f(x,y,z)\mathrm{d}V&=\iint_{D_{r\theta}} r\mathrm{d}r\mathrm{d}\theta\int_{z_1(r,\theta)}^{z_2(r,\theta)} f(r\cos\theta, r\sin\theta, z)\mathrm{d}z\\&=\int_{\alpha}^{\beta}\mathrm{d}\theta\int_{r_1(\theta)}^{r_2(\theta)} r\mathrm{d}r\int_{z_1(r,\theta)}^{z_2(r,\theta)} f(r\cos\theta, r\sin\theta, z)\mathrm{d}z.\end{aligned}$$

对区域 Ω 的不同情形，三重积分在柱面坐标系下化为三次积分还有其他不同的积分次序.

一般地，当 Ω 为圆柱体区域，或 Ω 的投影域 $D_{r\theta}$ 是以原点为心的圆环、圆扇形，被积函数为 x^2+y^2 与 z 的函数时，用柱面坐标可能较方便.

例9.2.5　计算 $I=\iiint_{\Omega} z\sqrt{x^2+y^2}\,\mathrm{d}V$，其中 Ω 由圆锥面 $x^2+y^2=z^2$ 和平面 $z=1$ 所围成.

解　如图9.39，采用柱面坐标，锥面方程化为 $r=z$，Ω 在 xOy 面上投影区域为圆.

$\Omega: 0\leqslant\theta\leqslant 2\pi, 0\leqslant r\leqslant 1, r\leqslant z\leqslant 1.$

因此

$$I=\int_0^{2\pi}\mathrm{d}\theta\int_0^1 r^2\mathrm{d}r\int_r^1 z\mathrm{d}z=2\pi\int_0^1\frac{1}{2}r^2(1-r^2)\mathrm{d}r=\frac{2}{15}\pi.$$

若将区域 Ω 表为：$0\leqslant z\leqslant 1, 0\leqslant\theta\leqslant 2\pi, 0\leqslant r\leqslant z$.本题也可改变积分次序计算：

$$I=\iiint_{\Omega} zr^2\mathrm{d}r\mathrm{d}\theta\mathrm{d}z=\int_0^1 z\mathrm{d}z\int_0^{2\pi}\mathrm{d}\theta\int_0^z r^2\mathrm{d}r$$

$$=2\pi\int_0^1 \frac{1}{3}z^4\,\mathrm{d}z=\frac{2}{15}\pi.$$

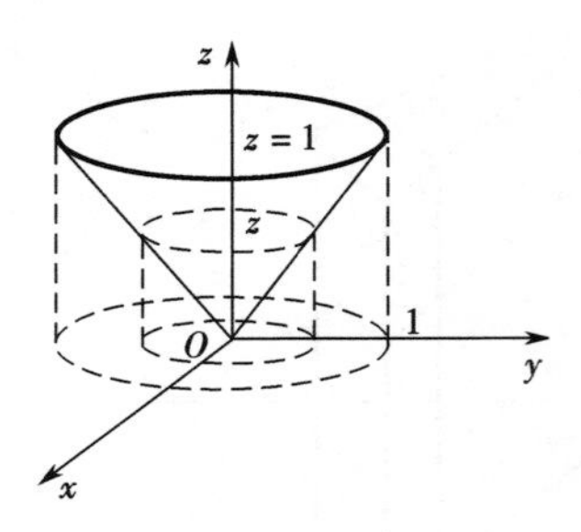

图 9.39 例 9.2.5 图

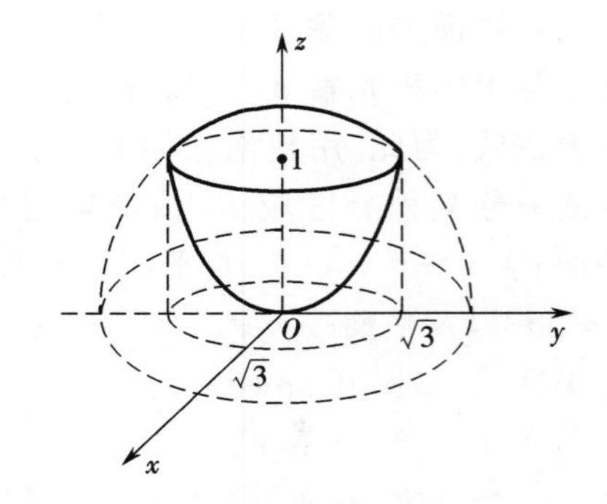

图 9.40 例 9.2.6 图

例 9.2.6 计算三重积分$\iiint\limits_{\Omega} z\,\mathrm{d}x\mathrm{d}y\mathrm{d}z$,其中 Ω 由球面 $x^2+y^2+z^2=4$ 与抛物面 $z=\frac{1}{3}(x^2+y^2)$所围成(如图 9.40).

解 围成域 Ω 的上、下曲面分别是

$$z=\sqrt{4-x^2-y^2}\text{ 与 }z=\frac{1}{3}(x^2+y^2).$$

这两个曲面的交线(联立方程组的解):$z=1,x^2+y^2=3$,即平面 $z=1$ 上的圆 $x^2+y^2=3$.于是,区域 Ω 在 xOy 平面上的投影区域为一圆域.采用柱面坐标,球面、抛物面和圆 $x^2+y^2=3$ 的方程分别是 $z=\sqrt{4-r^2}$,$z=\frac{r^2}{3}$及 $r^2=3$,于是 $0\leqslant\theta\leqslant 2\pi,0\leqslant r\leqslant\sqrt{3}$,$\frac{r^2}{3}\leqslant z\leqslant\sqrt{4-r^2}$,得

$$\iiint\limits_{\Omega} z\,\mathrm{d}x\mathrm{d}y\mathrm{d}z=\int_0^{2\pi}\mathrm{d}\theta\int_0^{\sqrt{3}}\mathrm{d}r\int_{\frac{r^2}{3}}^{\sqrt{4-r^2}} zr\,\mathrm{d}z=\frac{13}{4}\pi.$$

3.在球面坐标系下计算三重积分

设 $M(x,y,z)$为空间一点,在 xOy 平面上的投影点为 P,称三元有序数组(ρ,θ,φ)为点 M 的球面坐标,如图 9.41 所示.其中 ρ 为点 M 到原点的距离,φ 为有向线段$\overrightarrow{OM}$与 z 轴正向的夹角,θ 与柱坐标系下的含义相同,即从正 x 轴按逆时针方向转到$\overrightarrow{OP}$的角度.

点 M 的直角坐标(x,y,z)与球面坐标之间有关系式:

$$\begin{cases}x=\rho\sin\varphi\cos\theta,\\ y=\rho\sin\varphi\sin\theta,\\ z=\rho\cos\varphi,\end{cases}\qquad\begin{cases}\rho=\sqrt{x^2+y^2+z^2},\\ \tan\theta=\dfrac{y}{x},\\ \cos\varphi=\dfrac{z}{\sqrt{x^2+y^2+z^2}}.\end{cases}$$

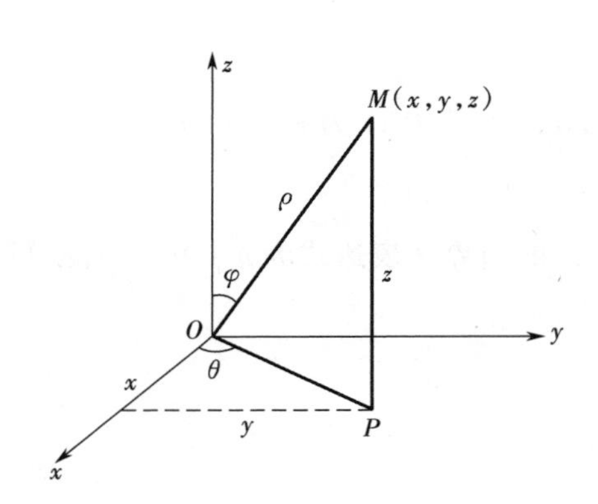

图 9.41　点 M 的球面坐标

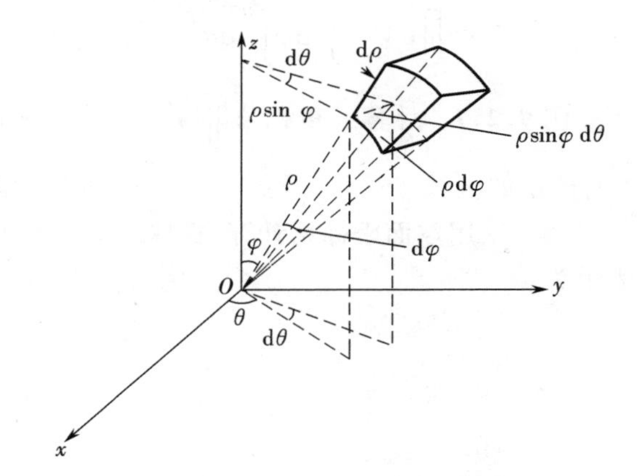

图 9.42　球面坐标系下的体积元素

当 M 取遍空间一切点时，ρ,θ,φ 的取值范围为

$$0\leqslant\rho<+\infty,0\leqslant\theta\leqslant2\pi,0\leqslant\varphi\leqslant\pi.$$

在球坐标系下，三组坐标面为

$\rho=$ 常数，是以原点为心，ρ 为半径的球面；

$\theta=$ 常数，是过 z 轴的半平面，它和 xOz 平面的夹角为 θ；

$\varphi=$ 常数，是以原点为顶点，z 轴为中心轴，半顶角为 φ 的半圆锥面.

为了在球面坐标系下计算三重积分，应写出体积元素 $\mathrm{d}V$ 在球面坐标系下的表达式. 为此，用球面坐标系的三组坐标面去分割积分区域 Ω. 设 $\mathrm{d}V$ 是由球面 $\rho=\rho,\rho=\rho+\mathrm{d}\rho$，半圆锥面 $\varphi=\varphi,\varphi=\varphi+\mathrm{d}\varphi$ 以及半平面 $\theta=\theta,\theta=\theta+\mathrm{d}\theta$ 围成的小区域，如图 9.42 所示. 当 $\mathrm{d}\rho,\mathrm{d}\varphi,\mathrm{d}\theta$ 都很小时，该小区域近似于一个长方体，三条棱长分别近似于 $\mathrm{d}\rho,\rho\sin\varphi\mathrm{d}\theta,\rho\mathrm{d}\varphi$. 所以一般地说，用 $\rho=$ 常数，$\theta=$ 常数，$\varphi=$ 常数的曲面族分割立体 Ω 时，可取体积元素 $\mathrm{d}V=\rho^2\sin\varphi\mathrm{d}\rho\mathrm{d}\varphi\mathrm{d}\theta$. 于是

$$\iiint\limits_{\Omega}f(x,y,z)\mathrm{d}V=\iiint\limits_{\Omega}f(\rho\sin\varphi\cos\theta,\rho\sin\varphi\sin\theta,\rho\cos\varphi)\rho^2\sin\varphi\mathrm{d}\rho\mathrm{d}\varphi\mathrm{d}\theta,$$

其中 Ω' 为 Ω 的球面坐标变化域. 此即三重积分由直角坐标化为球面坐标的公式.

要计算球面坐标系下的三重积分，希望将它化为 ρ,φ,θ 的三次积分. 一种常用的方法是，先看 Ω 夹在哪两个半平面 $\theta=\alpha,\theta=\beta$ 之间，即 $\alpha\leqslant\theta\leqslant\beta$；然后任意取一个 $\theta\in(\alpha,\beta)$，作以 z 轴为棱，极角为 θ 的半平面截 Ω 得截面 D_θ. 在这个半平面上以原点 O 为极点，以 z 轴为极轴建立极坐标系，如果 D_θ 的极坐标 (ρ,φ) 可表示为 $\varphi_1(\theta)\leqslant\varphi\leqslant\varphi_2(\theta),\rho_1(\varphi,\theta)\leqslant\rho\leqslant\rho_1(\varphi,\theta)$，则

$$\iiint\limits_{\Omega}f(x,y,z)\mathrm{d}V=\int_\alpha^\beta\mathrm{d}\theta\int_{\mathrm{\varphi}_1(\theta)}^{\mathrm{\varphi}_2(\theta)}\sin\varphi\mathrm{d}\varphi\int_{\rho_1(\varphi,\theta)}^{\rho_2(\varphi,\theta)}f(\rho\sin\varphi\cos\theta,\rho\sin\varphi\sin\theta,\rho\cos\varphi)\rho^2\mathrm{d}\rho.$$

一般地，当积分区域 Ω 为球形区域时，用球面坐标较方便. 特别地，当 Ω 由球面 $\rho=R$ 所围成. 令 $f\equiv1$，则得球的体积：

$$V=\iiint_{\Omega}\mathrm{d}V=\int_0^{\pi}\mathrm{d}\varphi\int_0^{2\pi}\mathrm{d}\theta\int_0^{R}\rho^2\sin\varphi\mathrm{d}\rho=\frac{4}{3}\pi R^3.$$

例 9.2.7 计算三重积分$\iiint_{\Omega}\sqrt{x^2+y^2+z^2}\mathrm{d}x\mathrm{d}y\mathrm{d}z$,其中 Ω 为$x^2+y^2+(z-1)^2\leqslant 1$ 所确定的区域.

解 采用球面坐标系计算.在球面坐标系下 Ω 的边界面表达式为$\rho=2\cos\varphi$,Ω 可表示为

$$\begin{cases}0\leqslant\theta\leqslant 2\pi,\\0\leqslant\varphi\leqslant\dfrac{\pi}{2},\\0\leqslant\rho\leqslant 2\cos\varphi.\end{cases}$$

因此

$$\iiint_{\Omega}\sqrt{x^2+y^2+z^2}\mathrm{d}x\mathrm{d}y\mathrm{d}z=\int_0^{2\pi}\mathrm{d}\theta\int_0^{\frac{\pi}{2}}\mathrm{d}\varphi\int_0^{2\cos\varphi}\rho\cdot\rho^2\sin\varphi\mathrm{d}\rho=\frac{8}{5}\pi.$$

例 9.2.8 计算$\iiint_{\Omega}\frac{z\ln(x^2+y^2+z^2+1)}{x^2+y^2+z^2+1}\mathrm{d}x\mathrm{d}y\mathrm{d}z$,其中 $\Omega:x^2+y^2+z^2\leqslant 1$.

解

$$\begin{aligned}\text{原式}&=\int_0^{2\pi}\mathrm{d}\theta\int_0^{\pi}\mathrm{d}\varphi\int_0^1\frac{\rho\cos\varphi\ln(\rho^2+1)}{\rho^2+1}\rho^2\sin\varphi\mathrm{d}\rho\\&=\int_0^{2\pi}\mathrm{d}\theta\int_0^{\pi}\sin\varphi\cos\varphi\mathrm{d}\varphi\int_0^1\frac{\rho^3\ln(\rho^2+1)}{\rho^2+1}\mathrm{d}\rho,\end{aligned}$$

由于第二个积分值为零,故原式$=0$.

4.三重积分的变量替换

对各种积分来说,变量替换都是简化积分计算的一种方法.三重积分也有与二重积分类似的变量替换公式.

定理 9.2.1 设函数 $f(x,y,z)$在有界闭区域 Ω 上连续.作变换

$$\begin{cases}x=x(u,v,w),\\y=y(u,v,w),\\z=z(u,v,w),\end{cases}$$

使满足

(1)把 uvw 空间中的区域Ω'一一对应地变到xyz 空间中的区域Ω;

(2)变换函数 $x(u,v,w)$,$y(u,v,w)$,$z(u,v,w)$在 Ω'上连续,且有连续的一阶偏导数;

(3)雅可比行列式

$$J(u,v,w)=\frac{\partial(x,y,z)}{\partial(u,v,w)}=\begin{vmatrix}\frac{\partial x}{\partial u} & \frac{\partial x}{\partial v} & \frac{\partial x}{\partial w}\\ \frac{\partial y}{\partial u} & \frac{\partial y}{\partial v} & \frac{\partial y}{\partial w}\\ \frac{\partial z}{\partial u} & \frac{\partial z}{\partial v} & \frac{\partial z}{\partial w}\end{vmatrix}\neq 0,\qquad (u,v,w)\in\Omega',$$

则有换元公式

$$\iiint_{\Omega} f(x,y,z)\mathrm{d}x\mathrm{d}y\mathrm{d}z=\iiint_{\Omega'} f[x(u,v,w),y(u,v,w),z(u,v,w)]|J|\mathrm{d}u\mathrm{d}v\mathrm{d}w.$$

证明从略.

对于柱面坐标变换$\begin{cases}x=r\cos\theta,\\ y=r\sin\theta,\\ z=z,\end{cases}$

$$\frac{\partial(x,y,z)}{\partial(u,v,w)}=\begin{vmatrix}\cos\theta & -r\sin\theta & 0\\ \sin\theta & r\cos\theta & 0\\ 0 & 0 & 1\end{vmatrix}=r,\qquad \mathrm{d}V=r\mathrm{d}r\mathrm{d}\theta\mathrm{d}z,$$

对于球面坐标变换$\begin{cases}x=\rho\sin\varphi\cos\theta,\\ y=\rho\sin\varphi\sin\theta,\\ z=\rho\cos\varphi,\end{cases}$

$$\frac{\partial(x,y,z)}{\partial(u,v,w)}=\begin{vmatrix}\sin\varphi\cos\theta & \rho\cos\varphi\cos\theta & -\rho\sin\varphi\sin\theta\\ \sin\varphi\sin\theta & \rho\cos\varphi\sin\theta & \rho\sin\varphi\cos\theta\\ \cos\varphi & -\rho\sin\varphi & 0\end{vmatrix}=\rho^2\sin\varphi,$$

$\mathrm{d}V=\rho^2\sin\varphi\mathrm{d}\rho\mathrm{d}\varphi\mathrm{d}\theta$,均与前面分析得出的结果一致.

例 9.2.9 求椭球面$\frac{x^2}{a^2}+\frac{y^2}{b^2}+\frac{z^2}{c^2}=1$围成立体 Ω 的体积 $V(a>0,b>0,c>0)$.

解法 1 $V=\iiint_{\Omega}\mathrm{d}x\mathrm{d}y\mathrm{d}z$.

显然,若将 Ω 变换成单位球体,计算将简单些.

为此,考虑$\begin{cases}u=\frac{x}{a},\\ v=\frac{y}{b},\\ w=\frac{z}{c},\end{cases}$ 即$\begin{cases}x=au,\\ y=bv,\\ z=cw,\end{cases}$

则

$$\frac{\partial(x,y,z)}{\partial(u,v,w)}=\begin{vmatrix}a & 0 & 0\\ 0 & b & 0\\ 0 & 0 & c\end{vmatrix}=abc,$$

于是

$$V=\iiint_{\Omega}\mathrm{d}x\mathrm{d}y\mathrm{d}z=\iiint_{\Omega'}abc\mathrm{d}u\mathrm{d}v\mathrm{d}w,$$

其中 Ω'为球域$u^2+v^2+\omega^2\leqslant 1$.

故 $$V=\frac{4}{3}\pi abc.$$

解法 2 作广义球面坐标变换

$$\begin{cases}x=a\rho\sin\varphi\cos\theta,\\ y=b\rho\sin\varphi\sin\theta,\\ z=c\rho\cos\varphi,\end{cases}$$

则椭球面的广义球面坐标方程为 $\rho=1$,且 $J=abc\rho^2\sin\varphi$,所以

$$\begin{aligned}V&=\iiint_{\Omega}\mathrm{d}V=\iiint_{\Omega}abc\rho^2\sin\varphi\mathrm{d}\rho\mathrm{d}\theta\mathrm{d}\varphi\\&=abc\int_0^{2\pi}\mathrm{d}\theta\int_0^{\pi}\sin\varphi\mathrm{d}\varphi\int_0^1\rho^2\mathrm{d}\rho=\frac{4}{3}\pi abc.\end{aligned}$$

9.2.3 三重积分的简单应用

1.空间立体的体积

$V=\iiint_{\Omega}\mathrm{d}V$,其中 Ω 为立体所占的空间区域.

2.不均匀物体的质量

设物体占有空间 Ω,物体的质量 M 等于物体密度函数$\rho(x,y,z)$在 Ω 上的三重积分,即

$$M=\iiint_{\Omega}\rho(x,y,z)\mathrm{d}V.$$

3.物体的重心

设物体占有空间区域 Ω,其密度函数为 $\rho(x,y,z)$,将空间物体分割成 n 个小立体,将每一小立体看成是质量集中在某一点的质点,则由质点组重心坐标公式,令小立体的最大直径 $\lambda\to 0$,得物体的重心坐标为

$$\overline{x}=\frac{1}{M}\iiint_{\Omega}x\rho\mathrm{d}V,\ \overline{y}=\frac{1}{M}\iiint_{\Omega}y\rho\mathrm{d}V,\overline{z}=\frac{1}{M}\iiint_{\Omega}z\rho\mathrm{d}V,$$

其中 M 是物体的质量.

特别地,如果物体是均匀的(ρ 常数),则上式可简化为

$$\overline{x}=\frac{1}{V}\iiint_{\Omega}x\mathrm{d}V,\ \overline{y}=\frac{1}{V}\iiint_{\Omega}y\mathrm{d}V,\overline{z}=\frac{1}{V}\iiint_{\Omega}z\mathrm{d}V,$$

这里,V 是物体体积.

4.物体的转动惯量

设物体占有空间区域 Ω,其密度函数为 $\rho(x,y,z)$,则它对固定轴 u 的转动惯量为

$$J=\iiint\limits_{\Omega} r^2(x,y,z)\rho(x,y,z)\,\mathrm{d}V,$$

其中 $r(x,y,z)$为 Ω 中任一点(x,y,z)到 u 轴的距离.

特别地,物体对 x,y,z 轴的转动惯量分别为

$$\begin{cases} I_x=\iiint\limits_{\Omega}(y^2+z^2)\rho(x,y,z)\,\mathrm{d}V,\\ I_y=\iiint\limits_{\Omega}(z^2+x^2)\rho(x,y,z)\,\mathrm{d}V,\\ I_z=\iiint\limits_{\Omega}(x^2+y^2)\rho(x,y,z)\,\mathrm{d}V.\end{cases}$$

类似地有物体对三个坐标面的转动惯量分别为

$$\begin{cases} I_{xy}=\iiint\limits_{\Omega}z^2\rho(x,y,z)\,\mathrm{d}V,\\ I_{yz}=\iiint\limits_{\Omega}x^2\rho(x,y,z)\,\mathrm{d}V,\\ I_{zx}=\iiint\limits_{\Omega}y^2\rho(x,y,z)\,\mathrm{d}V.\end{cases}$$

物体对原点的转动惯量为

$$I_0=\iiint\limits_{\Omega}(x^2+y^2+z^2)\rho(x,y,z)\,\mathrm{d}V.$$

例9.2.10　设密度均匀的物体占有空间区域 Ω,Ω 为球体 $x^2+y^2+z^2\leqslant 2Rz\,(R>0)$在锥面 $z=\sqrt{x^2+y^2}$上方的部分(图9.43),试求其重心坐标.

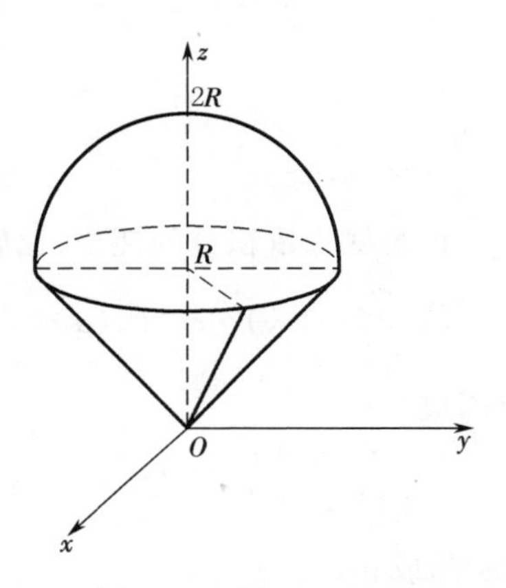

图9.43　例9.2.10图

解　首先,根据图形的对称性可知$\overline{x}=\overline{y}=0$,

$$\overline{z}=\frac{\iiint\limits_{\Omega}z\,\mathrm{d}V}{\iiint\limits_{\Omega}\mathrm{d}V}.$$

采用球面坐标,锥面方程为 $\rho\cos\varphi=\rho\sin\varphi$,即 $\varphi=\dfrac{\pi}{4}$.

球面边界的方程为 $\rho=2R\cos\varphi$.

于是

$$\begin{aligned} V&=\iiint\limits_{\Omega}\mathrm{d}V=\int_0^{2\pi}\mathrm{d}\theta\int_0^{\frac{\pi}{4}}\mathrm{d}\varphi\int_0^{2R\cos\varphi}\rho^2\sin\varphi\,\mathrm{d}\rho\\ &=\frac{16}{3}\pi R^3\int_0^{\frac{\pi}{4}}\cos^3\varphi\sin\varphi\,\mathrm{d}\varphi=\pi R^3\end{aligned}$$

及

$$\iiint\limits_{\Omega} z\mathrm{d}V = \int_0^{2\pi}\mathrm{d}\theta\int_0^{\frac{\pi}{4}}\mathrm{d}\varphi\int_0^{2R\cos\varphi}\rho^3\sin\varphi\cos\varphi\mathrm{d}\rho$$

$$= 8\pi R^4\cdot\int_0^{\frac{\pi}{4}}\sin\varphi\cos^5\varphi\mathrm{d}\varphi = \frac{7}{6}\pi R^4,$$

从而得$\bar{z} = \dfrac{\frac{7}{6}\pi R^4}{\pi R^3} = \dfrac{7}{6}R$,,重心为$(0,0,\frac{7}{6}R)$.

例 9.2.11 求密度为 1 的均匀球体 $\Omega: x^2+y^2+z^3\leqslant 1$ 对坐标轴的转动惯量.

解 $I_x = \iiint\limits_{\Omega}(y^2+z^2)\mathrm{d}V, I_y = \iiint\limits_{\Omega}(z^2+x^2)\mathrm{d}V, I_z = \iiint\limits_{\Omega}(x^2+y^2)\mathrm{d}V$.

由于对称性 $I_x = I_y = I_z = I$.将上三式相加,可得

$$3I = \iiint\limits_{\Omega}2(x^2+y^2+z^2)\mathrm{d}V.$$

采用球面坐标

$$I = \frac{2}{3}\iiint\limits_{\Omega}\rho^2\cdot\rho^2\sin\varphi\mathrm{d}\rho\mathrm{d}\theta\mathrm{d}\varphi = \frac{2}{3}\int_0^{2\pi}\mathrm{d}\theta\int_0^{\pi}\sin\varphi\mathrm{d}\varphi\int_0^1\rho^4\mathrm{d}\rho$$

$$= \frac{2}{3}\cdot 2\pi\cdot\frac{1}{5}\int_0^{\pi}\sin\varphi\mathrm{d}\varphi = \frac{8}{15}\pi.$$

习题 9

1. 根据二重积分的性质,比较下列积分的大小.

(1) $\iint\limits_{D}(x+y)^2\mathrm{d}\sigma$ 与 $\iint\limits_{D}(x+y)^3\mathrm{d}\sigma$,其中积分区域 D 是由 x 轴、y 轴与直线 $x+y=1$ 所围成;

(2) $\iint\limits_{D}(x+y)^2\mathrm{d}\sigma$ 与 $\iint\limits_{D}(x+y)^3\mathrm{d}\sigma$,其中积分区域 D 是由圆周 $(x-2)^2+(y-1)^2=2$ 所围成;

(3) $\iint\limits_{D}\ln(x+y)\mathrm{d}\sigma$ 与 $\iint\limits_{D}[\ln(x+y)]^2\mathrm{d}\sigma$,其中积分区域 D 是三角形闭区域,三顶点分别为 $(1,0)$,$(1,1)$,$(2,0)$;

(4) $\iint\limits_{D}\ln(x+y)\mathrm{d}\sigma$ 与 $\iint\limits_{D}[\ln(x+y)]^2\mathrm{d}\sigma$,其中 $D=\{(x,y)\mid 3\leqslant x\leqslant 5, 0\leqslant y\leqslant 1\}$.

2. 利用二重积分的性质,估计下列各二重积分的值.

(1) $I = \iint\limits_{D}\sin(x^2+y^2)\mathrm{d}\sigma$,其中 $D: \frac{\pi}{4}\leqslant x^2+y^2\leqslant\frac{3\pi}{4}$;

(2) $I = \iint\limits_{D}\dfrac{\mathrm{d}\sigma}{\ln(4+x+y)}$,其中 $D: 0\leqslant x\leqslant 4, 0\leqslant y\leqslant 8$;

(3) $I=\iint\limits_D (x^2+4y^2+9)\mathrm{d}\sigma$,其中 $D:x^2+y^2\leqslant 4$;

(4) $I=\iint\limits_D xy(x+y)\mathrm{d}\sigma$,其中 $D:0\leqslant x\leqslant 1,0\leqslant y\leqslant 1$.

3. 计算 $\lim\limits_{r\to 0}\dfrac{1}{\pi r^2}\iint\limits_D \mathrm{e}^{x^2-y^2}\cos(x+y)\mathrm{d}x\mathrm{d}y$,其中 D 为圆域:$x^2+y^2\leqslant r^2$.

4. 若 $f(x,y)$ 和 $g(x,y)$ 在 D 上连续,且 $g(x,y)$ 在 D 上不变号,试证明:存在 $(\xi,\eta)\in D$,使等式

$$\iint\limits_D f(x,y)g(x,y)\mathrm{d}\sigma=f(\xi,\eta)\iint\limits_D g(x,y)\mathrm{d}\sigma$$

成立,其中 D 是有界闭区域.

5. 计算下列二重积分.

(1) $\iint\limits_D (x^2+y^2)\mathrm{d}\sigma$,其中 $D=\{(x,y)\mid 1\leqslant x\leqslant 2,-1\leqslant y\leqslant 1\}$;

(2) $\iint\limits_D (3x+2y)\mathrm{d}\sigma$,其中 D 是由两坐标轴及直线 $x+y=2$ 所围成的闭区域;

(3) $\iint\limits_D x\mathrm{e}^{x^2+y}\mathrm{d}x\mathrm{d}y$,其中 $D=\{(x,y)\mid 0\leqslant x\leqslant 4,1\leqslant y\leqslant 3\}$;

(4) $\iint\limits_D x\cos(x+y)\mathrm{d}\sigma$,其中 D 是顶点分别是 $(0,0)$,$(\pi,0)$ 和 (π,π) 的三角形闭区域.

6. 画出积分区域,并计算二重积分.

(1) $\iint\limits_D (x^2+y^2-y)\mathrm{d}\sigma$,其中 D 是由直线 $y=x$,$y=\dfrac{x}{2}$ 和 $y=2$ 围成;

(2) $\iint\limits_D xy^2\mathrm{d}\sigma$,其中 D 是由圆周 $x^2+y^2=4$ 及 y 轴所围成的右半闭区域;

(3) $\iint\limits_D \dfrac{x-y}{x^2+y^2}\mathrm{d}\sigma$,其中 $D=\{(x,y)\mid x^2+y^2\leqslant 1,x+y\geqslant 1\}$;

(4) $\iint\limits_D \mathrm{e}^{x+y}\mathrm{d}\sigma$,其中 $D=\{(x,y)\mid |x|+|y|\leqslant 1\}$;

(5) $\iint\limits_D \dfrac{x^2(1+x^5\sqrt{1+y})}{1+x^6}\mathrm{d}x\mathrm{d}y$,其中 $D=\{(x,y)\mid |x|\leqslant 1,0\leqslant y\leqslant 2\}$;

(6) $\iint\limits_D (1+x+x^2)\arcsin\dfrac{y}{R}\mathrm{d}\sigma$,其中 $D=\{(x,y)\mid (x-R)^2+y^2\leqslant R^2\}$.

7. 化二重积分 $I=\iint\limits_D f(x,y)\mathrm{d}\sigma$ 为二次积分(分别列出对两个变量先后次序不同的两个二次积分),其中积分区域 D 是:

(1) 由直线 $y=x$ 及抛物线 $y^2=4x$ 所围成的闭区域;

(2) 由 $y=1-|1-x|$,$y=0$ 所围成闭区域;

(3)由 $x^2+y^2=2ax(a>0)$所围成闭区域的上半部分;

(4)由 $y=x,y=3x,x=1,x=3$ 所围成的闭区域;

(5)环形闭区域 $4\leqslant x^2+y^2\leqslant 16$.

8. 设 $f(x,y)$在 D 上连续,其中 D 是直线 $y=x,y=a$ 及 $x=b(b>a)$所围成的闭区域,证明:

$$\int_a^b dx\int_a^x f(x,y)dy=\int_a^b dy\int_y^b f(x,y)dx.$$

9. 改换下列二次积分的积分次序.

(1)$\int_0^2 dx\int_x^{2x} f(x,y)dy$;　　(2)$\int_0^2 dy\int_{y^2}^{2y} f(x,y)dx$;

(3)$\int_0^a dx\int_{a-\sqrt{a^2-x^2}}^{a+\sqrt{a^2-x^2}} f(x,y)dy$;　(4)$\int_1^2 dx\int_{2-x}^{\sqrt{2x-x^2}} f(x,y)dy$;

(5)$\int_0^\pi dx\int_{-\sin\frac{x}{2}}^{\sin x} f(x,y)dy$;　　(6)$\int_0^1 dx\int_0^{x^2} f(x,y)dy+\int_1^2 dx\int_0^{\sqrt{2x-x^2}} f(x,y)dy$.

10. 画出积分区域,把积分$\iint\limits_D f(x,y)dxdy$ 表示为极坐标形式的二次积分,其中积分区域 D 是:

(1)$\{(x,y)\mid x^2+y^2\leqslant a^2\}\quad(a>0)$;

(2)$\{(x,y)\mid x^2+y^2\leqslant 2x\}$;

(3)$\{(x,y)\mid a^2\leqslant x^2+y^2\leqslant b^2\}$,其中 $0<a<b$;

(4)$\{(x,y)\mid x^2\leqslant y\leqslant 1,-1\leqslant x\leqslant 1\}$.

11. 化下列二次积分为极坐标形式的二次积分.

(1)$\int_0^R dx\int_0^{\sqrt{R^2-x^2}} f(x^2+y^2)dy$;

(2)$\int_0^{2R} dy\int_0^{\sqrt{2Ry-y^2}} f(x,y)dx$;

(3)$\int_0^1 dx\int_{1-x}^{\sqrt{1-x^2}} f(x,y)dy$;

(4)$\int_0^{\frac{R}{\sqrt{1+R^2}}} dx\int_0^{Rx} f(\frac{y}{x})dy+\int_{\frac{R}{\sqrt{1+R^2}}}^R dx\int_0^{\sqrt{R^2-x^2}} f(\frac{y}{x})dy$.

12. 把下列积分化为极坐标形式,并计算积分值.

(1)$\int_0^{2a} dx\int_0^{\sqrt{2ax-x^2}}(x^2+y^2)dy$;　　(2)$\int_0^1 dx\int_{x^2}^x (x^2+y^2)^{-\frac{1}{2}}dy$.

13. 利用极坐标计算下列各题.

(1)$\iint\limits_D ydxdy,D:x^2+y^2=a^2,x\geqslant 0,y\geqslant 0$;

(2) $\iint\limits_D \ln(1+x^2+y^2)\,dx\,dy$，$D$ 为圆环 $1\leqslant x^2+y^2\leqslant 2$；

(3) $\iint\limits_D \arctan\frac{y}{x}\,dx\,dy$，$D$ 是由圆周 $x^2+y^2=4$，$x^2+y^2=1$ 及直线 $y=0$，$y=x$ 所围成的在第一象限内的闭区域；

(4) $\iint\limits_D e^{-x^2-y^2}\,dx\,dy$，$D:x^2+y^2\leqslant 1$.

14. 选用适当的坐标计算下列各题.

(1) $\iint\limits_D ye^{xy}\,d\sigma$，其中 D 为 $x=1$，$x=2$，$y=2$，$xy=1$ 所围成的闭区域；

(2) $\iint\limits_D \sqrt{\frac{1-x^2-y^2}{1+x^2+y^2}}\,d\sigma$，其中 D 是由圆周 $x^2+y^2=1$ 及坐标轴所围成的在第一象限内的闭区域；

(3) $\iint\limits_D (x^2+y^2)\,d\sigma$，其中 D 是由直线 $y=x$，$y=x+a$，$y=a$，$y=3a\,(a>0)$ 所围成的闭区域；

(4) $\iint\limits_D y^2\sqrt{R^2-x^2}\,d\sigma$，其中 D 为 $x^2+y^2\leqslant R^2$ 的上半部分.

15. 作适当的变换，计算下列二重积分.

(1) $\iint\limits_D (x-y)^2\sin^2(x+y)\,dx\,dy$，其中 D 是平行四边形闭区域，它的 4 个顶点是 $(\pi,0)$，$(2\pi,\pi)$，$(\pi,2\pi)$ 和 $(0,\pi)$；

(2) $\iint\limits_D x^2y^2\,dx\,dy$，其中 D 是由两条双曲线 $xy=1$ 和 $xy=2$，直线 $y=x$ 和 $y=4x$ 所围成的在第一象限内的闭区域；

(3) $\iint\limits_D e^{\frac{y}{x+y}}\,dx\,dy$，其中 D 由 x 轴、y 轴和直线 $x+y=1$ 所围成的闭区域；

(4) $\iint\limits_D \left(\frac{x^2}{a^2}+\frac{y^2}{b^2}\right)dx\,dy$，其中 $D=\left\{(x,y)\,\middle|\,\frac{x^2}{a^2}+\frac{y^2}{b^2}\leqslant 1\right\}$.

16. 利用二重积分计算下列平面区域 D 的面积.

(1) D 由曲线 $y=e^x$，$y=e^{-x}$ 及 $x=1$ 围成；

(2) $D=\left\{(r\cos\theta, r\sin\theta)\,\middle|\,\frac{1}{2}\leqslant r\leqslant 1+\cos\theta\right\}$.

17. 求下列曲面的面积.

(1) 求锥面 $z^2=x^2+y^2$ 界于平面 $z=0$ 和 $z=h\,(h>0)$ 之间的面积；

(2) 求平面 $\frac{x}{a}+\frac{y}{b}+\frac{z}{c}=1$ 被三个坐标平面所截下的那部分平面的面积.

18. 利用二重积分求下列各题中立体 Ω 的体积.

(1) $\Omega=\{(x,y,z)\mid x^2+y^2\leqslant 1, 0\leqslant z\leqslant 6-2x-2y\}$；

(2) $\Omega=\{(x,y,z)\mid x^2+y^2\leqslant z\leqslant 1+\sqrt{1-x^2-y^2}\}$.

19. 证明：

(1) $\int_0^1 \mathrm{d}y\int_0^{\sqrt{y}} \mathrm{e}^y f(x)\mathrm{d}x=\int_0^1(\mathrm{e}-\mathrm{e}^{x^2})f(x)\mathrm{d}x$;

(2) $\int_a^b \mathrm{d}y\int_a^y (y-x)^n f(x)\mathrm{d}x=\int_a^b \frac{1}{n+1}f(x)(b-x)^{n+1}\mathrm{d}x,(n\in\mathbf{N})$;

(3) 设函数 $f(x)$ 在 $[0,1]$ 上连续，则

$$\int_0^1 \mathrm{d}x\int_x^1 f(x)f(y)\mathrm{d}y=\frac{1}{2}\left[\int_0^1 f(x)\mathrm{d}x\right]^2;$$

(4) 设函数 $f(x)$ 在 $[a,b]$ 上连续，则

$$\left[\int_a^b f(x)\mathrm{d}x\right]^2\leqslant(b-a)\int_a^b f^2(x)\mathrm{d}x;$$

(5) $\iint\limits_D f(x+y)\mathrm{d}x\mathrm{d}y=\int_{-1}^1 f(u)\mathrm{d}u$，其中闭区域 $D=\{(x,y)\mid |x|+|y|\leqslant 1\}$;

(6) 设 $f(x)$ 在 $[0,1]$ 上为单调减少且恒大于零的连续函数，则

$$\frac{\int_0^1 xf^2(x)\mathrm{d}x}{\int_0^1 xf(x)\mathrm{d}x}\leqslant\frac{\int_0^1 f^2(x)\mathrm{d}x}{\int_0^1 f(x)\mathrm{d}x}.$$

$\left(\text{提示：考虑 } I=\int_0^1 xf(x)\mathrm{d}x\int_0^1 f^2(y)\mathrm{d}y-\int_0^1 yf^2(y)\mathrm{d}y\int_0^1 f(x)\mathrm{d}x.\right)$

20. 化三重积分 $I=\iiint\limits_\Omega f(x,y,z)\mathrm{d}x\mathrm{d}y\mathrm{d}z$ 为三次积分，其中积分区域 Ω 分别是：

(1) 由曲面 $z=x^2+y^2$ 及平面 $z=1$ 所围成的闭区域；

(2) 由面 $z=x^2+2y^2$ 及 $z=2-x^2$ 所围成的闭区域；

(3) 由曲面 $\frac{x^2}{a^2}+\frac{y^2}{a^2}-\frac{z^2}{a^2}=1$ 和平面 $z=0$ 及 $z=1$ 所围成.

21. 将下列三次积分看作由三重积分 $\iiint\limits_\Omega f(x,y,z)\mathrm{d}x\mathrm{d}y\mathrm{d}z$ 化来，试画出其积分区域 Ω，并将其改写为先 x 后 y 再 z 的三次积分.

(1) $\int_0^1 \mathrm{d}x\int_0^{1-x}\mathrm{d}y\int_{x+y}^1 f(x,y,z)\mathrm{d}z$;

(2) $\int_0^1 \mathrm{d}y\int_{-\sqrt{y}}^{\sqrt{y}}\mathrm{d}x\int_{-\sqrt{y-x^2}}^{\sqrt{y-x^2}} f(x,y,z)\mathrm{d}z$.

22. 计算下列三重积分.

(1) $\iiint\limits_\Omega \frac{\mathrm{d}x\mathrm{d}y\mathrm{d}z}{(1+x+y+z)^3}$，其中 Ω 为平面 $x=0,y=0,z=0,x+y+z=1$ 所围成的四面体；

(2) $\iiint\limits_\Omega xz\mathrm{d}x\mathrm{d}y\mathrm{d}z$，其中 Ω 是由平面 $z=0,z=y,y=1$ 以及抛物柱面 $y=x^2$ 所围成

的闭区域；

(3) $\iiint\limits_{\Omega} z\mathrm{d}x\mathrm{d}y\mathrm{d}z$,其中 Ω 为锥面 $z=\frac{h}{R}\sqrt{x^2+y^2}$ 与平面 $z=h(R>0,h>0)$所围成的闭区域.

23. 利用柱坐标计算下列三重积分.

(1) $\iiint\limits_{\Omega} z\mathrm{d}V$,其中 Ω 是由圆柱面 $x^2+y^2=2y$ 和平面 $z=0, z=y$ 所围成的闭区域；

(2) $\iiint\limits_{\Omega}(x^2+y^2)\mathrm{d}V$,其中 Ω 是由曲面 $x^2+y^2=2z$ 和平面 $z=2$ 所围成的闭区域.

24. 利用球面坐标计算下列三重积分.

(1) $\iiint\limits_{\Omega} z\mathrm{d}V$,其中闭区域 Ω 由不等式 $x^2+y^2+(z-a)^2\leqslant a^2, x^2+y^2\leqslant z^2$ 所确定；

(2) $\iiint\limits_{\Omega}\sqrt{x^2+y^2+z^2}\,\mathrm{d}V$,其中 Ω 是由球面 $x^2+y^2+z^2=z$ 所围成的闭区域.

25. 选用适当的坐标计算下列三重积分.

(1) $\iiint\limits_{\Omega}(x^2+y^2+z^2)\mathrm{d}V$,其中 $\Omega=\left\{(x,y,z)\left|\frac{x^2+y^2}{3}\leqslant z\leqslant 3\right.\right\}$；

(2) $\iiint\limits_{\Omega}(x^2+y^2)z^2\mathrm{d}V$,其中 $\Omega=\left\{(x,y,z)\left|\sqrt{\frac{x^2+y^2}{3}}\leqslant z\leqslant\sqrt{3}\right.\right\}$；

(3) $\iiint\limits_{\Omega}\mathrm{e}^{\sqrt{x^2+y^2+z^2}}\mathrm{d}V$,其中 Ω 是单位球 $x^2+y^2+z^2\leqslant 1$ 内满足 $z\geqslant\sqrt{x^2+y^2}$ 的部分.

26. 计算 $\iiint\limits_{\frac{x^2}{a^2}+\frac{y^2}{b^2}+\frac{z^2}{c^2}\leqslant 1}\sqrt{1-\left(\frac{x^2}{a^2}+\frac{y^2}{b^2}+\frac{z^2}{c^2}\right)^{\frac{3}{2}}}\,\mathrm{d}x\mathrm{d}y\mathrm{d}z$.

27. 利用三重积分计算下列立体 Ω 的体积.

(1) Ω 由曲面 $z=6-(x^2+y^2)$ 和 $z=\sqrt{x^2+y^2}$ 围成；

(2) $\Omega=\{(x,y,z)\,|\,4\leqslant x^2+y^2+z^2\leqslant 9, z^2\leqslant x^2+y^2\}$.

28. 一均匀物体(密度 ρ 为常量)占有的闭区域 Ω 由曲面 $z=x^2+y^2$ 和平面 $z=0$, $|x|=a, |y|=a$ 所围成.求:

(1)物体的体积；

(2)物体的质心；

(3)物体关于 z 轴的转动惯量.

29. 设 $f(t)$ 连续,证明:

$$\int_0^x\mathrm{d}v\int_0^v\mathrm{d}u\int_0^u f(t)\mathrm{d}t=\frac{1}{2}\int_0^x f(t)(x-t)^2\mathrm{d}t\ .$$

30. 设 $F(t)=\iiint\limits_{x^2+y^2+z^2\leqslant t^2} f(x^2+y^2+z^2)\mathrm{d}x\mathrm{d}y\mathrm{d}z$,求 $F'(t)$.

第 10 章 级数

级数是表示函数、研究函数性质以及进行计算的一种有效工具.这一章将介绍常数项级数、幂级数与傅里叶级数,并讨论如何把函数展开成幂级数或傅里叶级数的问题.

10.1 常数项级数的概念与性质

10.1.1 常数项级数的概念

设$\{u_n\}$是一个数列,将$\{u_n\}$各项依次相加,得到

$$u_1+u_2+\cdots+u_n+\cdots.$$

上述和式含有无穷多项,称为**常数项级数**,简称**级数**,记为$\sum\limits_{n=1}^{\infty}u_n$,其中$u_n$称为级数的**一般项**.

我们自然要问,无穷多项相加怎么求和?这就要从有限项之和说起了.数列$\{u_n\}$的前n项之和

$$S_n=u_1+u_2+\cdots+u_n=\sum_{i=1}^{n}u_i$$

称为级数$\sum\limits_{i=1}^{\infty}u_i$的**部分和**.于是由$S_1,S_2,\cdots,S_n,\cdots$构成了一个数列,称为**部分和数列**.

下面就用这个数列的极限来定义级数的和.

定义 10.1.1 如果级数$\sum\limits_{n=1}^{\infty}u_n$的部分和数列$\{S_n\}$收敛于$S$,即

$$\lim_{n\to\infty}S_n=S,$$

则称级数$\sum\limits_{n=1}^{\infty}u_n$**收敛**,称$S$为级数的**和**,记为

$$\sum_{n=1}^{\infty}u_n=S.$$

如果$\{S_n\}$发散,则称级数$\sum\limits_{n=1}^{\infty}u_n$**发散**.

按以上定义,级数$\sum\limits_{n=1}^{\infty}u_n$的收敛问题,就归结为部分和数列的收敛问题,同时无穷多项求和的问题,也就转化成求数列极限$\lim\limits_{n\to\infty}\sum\limits_{i=1}^{n}u_i$的问题了.

例 10.1.1　判断等比级数(又称几何级数)$\sum\limits_{n=1}^{\infty} aq^{n-1}$的敛散性,其中 $a \neq 0$.

解　(1)当$|q| \neq 1$ 时,部分和

$$S_n = \sum_{i=1}^{n} aq^{i-1} = \frac{a(1-q^n)}{1-q},$$

$$\lim_{n\to\infty} S_n = \begin{cases} \dfrac{a}{1-q}, & |q|<1, \\ \infty, & |q|>1; \end{cases}$$

(2)当 $q=1$ 时,

$$\lim_{n\to\infty} S_n = \lim_{n\to\infty} na = \infty;$$

(3)当 $q=-1$ 时,

$$S_n = \begin{cases} a, & n \text{ 为奇数}, \\ 0, & n \text{ 为偶数}, \end{cases}$$

S_n的极限不存在.

综上所述,当$|q|<1$ 时,等比级数收敛;当$|q| \geqslant 1$ 时,S_n的极限不存在,等比级数发散.

10.1.2　收敛级数的性质

性质 10.1.1　若级数$\sum\limits_{n=1}^{\infty} u_n$收敛,$k$ 为任一常数,则$\sum\limits_{n=1}^{\infty} ku_n$也收敛并有

$$\sum_{n=1}^{\infty} ku_n = k\sum_{n=1}^{\infty} u_n.$$

证　由已知,$\lim\limits_{n\to\infty}\sum\limits_{i=1}^{n} u_i$存在,故

$$\sum_{n=1}^{\infty} ku_n = \lim_{n\to\infty}\sum_{i=1}^{n} ku_i = \lim_{n\to\infty} k\sum_{i=1}^{n} u_i = k\lim_{n\to\infty}\sum_{i=1}^{n} u_i = k\sum_{n=1}^{\infty} u_n.$$

性质 10.1.2　若级数$\sum\limits_{n=1}^{\infty} u_n$和$\sum\limits_{n=1}^{\infty} v_n$都收敛,则$\sum\limits_{n=1}^{\infty}(u_n \pm v_n)$也收敛,并有

$$\sum_{n=1}^{\infty}(u_n \pm v_n) = \sum_{n=1}^{\infty} u_n \pm \sum_{n=1}^{\infty} v_n.$$

证　由已知,$\lim\limits_{n\to\infty}\sum\limits_{i=1}^{n} u_i$和$\lim\limits_{n\to\infty}\sum\limits_{i=1}^{n} v_i$都存在,故

$$\begin{aligned}\sum_{n=1}^{\infty}(u_n \pm v_n) &= \lim_{n\to\infty}\sum_{i=1}^{n}(u_i \pm v_i) = \lim_{n\to\infty}\left(\sum_{i=1}^{n} u_i \pm \sum_{i=1}^{n} v_i\right) \\ &= \lim_{n\to\infty}\sum_{i=1}^{n} u_i \pm \lim_{n\to\infty}\sum_{i=1}^{n} v_i = \sum_{n=1}^{\infty} u_n \pm \sum_{n=1}^{\infty} v_n.\end{aligned}$$

性质 10.1.3　若级数$\sum\limits_{n=1}^{\infty} u_n$收敛,则将该级数的项任意加括号后形成的级数

$$(u_1+u_2+\cdots+u_{n_1})+(u_{n_1+1}+\cdots+u_{n_2})+\cdots+(u_{n_{k-1}+1}+\cdots+u_{n_k})+\cdots$$

仍收敛,且其和不变.

证 设$\sum_{n=1}^{\infty}u_n$的部分和数列为$\{S_n\}$,加括号后的级数的部分和数列为$\{A_n\}$,则

$$\begin{aligned}A_k&=(u_1+u_2+\cdots+u_{n_1})+(u_{n_1+1}+\cdots+u_{n_2})+\cdots+(u_{n_{k-1}+1}+\cdots+u_{n_k})\\&=S_{n_k},k=1,2,\cdots,\end{aligned}$$

因此$\{A_k\}$是数列$\{S_n\}$的子列.由$\{S_n\}$收敛,知

$$\lim_{n\to\infty}A_k=\lim_{n\to\infty}S_n,$$

即加括号后的级数仍收敛且其和不变.

根据性质 10.1.3 立即得到如下推论.

推论 若加括号后形成的级数发散,则原来的级数一定也发散.

需要注意的是,若加括号后形成的级数收敛,则不能断定原级数也收敛.例如,级数

$$(1-1)+(1-1)+\cdots$$

收敛于零.但级数

$$1-1+1-1+\cdots$$

发散.

性质 10.1.4 (级数收敛的必要条件)若级数$\sum_{n=1}^{\infty}u_n$收敛,则

$$\lim_{n\to\infty}u_n=0.$$

证 设$\sum_{n=1}^{\infty}u_n$的部分和数列为$\{S_n\}$且$\lim_{n\to\infty}S_n=S$,则

$$\lim_{n\to\infty}u_n=\lim_{n\to\infty}(S_n-S_{n-1})=S-S=0.$$

推论 若$\lim_{n\to\infty}u_n\neq0$,则级数$\sum_{n=1}^{\infty}u_n$发散.

需要注意的是,一般项趋于零并不是级数收敛的充分条件.例如,调和级数$\sum_{n=1}^{\infty}\frac{1}{n}$的一般项趋于零,但它并不收敛.可用反证法证明.

假设$\sum_{n=1}^{\infty}\frac{1}{n}$收敛,则加括号后的级数

$$1+\frac{1}{2}+(\frac{1}{3}+\frac{1}{4})+(\frac{1}{5}+\frac{1}{6}+\frac{1}{7}+\frac{1}{8})+\cdots+(\frac{1}{2^{k-1}+1}+\cdots+\frac{1}{2^k})+\cdots$$

也应收敛.但

$$\frac{1}{2^{k-1}+1}+\frac{1}{2^{k-1}+2}+\cdots+\frac{1}{2^k}\geqslant\frac{1}{2^k}+\frac{1}{2^k}+\cdots+\frac{1}{2^k}=\frac{1}{2},$$

即加括号后级数的一般项不趋于零,从而可知加括号后级数不收敛,矛盾.于是调和级数$\sum_{n=1}^{\infty}\frac{1}{n}$发散.

定理 10.1.1　**(柯西收敛原理)**级数 $\sum_{n=1}^{\infty} u_n$ 收敛的充分必要条件为:对任意给定的正数 ε,总存在正整数 N,使得当 $n>N$ 时,不等式

$$|u_{n+1}+u_{n+2}+\cdots+u_{n+p}|<\varepsilon$$

对任意正整数 p 都成立.

证　设级数 $\sum_{n=1}^{\infty} u_n$ 的部分和数列为 $\{S_n\}$,于是

$$|u_{n+1}+u_{n+2}+\cdots+u_{n+p}|=|S_{n+p}-S_n|.$$

根据数列的柯西收敛原理,即得本定理.

由级数的柯西收敛原理,可得如下推论.

推论　在级数中去掉、加上或改变有限项,不会改变级数的敛散性.

例 10.1.2　判断级数 $\sum_{n=1}^{\infty} \frac{1}{n^2}$ 的敛散性.

解法 1　对任何正整数 p,

$$\begin{aligned}
&|u_{n+1}+u_{n+2}+\cdots+u_{n+p}|\\
&=\frac{1}{(n+1)^2}+\frac{1}{(n+2)^2}+\cdots+\frac{1}{(n+p)^2}\\
&<\frac{1}{n(n+1)}+\frac{1}{(n+1)(n+2)}+\cdots+\frac{1}{(n+p-1)(n+p)}\\
&=\left(\frac{1}{n}-\frac{1}{n+1}\right)+\left(\frac{1}{n+1}-\frac{1}{n+2}\right)+\cdots+\left(\frac{1}{n+p-1}-\frac{1}{n+p}\right)\\
&=\frac{1}{n}-\frac{1}{n+p}\\
&<\frac{1}{n},
\end{aligned}$$

于是对任意正数 ε,取 $N=[\frac{1}{\varepsilon}]+1$,当 $n>N$ 时,对任何正整数 p,都有

$$|u_{n+1}+u_{n+2}+\cdots+u_{n+p}|<\varepsilon,$$

由柯西收敛原理知,级数 $\sum_{n=1}^{\infty} \frac{1}{n^2}$ 收敛.

解法 2　设级数 $\sum_{n=1}^{\infty} \frac{1}{n^2}$ 部分和数列为 $\{S_n\}$,则

$$S_{n+1}-S_n=\frac{1}{(n+1)^2}>0.$$

因此 $\{S_n\}$ 严格单调增加. 下面证明 $\{S_n\}$ 有上界:

$$\begin{aligned}
S_n&=1+\frac{1}{2^2}+\frac{1}{3^2}+\cdots+\frac{1}{n^2}\\
&<1+\frac{1}{1\cdot 2}+\frac{1}{2\cdot 3}+\cdots+\frac{1}{(n-1)n}
\end{aligned}$$

$$=1+(\frac{1}{1}-\frac{1}{2})+(\frac{1}{2}-\frac{1}{3})+\cdots+(\frac{1}{n-1}-\frac{1}{n})$$
$$=1+1-\frac{1}{n}$$
$$<2.$$

按单调有界定理，$\{S_n\}$收敛，即级数$\sum\limits_{n=1}^{\infty}\frac{1}{n^2}$收敛.

10.2　正项级数

定义 10.2.1　如果级数$\sum\limits_{n=1}^{\infty}u_n$的每一项$u_n\geqslant 0(n=1,2,\cdots)$，则称此级数为**正项级数**.

设正项级数$\sum\limits_{n=1}^{\infty}u_n$的部分和数列为$\{S_n\}$. 显然$\{S_n\}$是一个单调增加数列：

$$S_1\leqslant S_2\leqslant\cdots\leqslant S_n\leqslant\cdots.$$

如果数列$\{S_n\}$有上界，那么它必有极限；如果数列$\{S_n\}$无上界，那么它发散到$+\infty$. 由此得到如下定理.

定理 10.2.1　正项级数$\sum\limits_{n=1}^{\infty}u_n$收敛的充分必要条件是它的部分和数列$\{S_n\}$有上界.

根据前面的讨论，正项级数$\sum\limits_{n=1}^{\infty}u_n$如果发散，就一定发散到$+\infty$，记作$\sum\limits_{n=1}^{\infty}u_n=+\infty$. 反之，如果正项级数$\sum\limits_{n=1}^{\infty}u_n$不发散到$+\infty$，那么$\sum\limits_{n=1}^{\infty}u_n$必定收敛，此时记$\sum\limits_{n=1}^{\infty}u_n<+\infty$. 下面给出一个基本的判别法.

定理 10.2.2　**（比较判别法）**设$\sum\limits_{n=1}^{\infty}u_n$和$\sum\limits_{n=1}^{\infty}v_n$都是正项级数，且存在常数$c>0$，使$u_n\leqslant cv_n(n=1,2,3,\cdots)$. 若级数$\sum\limits_{n=1}^{\infty}v_n$收敛，则级数$\sum\limits_{n=1}^{\infty}u_n$收敛；反之，若级数$\sum\limits_{n=1}^{\infty}u_n$发散，则级数$\sum\limits_{n=1}^{\infty}v_n$发散.

证　设$\sum\limits_{n=1}^{\infty}v_n$收敛于$V$，则$\sum\limits_{i=1}^{n}u_i\leqslant\sum\limits_{i=1}^{n}cv_i\leqslant c\sum\limits_{i=1}^{\infty}v_i=cV$.

即cV是级数$\sum\limits_{n=1}^{\infty}u_n$部分和数列的上界，由定理 10.2.1 $\sum\limits_{n=1}^{\infty}u_n$收敛. 换句话说，当$\sum\limits_{n=1}^{\infty}u_n$发散时，必有$\sum\limits_{n=1}^{\infty}v_n$发散.

注意到在级数中去掉有限项，不会改变级数的敛散性，因此可以把比较判别法中的条件"使 $u_n \leqslant cv_n(n=1,2,3,\cdots)$"改为"存在正整数 N，使当 $n>N$ 时，有 $u_n \leqslant cv_n$."

例 10.2.1　判断级数 $\sum\limits_{n=1}^{\infty} \dfrac{1}{\sqrt{n^2+n+1}}$ 的敛散性.

解　对任何正整数 n，

$$\frac{1}{\sqrt{n^2+n+1}} \geqslant \frac{1}{\sqrt{n^2+2n+1}} = \frac{1}{n+1},$$

而 $\sum\limits_{n=1}^{\infty} \dfrac{1}{n+1} = \sum\limits_{n=2}^{\infty} \dfrac{1}{n}$ 是发散的，由比较判别法，知级数 $\sum\limits_{n=1}^{\infty} \dfrac{1}{\sqrt{n^2+n+1}}$ 发散.

例 10.2.2　判断级数 $\sum\limits_{n=1}^{\infty} (\sqrt{n^4+1}-\sqrt{n^4-1})$ 的敛散性.

解　对任何正整数 n，

$$\begin{aligned}\sqrt{n^4+1}-\sqrt{n^4-1} &= \frac{2}{\sqrt{n^4+1}+\sqrt{n^4-1}} \\ &\leqslant \frac{2}{\sqrt{n^4+1}} \\ &\leqslant 2\cdot\frac{1}{n^2}.\end{aligned}$$

因为 $\sum\limits_{n=1}^{\infty} \dfrac{1}{n^2}$ 收敛，所以 $\sum\limits_{n=1}^{\infty} (\sqrt{n^4+1}-\sqrt{n^4-1})$ 也收敛.

为应用上的方便，下面给出比较判别法的极限形式.

定理 10.2.3　（比较判别法的极限形式）设 $\sum\limits_{n=1}^{\infty} u_n$ 和 $\sum\limits_{n=1}^{\infty} v_n$ 都是正项级数，且 $\lim\limits_{n\to\infty} \dfrac{u_n}{v_n} = l$，则：

(1)若 $0 \leqslant l < +\infty$ 且级数 $\sum\limits_{n=1}^{\infty} v_n$ 收敛，则级数 $\sum\limits_{n=1}^{\infty} u_n$ 收敛；

(2)若 $0 < l \leqslant +\infty$ 且级数 $\sum\limits_{n=1}^{\infty} v_n$ 发散，则级数 $\sum\limits_{n=1}^{\infty} u_n$ 发散.

证　(1)由极限定义可知，对 $\varepsilon=1$，存在正整数 N，当 $n>N$ 时，$\dfrac{u_n}{v_n} < l+1$，即 $u_n \leqslant (l+1)v_n$. 由比较判别法，知级数 $\sum\limits_{n=1}^{\infty} u_n$ 收敛.

(2)由 $\lim\limits_{n\to\infty} \dfrac{u_n}{v_n} \in (0,+\infty]$，知 $\lim\limits_{n\to\infty} \dfrac{v_n}{u_n} \in [0,+\infty)$，假如级数 $\sum\limits_{n=1}^{\infty} u_n$ 收敛，根据结论(1)，必有 $\sum\limits_{n=1}^{\infty} v_n$ 收敛. 但现在 $\sum\limits_{n=1}^{\infty} v_n$ 发散，故 $\sum\limits_{n=1}^{\infty} u_n$ 不可能收敛，即 $\sum\limits_{n=1}^{\infty} u_n$ 发散.

例 10.2.3　判断级数 $\sum\limits_{n=1}^{\infty} \arctan\dfrac{1}{\sqrt{n}}$ 的敛散性.

解 $\lim\limits_{n\to\infty}\dfrac{\arctan\dfrac{1}{\sqrt{n}}}{\dfrac{1}{n}}=\lim\limits_{n\to\infty}\dfrac{\dfrac{1}{\sqrt{n}}}{\dfrac{1}{n}}=+\infty$,

而级数$\sum\limits_{n=1}^{\infty}\dfrac{1}{n}$发散,根据定理 10.2.3 知此级数发散.

使用比较判别法时,总是要选取一个敛散性已知的级数作为参照.如果将等比级数作为参照,就可以得到根值判别法和比值判别法.

定理 10.2.4 (根值判别法,柯西判别法) 设$\sum\limits_{n=1}^{\infty}u_n$为正项级数,若存在 N 和 q,当 $n>N$ 时,总有$\sqrt[n]{u_n}\leqslant q<1$,则级数$\sum\limits_{n=1}^{\infty}u_n$收敛.若存在 N,当 $n>N$ 时,$\sqrt[n]{u_n}\geqslant 1$,则级数$\sum\limits_{n=1}^{\infty}u_n$发散.

证 (1)设当 $n>N$ 时,$\sqrt[n]{u_n}\leqslant q<1$,此时 $u_n\leqslant q^n$.而等比级数$\sum\limits_{n=1}^{\infty}q^n$收敛.根据比较判别法可知$\sum\limits_{n=1}^{\infty}u_n$收敛.

(2)设当 $n>N$ 时,$\sqrt[n]{u_n}\geqslant 1$,即 $u_n\geqslant 1$,一般项 u_n不趋于零,故$\sum\limits_{n=1}^{\infty}u_n$发散.

进一步,还可以得到根值判别法的极限形式.

定理 10.2.5 (根值判别法的极限形式) 设$\sum\limits_{n=1}^{\infty}u_n$为正项级数,并且$\lim\limits_{n\to\infty}\sqrt[n]{u_n}=q$,则:

(1)当 $q<1$ 时,级数收敛;

(2)当 $q>1$ 或$\lim\limits_{n\to\infty}\sqrt[n]{u_n}=+\infty$时,级数发散;

(3)当 $q=1$ 时级数可能收敛,也可能发散.

证 (1)设 $q<1$,则 $q<\dfrac{q+1}{2}<1$.由极限的性质可知,存在 N,当 $n>N$ 时,

$$\sqrt[n]{u_n}<\frac{q+1}{2}<1,$$

根据根值判别法可知级数收敛.

(2)设 $q>1$,由极限的性质可知,存在 N,当 $n>N$ 时,

$$\sqrt[n]{u_n}\geqslant 1,$$

根据根值判别法可知级数发散.

当$\lim\limits_{n\to\infty}\sqrt[n]{u_n}=+\infty$时,类似可证级数发散.

(3)例如$\lim\limits_{n\to\infty}\sqrt[n]{\dfrac{1}{n}}=1$,$\lim\limits_{n\to\infty}\sqrt[n]{\dfrac{1}{n^2}}=1$,$\sum\limits_{n=1}^{\infty}\dfrac{1}{n}$发散,但$\sum\limits_{n=1}^{\infty}\dfrac{1}{n^2}$收敛.因此,当 $q=1$ 时,

级数可能收敛,也可能发散.

例 10.2.4 判断级数 $\sum_{n=1}^{\infty}\frac{n^{\alpha}}{2^{n}}$(常数 $\alpha>0$)的敛散性.

解 因为

$$\lim_{n\to\infty}\sqrt[n]{\frac{n^{\alpha}}{2^{n}}}=\frac{1}{2}\lim_{n\to\infty}(\sqrt[n]{n})^{\alpha}=\frac{1}{2}<1,$$

根据根值判别法(极限形式),原级数收敛.

例 10.2.5 判断级数 $\sum_{n=1}^{\infty}(1-\frac{1}{2n})^{n^{2}}$ 的敛散性.

解 因为

$$\lim_{n\to\infty}\sqrt[n]{(1-\frac{1}{2n})^{n^{2}}}=\lim_{n\to\infty}(1-\frac{1}{2n})^{n}=\lim_{n\to\infty}[(1-\frac{1}{2n})^{-2n}]^{-\frac{1}{2}}=\mathrm{e}^{-\frac{1}{2}}<1,$$

根据根值判别法,原级数收敛.

定理 10.2.6 (比值判别法,达朗贝尔判别法) 设 $\sum_{n=1}^{\infty}u_{n}$ 为正项级数.若存在 N 和 q,当 $n>N$ 时,总有 $\frac{u_{n+1}}{u_{n}}\leqslant q<1$,则级数 $\sum_{n=1}^{\infty}u_{n}$ 收敛.若存在 N,当 $n>N$ 时,总有 $\frac{u_{n+1}}{u_{n}}\geqslant 1$,则级数 $\sum_{n=1}^{\infty}u_{n}$ 发散.

证 若当 $n>N$ 时,$\frac{u_{n+1}}{u_{n}}\leqslant q<1$,则此时有 $u_{n}\leqslant u_{N+1}q^{n-N-1}$,而等比级数 $\sum_{n=N+1}^{\infty}u_{N+1}q^{n-N-1}$ 是收敛的.根据比较判别法,级数 $\sum_{n=1}^{\infty}u_{n}$ 收敛.

若当 $n>N$ 时,$\frac{u_{n+1}}{u_{n}}\geqslant 1$,即 $u_{n+1}\geqslant u_{n}>0$.故当 $n>N$ 时,$u_{n+1}\geqslant u_{N+1}>0$.因为一般项 u_{n} 不趋于零,所以 $\sum_{n=1}^{\infty}u_{n}$ 发散.

在实际应用中,比值判别法的极限形式常常更加方便.

定理 10.2.7 (比值判别法的极限形式) 设 $\sum_{n=1}^{\infty}u_{n}$ 为正项级数,并且 $\lim_{n\to\infty}\frac{u_{n+1}}{u_{n}}=q$,则当 $q<1$ 时,级数收敛;当 $q>1$ 或 $\lim_{n\to\infty}\frac{u_{n+1}}{u_{n}}=+\infty$ 时,级数发散;当 $q=1$ 时,级数可能收敛,也可能发散.

仿照根值判别法的极限形式的证明,即可证得上述定理,这里不再赘述.

例 10.2.6 判断级数 $\sum_{n=1}^{\infty}\frac{n^{n}}{3^{n}\cdot n!}$ 的敛散性.

解 因为

$$\lim_{n\to\infty}\frac{u_{n+1}}{u_{n}}=\lim_{n\to\infty}[\frac{(n+1)^{n+1}}{3^{n+1}(n+1)!}\cdot\frac{3^{n}n!}{n^{n}}]=\lim_{n\to\infty}\frac{1}{3}(1+\frac{1}{n})^{n}$$
$$=\frac{\mathrm{e}}{3}<1,$$

根据比值判别法(极限形式),原级数收敛.

例 10.2.7 判断级数$\sum_{n=1}^{\infty} n\tan\frac{\pi}{2^{n+1}}$的敛散性.

解 因为

$$\lim_{n\to\infty}\frac{u_{n+1}}{u_n}=\lim_{n\to\infty}\frac{(n+1)\tan\frac{\pi}{2^{n+2}}}{n\tan\frac{\pi}{2^{n+1}}}=\lim_{n\to\infty}\frac{\frac{\pi}{2^{n+2}}}{\frac{\pi}{2^{n+1}}}$$

$$=\frac{1}{2}<1,$$

根据比值判别法,原级数收敛.

定理 10.2.8 **(积分判别法)** 设$\sum_{n=1}^{\infty}u_n$是正项级数,如果在$[1,+\infty)$上存在一个连续的单调减少的正值函数$f(x)$,使得对任意自然数n,恰有$f(n)=u_n$,则级数$\sum_{n=1}^{\infty}u_n$与广义积分$\int_1^{+\infty}f(x)\mathrm{d}x$具有相同的敛散性.

证 由$f(x)$在$[1,+\infty)$上单调减少可知,当$x\in[k,k+1]$时,$u_{k+1}=f(k+1)\leqslant f(x)\leqslant f(k)=u_k$,于是就有

$$u_{k+1}=\int_k^{k+1}u_{k+1}\mathrm{d}x\leqslant\int_k^{k+1}f(x)\mathrm{d}x\leqslant\int_k^{k+1}u_k\mathrm{d}x=u_k,$$

从而

$$\sum_{k=2}^{n}u_k=\sum_{k=1}^{n-1}u_{k+1}\leqslant\sum_{k=1}^{n-1}\int_k^{k+1}f(x)\mathrm{d}x=\int_1^n f(x)\mathrm{d}x\leqslant\sum_{k=1}^{n-1}u_k.$$

对上述不等式各项求极限即得

$$\sum_{k=2}^{\infty}u_k\leqslant\int_1^{+\infty}f(x)\mathrm{d}x\leqslant\sum_{k=1}^{\infty}u_k.$$

因此级数$\sum_{n=1}^{\infty}u_n$与广义积分$\int_1^{+\infty}f(x)\mathrm{d}x$敛散性相同.

例 10.2.8 判断p-级数$\sum_{n=1}^{\infty}\frac{1}{n^p}(p>0)$的敛散性.

解 令$f(x)=\frac{1}{x^p}$.由于

$$\int_1^{+\infty}f(x)\mathrm{d}x=\int_1^{+\infty}\frac{1}{x^p}\mathrm{d}x=\begin{cases}\frac{1}{p-1}, & 若\ p>1,\\ +\infty, & 若\ p\leqslant 1,\end{cases}$$

根据积分判别法,当$p>1$时,p-级数收敛,当$p\leqslant 1$时,p-级数发散.

例 10.2.9 判断级数$\sum_{n=2}^{\infty}\frac{1}{n(\ln n)^p}(p>0)$的敛散性.

解　因为

$$\int_2^{+\infty}\frac{1}{x(\ln x)^p}\mathrm{d}x=\begin{cases}\dfrac{1}{1-p}(\ln x)^{1-p}\Big|_2^{+\infty}, & p\neq 1,\\ \ln\ln x\Big|_2^{+\infty}, & p=1\end{cases}$$

$$=\begin{cases}\dfrac{1}{(p-1)(\ln 2)^{p-1}}, & p>1,\\ +\infty, & p\leqslant 1,\end{cases}$$

所以根据积分判别法,当 $p>1$ 时原级数收敛,当 $p\leqslant 1$ 时原级数发散.

将所给级数与 $p-$级数做比较,可以得到下面的极限判别法.

定理 10.2.9　(极限判别法) 设 $\sum_{n=1}^{\infty}u_n$ 为正项级数,

(1)若 $\lim_{n\to\infty}nu_n=l(0<l\leqslant+\infty)$,则级数 $\sum_{n=1}^{\infty}u_n$ 发散;

(2)若存在 $p>1$,使 $\lim_{n\to\infty}n^pu_n=l(0\leqslant l<+\infty)$,则级数 $\sum_{n=1}^{\infty}u_n$ 收敛.

证　(1)在比较判别法的极限形式中,令 $v_n=\frac{1}{n}$,由 $\sum_{n=1}^{\infty}\frac{1}{n}$ 发散,知 $\sum_{n=1}^{\infty}u_n$ 发散.

(2)在比较判别法的极限形式中,令 $v_n=\frac{1}{n^p}$,由 $\sum_{n=1}^{\infty}\frac{1}{n^p}$ 收敛,知 $\sum_{n=1}^{\infty}u_n$ 收敛.

例 10.2.10　判断级数 $\sum_{n=1}^{\infty}\frac{1}{\sqrt[3]{n}}(1-\cos\frac{1}{\sqrt{n+1}})$ 的敛散性.

解　因为

$$\lim_{n\to\infty}n^{\frac{4}{3}}u_n=\lim_{n\to\infty}n^{\frac{4}{3}}\cdot\frac{1}{\sqrt[3]{n}}(1-\cos\frac{1}{\sqrt{n+1}})$$

$$=\lim_{n\to\infty}n\cdot\frac{1}{2}(\frac{1}{\sqrt{n+1}})^2=\frac{1}{2},$$

所以根据极限判别法,原级数收敛.

10.3　任意项级数

前面介绍的正项级数是各项都非负的级数,而一般的级数各项是可正可负的,所以又称任意项级数.本节将讨论任意项级数的敛散性.

10.3.1　交错级数

定义 10.3.1　若对任意正整数 n,都有 $u_n>0$,则称级数

$$\sum_{n=1}^{\infty}(-1)^{n-1}u_n=u_1-u_2+u_3-u_4+\cdots+(-1)^{n-1}u_n+\cdots \tag{10.3.1}$$

或

$$\sum_{n=1}^{\infty}(-1)^n u_n=-u_1+u_2-u_3+u_4-\cdots+(-1)^n u_n+\cdots \tag{10.3.2}$$

为**交错级数**.

对同一数列$\{u_n\}$,级数$\sum_{n=1}^{\infty}(-1)^{n-1}u_n$与$\sum_{n=1}^{\infty}(-1)^n u_n$敛散性相同.下面对形如$\sum_{n=1}^{\infty}(-1)^{n-1}u_n$的交错级数给出一种判别法.

定理 10.3.1 (莱布尼茨判别法)如果交错级数$\sum_{n=1}^{\infty}(-1)^{n-1}u_n$满足如下条件:

(1) $u_n\geqslant u_{n+1}\quad(n=1,2,3,\cdots)$,

(2) $\lim\limits_{n\to\infty}u_n=0$,

则级数$\sum_{n=1}^{\infty}(-1)^{n-1}u_n$收敛,且其和$S\leqslant u_1$.

证 设$\{S_n\}$是级数$\sum_{n=1}^{\infty}(-1)^{n-1}u_n$的部分和数列.为了证明$\{S_n\}$收敛,我们先证$\{S_{2n}\}$收敛.

$$S_{2n+2}=S_{2n}+(u_{2n+1}-u_{2n+2})\geqslant S_{2n}\geqslant 0,$$

因此数列$\{S_{2n}\}$是单调增加的.又因为

$$S_{2n}=u_1-(u_2-u_3)-(u_4-u_5)-\cdots-(u_{2n-2}-u_{2n-1})-u_{2n}<u_1,$$

所以$\{S_{2n}\}$有上界.根据单调有界定理,数列$\{S_{2n}\}$有极限.设此极限为S,则

$$\lim_{n\to\infty}S_{2n}=S\leqslant u_1.$$

同时还有

$$\lim_{n\to\infty}S_{2n+1}=\lim_{n\to\infty}(S_{2n}+u_{2n+1})=\lim_{n\to\infty}S_{2n}+\lim_{n\to\infty}u_{2n+1}=S.$$

综上所述,有$\lim\limits_{n\to\infty}S_n=S$,即级数收敛,且$S\leqslant u_1$.

例 10.3.1 判断级数$\sum_{n=1}^{\infty}(-1)^{n-1}\frac{1}{n+1}$的敛散性.

解 在交错级数$\sum_{n=1}^{\infty}(-1)^{n-1}\frac{1}{n+1}$中,令$u_n=\frac{1}{n+1}$,则数列$\{u_n\}$单减趋于0.根据莱布尼茨判别法,级数收敛.

注意到改变级数前面有限项不影响级数的敛散性,故莱布尼茨判别法中的条件(1)也可以改成"存在正整数N,当$n\geqslant N$时,$u_n\geqslant u_{n+1}$."

例 10.3.2 判断级数$\sum_{n=1}^{\infty}(-1)^{n-1}\frac{\ln n}{n}$的敛散性.

解 令$u_n=\frac{\ln n}{n}$,显然当$n>1$时,$u_n>0$,并且$\lim\limits_{n\to\infty}u_n=\lim\limits_{n\to\infty}\frac{\ln n}{n}=0$.下面考察$\{u_n\}$的单调性.作函数$f(x)=\frac{\ln x}{x}$,则$f'(x)=\frac{1-\ln x}{x^2}$.当$x>\mathrm{e}$时,$f'(x)<0$.因此

$f(x)$在$[\mathrm{e},+\infty)$上单调减少.故当$n\geqslant 3$时,$u_n\geqslant u_{n+1}$.根据莱布尼茨判别法,级数收敛.

10.3.2 绝对收敛与条件收敛

定义 10.3.2 设$\sum\limits_{n=1}^{\infty}u_n$为任意项级数.若正项级数$\sum\limits_{n=1}^{\infty}|u_n|$收敛,则称级数$\sum\limits_{n=1}^{\infty}u_n$**绝对收敛**.若$\sum\limits_{n=1}^{\infty}|u_n|$发散,但$\sum\limits_{n=1}^{\infty}u_n$收敛,则称级数$\sum\limits_{n=1}^{\infty}u_n$**条件收敛**.

例如,级数$\sum\limits_{n=1}^{\infty}\dfrac{(-1)^{n-1}}{n^2}$是绝对收敛的,因为$\sum\limits_{n=1}^{\infty}\dfrac{1}{n^2}$收敛.级数$\sum\limits_{n=1}^{\infty}\dfrac{(-1)^{n-1}}{n+1}$收敛,但$\sum\limits_{n=1}^{\infty}\left|\dfrac{(-1)^{n-1}}{n+1}\right|$发散.因此级数$\sum\limits_{n=1}^{\infty}\dfrac{(-1)^{n-1}}{n+1}$条件收敛.

绝对收敛和收敛之间具有如下关系.

定理 10.3.2 若级数$\sum\limits_{n=1}^{\infty}u_n$绝对收敛,则级数$\sum\limits_{n=1}^{\infty}u_n$收敛.

证 级数$\sum\limits_{n=1}^{\infty}u_n$绝对收敛,即正项级数$\sum\limits_{n=1}^{\infty}|u_n|$收敛.又因为

$$0\leqslant u_n+|u_n|\leqslant 2|u_n|\quad(n=1,2,3,\cdots),$$

所以根据比较判别法,$\sum\limits_{n=1}^{\infty}(u_n+|u_n|)$收敛,而$u_n=(u_n+|u_n|)-|u_n|$,由收敛级数的性质(性质10.1.2)即得级数$\sum\limits_{n=1}^{\infty}u_n$收敛.

由前面的讨论可知,任意项级数$\sum\limits_{n=1}^{\infty}u_n$的敛散性分为收敛和发散两种类型.而当$\sum\limits_{n=1}^{\infty}u_n$收敛时,又可细分为绝对收敛和条件收敛两种类型.

定理 10.3.3 设$\sum\limits_{n=1}^{\infty}u_n$为任意项级数,若$\lim\limits_{n\to\infty}\sqrt[n]{|u_n|}=l$或$\lim\limits_{n\to\infty}\dfrac{|u_{n+1}|}{|u_n|}=l$,则:

(1)当$l<1$时,级数$\sum\limits_{n=1}^{\infty}u_n$绝对收敛;

(2)当$1<l\leqslant+\infty$时,级数$\sum\limits_{n=1}^{\infty}u_n$发散.

证 (1) $\sum\limits_{n=1}^{\infty}|u_n|$为正项级数,根据根值判别法和比值判别法可知,当$l<1$时,$\sum\limits_{n=1}^{\infty}|u_n|$收敛,即级数$\sum\limits_{n=1}^{\infty}u_n$绝对收敛.

(2)若$\lim\limits_{n\to\infty}\sqrt[n]{|u_n|}=l>1$,则存在正整数$N$,当$n>N$时,$\sqrt[n]{|u_n|}\geqslant 1$,即$|u_n|\geqslant 1$,

显然此时$\lim\limits_{n\to\infty}u_n\neq 0$,级数$\sum\limits_{n=1}^{\infty}u_n$发散.

若$\lim\limits_{n\to\infty}\frac{|u_{n+1}|}{|u_n|}=l>1$,则存在正整数$N$,当$n>N$时,$\frac{|u_{n+1}|}{|u_n|}\geqslant 1$,即$|u_{n+1}|\geqslant|u_n|$.于是当$n>N$时,$|u_n|\geqslant|u_{N+1}|>0$.此时亦有$\lim\limits_{n\to\infty}u_n\neq 0$,级数$\sum\limits_{n=1}^{\infty}u_n$发散.

例 10.3.3 判断级数$\sum\limits_{n=1}^{\infty}(-1)^{n-1}\frac{a^n}{n}$(其中$a$为常数)的敛散性.

解 因为

$$\lim_{n\to\infty}\sqrt[n]{|u_n|}=\lim_{n\to\infty}\sqrt[n]{\left|(-1)^{n-1}\frac{a^n}{n}\right|}=\lim_{n\to\infty}\frac{|a|}{\sqrt[n]{n}}=|a|,$$

所以根据定理 10.3.3 知,

(1)当$0\leqslant|a|<1$时,级数绝对收敛;

(2)当$|a|>1$时,级数发散;

(3)当$a=1$时,级数$\sum\limits_{n=1}^{\infty}(-1)^{n-1}\frac{a^n}{n}=\sum\limits_{n=1}^{\infty}(-1)^{n-1}\frac{1}{n}$条件收敛;

(4)当$a=-1$时,级数$\sum\limits_{n=1}^{\infty}(-1)^{n-1}\frac{a^n}{n}=\sum\limits_{n=1}^{\infty}\left(-\frac{1}{n}\right)=-\sum\limits_{n=1}^{\infty}\frac{1}{n}$,级数发散.

综上所述,即有:当$a\in(-1,1)$时,级数绝对收敛;当$a=1$时,级数条件收敛;当$a\in(-\infty,-1]\cup(1,+\infty)$时,级数发散.

例 10.3.4 判断级数$\sum\limits_{n=1}^{\infty}(-1)^{n-1}\frac{1\cdot3\cdot5\cdots(2n-1)}{2\cdot4\cdot6\cdots(2n)}$的敛散性.

解 令$u_n=\frac{1\cdot3\cdot5\cdots(2n-1)}{2\cdot4\cdot6\cdots(2n)}$,

则
$$0<u_{n+1}=\frac{2n+1}{2n+2}u_n<u_n,$$

并且
$$\begin{aligned}u_n&=\frac{\sqrt{1\cdot3}\sqrt{3\cdot5}\cdots\sqrt{(2n-3)(2n-1)}\sqrt{2n-1}}{2\cdot4\cdots(2n-2)(2n)}\\&\leqslant\frac{2\cdot4\cdots(2n-2)\sqrt{2n-1}}{2\cdot4\cdots(2n)}\leqslant\frac{\sqrt{2n-1}}{2n}\to 0,\end{aligned}$$

由莱布尼茨判别法,级数$\sum\limits_{n=1}^{\infty}(-1)^{n-1}u_n$收敛.另一方面,对任何正整数$n$,

$$\frac{1\cdot3\cdot5\cdot\cdots\cdot(2n-1)}{2\cdot4\cdot6\cdot\cdots\cdot(2n)}=1\cdot\frac{3}{2}\cdot\frac{5}{4}\cdot\frac{7}{6}\cdot\cdots\cdot\frac{2n-1}{2n-2}\cdot\frac{1}{2n}>\frac{1}{2n},$$

根据比较判别法及$\sum\limits_{n=1}^{\infty}\frac{1}{2n}$发散,知$\sum\limits_{n=1}^{\infty}u_n$发散.因此级数$\sum\limits_{n=1}^{\infty}(-1)^{n-1}u_n$条件收敛.

10.4 函数项级数的一致收敛

10.4.1 函数项级数的基本概念

设 $u_1(x),u_2(x),\cdots,u_n(x),\cdots$为一列定义在区间 I 上的函数,则称和式

$$u_1(x)+u_2(x)+\cdots+u_n(x)+\cdots$$

为区间 I 上的**函数项级数**,记作$\sum\limits_{n=1}^{\infty}u_n(x)$.

当自变量 x 取定区间I 内一点x_0时,函数项级数$\sum\limits_{n=1}^{\infty}u_n(x)$取值为$\sum\limits_{n=1}^{\infty}u_n(x_0)$.因此可以用常数项级数的敛散性来定义函数项级数的敛散性.

定义 10.4.1 设$\sum\limits_{n=1}^{\infty}u_n(x)$是区间 I 上的函数项级数,$x_0\in I$,如果级数$\sum\limits_{n=1}^{\infty}u_n(x_0)$收敛,则称$\sum\limits_{n=1}^{\infty}u_n(x)$在点 x_0 **收敛**,并称点 x_0 为$\sum\limits_{n=1}^{\infty}u_n(x)$的**收敛点**.如果级数$\sum\limits_{n=1}^{\infty}u_n(x_0)$发散,则称$\sum\limits_{n=1}^{\infty}u_n(x)$在点 x_0**发散**,并称点 x_0为$\sum\limits_{n=1}^{\infty}u_n(x)$的**发散点**.函数项级数$\sum\limits_{n=1}^{\infty}u_n(x)$全体收敛点构成的集合称为它的**收敛域**,全体发散点构成的集合称为它的**发散域**.

设 D 为函数项级数$\sum\limits_{n=1}^{\infty}u_n(x)$的收敛域,对 D 中任意一个实数x,都存在唯一的实数 $S(x)$,使得 $S(x)=\sum\limits_{n=1}^{\infty}u_n(x)$.这里 $S(x)$的定义域为 D,$S(x)$称为$\sum\limits_{n=1}^{\infty}u_n(x)$的**和函数**.将函数项级数$\sum\limits_{n=1}^{\infty}u_n(x)$的前 n 项部分和$\sum\limits_{i=1}^{n}u_i(x)$记为 $S_n(x)$,则在收敛域上有

$$\lim_{n\to\infty}S_n(x)=S(x).$$

10.4.2 一致收敛的定义

为了研究函数项级数的性质,我们引进一个重要概念——一致收敛.

定义 10.4.2 设 $S(x)$,$S_n(x)$分别为函数项级数$\sum\limits_{n=1}^{\infty}u_n(x)$的和函数与前 n 项部分和.若对任给的 $\varepsilon>0$,存在只依赖于 ε 的正整数N,使当 $n>N$ 时,对区间 I 上的一切x,总有

$$|S_n(x)-S(x)|<\varepsilon,$$

则称$\sum\limits_{n=1}^{\infty}u_n(x)$在区间 I 上一致收敛于和$S(x)$,也可以称函数列$\{S_n(x)\}$在区间 I 上一致收敛于$S(x)$.

从定义可以看出,如果$\sum\limits_{n=1}^{\infty}u_n(x)$在区间 I 上一致收敛于$S(x)$,则$\sum\limits_{n=1}^{\infty}u_n(x)$在 I 上任意一点都收敛,但反之不然.

如果$\sum\limits_{n=1}^{\infty}u_n(x)$在 I 上每一点都收敛,那么对 I 上任意一点x,对任给的$\varepsilon>0$,存在正整数 N,使当 $n>N$ 时,$|S_n(x)-S(x)|<\varepsilon$.一般来说,此处的 N 是依赖于x 和ε 的,而定义 10.4.2 中的 N 只依赖ε 而定,与 x 的取值无关.

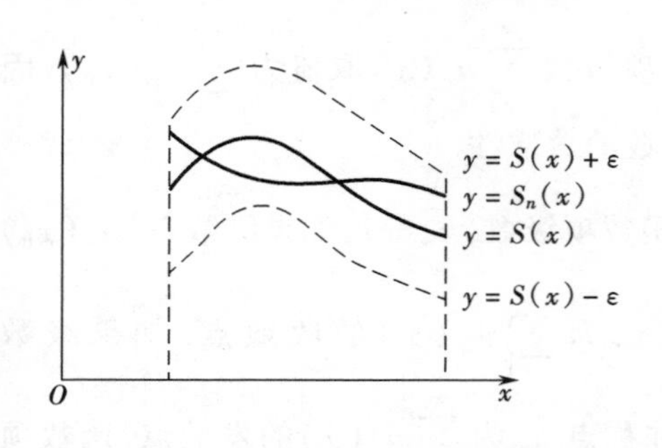

图 10.1 一致收敛的几何解释

定义 10.4.2 的几何解释为:对任意给定的$\varepsilon>0$,只要 n 足够大,在区间 I 上曲线$y=S_n(x)$将位于曲线$y=S(x)+\varepsilon$ 与曲线$y=S(x)-\varepsilon$ 之间(如图 10.1).

函数项级数$\sum\limits_{n=1}^{\infty}u_n(x)$的部分和数列$\{S_n(x)\}$与函数列$\{u_n(x)\}$是一一对应的.为方便起见,在后面的例题中常常直接给出 $S_n(x)$的函数表达式,并据此判断函数项级数的一致收敛性.

例 10.4.1 设 $S_n(x)=xe^{-nx}$,讨论此级数在区间$[0,+\infty)$上的一致收敛性.

解 和函数 $S(x)=\lim\limits_{n\to\infty}xe^{-nx}=0$,故知此级数在区间$[0,+\infty)$上处处收敛于 0.又因为 $S'_n(x)=(1-nx)e^{-nx}$,所以在$(0,\frac{1}{n})$内 $S'_n(x)>0$,在$(\frac{1}{n},+\infty)$内 $S'_n(x)<0$.于是连续函数 $S_n(x)$在 $x=\frac{1}{n}$处取最大值$\frac{1}{ne}$.因此,对任意 $\varepsilon>0$,令 $N=[\frac{1}{e\varepsilon}]$,则当 $n>N$ 时,

$$|S_n(x)-S(x)|=|S_n(x)-0|\leqslant\frac{1}{ne}<\varepsilon.$$

故级数在$[0,+\infty)$上一致收敛于 0.

根据级数一致收敛的定义,可以得到级数在区间 I 上不一致收敛的充分必要条件:存在 $\varepsilon_0>0$,对任意正整数 N,总能找到 $n>N$ 以及$x\in I$,使得$|S_n(x)-S(x)|\geqslant\varepsilon_0$.

例 10.4.2 设级数的部分和函数为 $S_n(x)=x^n$,试证明级数在区间$(0,1)$内不一致收敛.

证 当 $x\in(0,1)$时,和函数 $S(x)=\lim\limits_{n\to\infty}S_n(x)=0$.因此

$$|S_n(x)-S(x)|=x^n.$$

取 $\varepsilon_0=\frac{1}{2}$，对任意正整数 N，令 $n=N+1$，由于 $\lim\limits_{x\to1^-}x^n=1>\varepsilon_0$，故必存在 $x\in(0,1)$，使 $x^n>\varepsilon_0$，即 $|S_n(x)-S(x)|>\varepsilon_0$. 从而级数在(0,1)内不一致收敛.

上述结果从几何上看是很明显的：对任给的 $\varepsilon\in(0,1)$，无论 N 取多大，总有曲线 $y=x^n(n>N)$ 不能全部落在以 $y=\varepsilon$ 和 $y=-\varepsilon$ 为边的带状区域内(如图10.2).

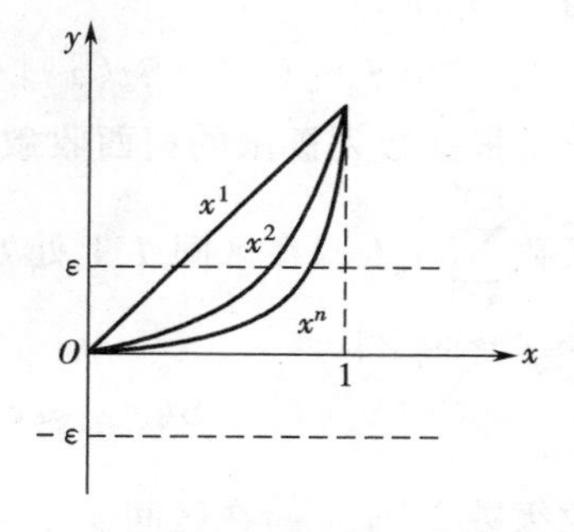

图 10.2　例 10.4.2 图

例 10.4.3　设 $S_n(x)=\frac{nx}{1+n^2x^2}$，$x\in(-\infty,+\infty)$，讨论级数的一致收敛性.

解　和函数 $S(x)=\lim\limits_{n\to\infty}\frac{nx}{1+n^2x^2}\equiv0$. 取 $\varepsilon_0=\frac{1}{4}$，对任意正整数 N，令 $n=N+1$，$x=\frac{1}{n}$，则

$$|S_n(x)-S(x)|=|S_n(\frac{1}{n})-0|=\frac{1}{2}>\varepsilon_0,$$

故级数在$(-\infty,+\infty)$上不一致收敛.

10.4.3　一致收敛的判断

定理 10.4.1　(一致收敛的柯西收敛定理) 函数项级数 $\sum\limits_{n=1}^{\infty}u_n(x)$ 在区间 I 上一致收敛的充要条件是：对任意的 $\varepsilon>0$，存在正整数 N，使得当 $n>N$ 时，对一切 $x\in I$ 和正整数 p 成立：

$$|u_{n+1}(x)+u_{n+2}(x)+\cdots+u_{n+p}(x)|<\varepsilon.$$

证　必要性. 设级数 $\sum\limits_{n=1}^{\infty}u_n(x)$ 在区间 I 上一致收敛于 $S(x)$，则对任意的 $\varepsilon>0$，存在正整数 N，使得当 $n>N$ 时，对一切 $x\in I$，有

$$|S_n(x)-S(x)|<\frac{\varepsilon}{2}.$$

从而当 $n>N$ 时，对一切 $x\in I$ 及正整数 p 有

$$|S_{n+p}(x)-S_n(x)|\leqslant|S_{n+p}(x)-S(x)|+|S_n(x)-S(x)|<\frac{\varepsilon}{2}+\frac{\varepsilon}{2}=\varepsilon.$$

此即

$$|u_{n+1}(x)+u_{n+2}(x)+\cdots+u_{n+p}(x)|<\varepsilon.$$

充分性. 设 $\forall\varepsilon>0$，$\exists N$，对 $\forall n>N$，$\forall x\in I$，$\forall p\in\mathbf{N}$，

$$|u_{n+1}(x)+u_{n+2}(x)+\cdots+u_{n+p}(x)|<\varepsilon,$$

即
$$|S_{n+p}(x)-S_n(x)|<\varepsilon. \tag{10.4.1}$$
于是根据数列极限的柯西收敛定理,对区间 I 中每个固定的 x,数列 $\{S_n(x)\}$ 收敛,即级数 $\sum_{n=1}^{\infty}u_n(x)$ 在区间 I 上处处收敛,记 $S(x)$ 为和函数.在式(10.4.1)中固定 $n>N$,令 $p\to\infty$,得
$$|S_n(x)-S(x)|\leqslant\varepsilon,$$
故级数 $\sum_{n=1}^{\infty}u_n(x)$ 在区间 I 上一致收敛.

定理 10.4.2 **(魏尔斯特拉斯判别法或 M 判别法)** 如果正项级数 $\sum_{n=1}^{\infty}a_n$ 收敛,并且存在正整数 N,当 $n>N$ 时,对区间 I 上一切 x,恒有 $|u_n(x)|\leqslant a_n$,则 $\sum_{n=1}^{\infty}u_n(x)$ 在区间 I 上一致收敛.

证 由于 $\sum_{n=1}^{\infty}a_n$ 收敛,因此 $\forall\,\varepsilon>0$, $\exists\,N_1>N$,当 $n>N_1$ 时,$\forall\,p\in\mathbf{N}$,有
$$|a_{n+1}+a_{n+2}+\cdots+a_{n+p}|<\varepsilon.$$
此时 $\forall\,x\in I$,有
$$\begin{aligned}|u_{n+1}(x)+u_{n+2}(x)+\cdots+u_{n+p}(x)|&\leqslant|u_{n+1}(x)|+|u_{n+2}(x)|+\cdots+|u_{n+p}(x)|\\&\leqslant a_{n+1}+a_{n+2}+\cdots+a_{n+p}\\&<\varepsilon.\end{aligned}$$
由一致收敛的柯西收敛定理知级数 $\sum_{n=1}^{\infty}u_n(x)$ 一致收敛.

例 10.4.4 试证明级数 $\sum_{n=1}^{\infty}\mathrm{e}^{-n}\sin nx$ 在 $(-\infty,+\infty)$ 上一致收敛.

证 对任意 $x\in(-\infty,+\infty)$,对任意正整数 n,恒有
$$|\mathrm{e}^{-n}\sin nx|\leqslant\mathrm{e}^{-n},$$
而等比级数 $\sum_{n=1}^{\infty}\mathrm{e}^{-n}$ 收敛(因为公比 $|q|=\frac{1}{\mathrm{e}}<1$).根据魏尔斯特拉斯判别法,原级数在 $(-\infty,+\infty)$ 上一致收敛.

10.4.4 一致收敛级数的基本性质

定理 10.4.3 **(和的连续性)** 如果级数 $\sum_{n=1}^{\infty}u_n(x)$ 的各项在区间 I 上都连续,并且 $\sum_{n=1}^{\infty}u_n(x)$ 在区间 I 上一致收敛,那么和函数 $S(x)$ 也在 I 上连续.

证 设 x_0,x 为区间 I 上任意两点,则

$$|S(x)-S(x_0)|\leqslant|S(x)-S_n(x)|+|S_n(x)-S_n(x_0)|+|S_n(x_0)-S(x_0)|.$$

由级数的一致收敛性知,$\forall\varepsilon>0,\exists N$,当 $n>N$ 时,

$$|S(x)-S_n(x)|<\frac{\varepsilon}{3},$$

且

$$|S(x_0)-S_n(x_0)|<\frac{\varepsilon}{3}.$$

由于 $S_n(x)$在区间 I 上连续,因此$\exists\delta>0$,使当$|x-x_0|<\delta$时,

$$|S_n(x)-S_n(x_0)|<\frac{\varepsilon}{3}.$$

于是就有

$$|S(x)-S(x_0)|<\varepsilon.$$

由 x 和 x_0的任意性,知 $S(x)$在 I 上连续.

定理 10.4.4 (逐项求积分) 如果级数$\sum_{n=1}^{\infty}u_n(x)$在区间$[a,b]$上一致收敛,并且每一项 $u_n(x)$都在$[a,b]$上连续,则

$$\int_a^b\sum_{n=1}^{\infty}u_n(x)\mathrm{d}x=\sum_{n=1}^{\infty}\int_a^b u_n(x)\mathrm{d}x,$$

而且级数$\sum_{n=1}^{\infty}\int_a^x u_n(t)\mathrm{d}t$ 也在$[a,b]$上一致收敛.

证 设 $S_n(x),S(x)$分别为级数$\sum_{n=1}^{\infty}u_n(x)$的部分和函数与和函数.由$\sum_{n=1}^{\infty}u_n(x)$一致收敛及 $u_n(x)$在$[a,b]$上连续,知 $S(x)$在$[a,b]$上连续,且$\forall\varepsilon>0,\exists N$,当 $n>N$ 时,对$\forall x\in[a,b]$,$|S_n(x)-S(x)|<\varepsilon$.于是,当 $n>N$ 时,

$$\begin{aligned}\left|\int_a^b S(x)\mathrm{d}x-\int_a^b S_n(x)\mathrm{d}x\right|&=\left|\int_a^b[S(x)-S_n(x)]\mathrm{d}x\right|\\&\leqslant\int_a^b|S(x)-S_n(x)|\mathrm{d}x\\&<(b-a)\varepsilon,\end{aligned}$$

故

$$\begin{aligned}\int_a^b S(x)\mathrm{d}x&=\lim_{n\to\infty}\int_a^b S_n(x)\mathrm{d}x=\lim_{n\to\infty}\int_a^b\sum_{i=1}^{n}u_i(x)\mathrm{d}x\\&=\lim_{n\to\infty}\sum_{i=1}^{n}\int_a^b u_i(x)\mathrm{d}x=\sum_{n=1}^{\infty}\int_a^b u_n(x)\mathrm{d}x,\end{aligned}$$

此即

$$\int_a^b\sum_{n=1}^{\infty}u_n(x)\mathrm{d}x=\sum_{n=1}^{\infty}\int_a^b u_n(x)\mathrm{d}x.$$

$\forall x\in[a,b]$,将上述结论用于区间$[a,x]$,即得$\sum_{n=1}^{\infty}\int_a^x u_n(t)\mathrm{d}t$ 收敛于

$\int_a^x \sum_{n=1}^{\infty} u_n(t)\mathrm{d}t$,并且$\forall \varepsilon>0, \exists N$,当$n>N$时,$\forall x\in[a,b]$,总有

$$\left|\int_a^x S(t)\mathrm{d}t-\int_a^x S_n(t)\mathrm{d}t\right|<(x-a)\varepsilon\leqslant(b-a)\varepsilon,$$

故$\sum_{n=1}^{\infty}\int_a^x u_n(t)\mathrm{d}t$在$[a,b]$上一致收敛.

定理 10.4.5 **(逐项求导)**如果在区间$[a,b]$上级数$\sum_{n=1}^{\infty}u_n(x)$的每一项$u_n(x)$都具有连续导数$u_n'(x)$,并且$\sum_{n=1}^{\infty}u_n'(x)$一致收敛,又设$\sum_{n=1}^{\infty}u_n(x)$收敛于$S(x)$,则$S'(x)=\sum_{n=1}^{\infty}u'_n(x)$,并且$\sum_{n=1}^{\infty}u_n(x)$一致收敛.

证 $\sum_{n=1}^{\infty}u_n'(x)$一致收敛,所以可逐项求积分,$\forall x\in[a,b]$,有

$$\begin{aligned}\int_a^x \sum_{n=1}^{\infty}u_n'(t)\mathrm{d}t &= \sum_{n=1}^{\infty}\int_a^x u_n'(t)\mathrm{d}t=\sum_{n=1}^{\infty}[u_n(x)-u_n(a)]\\ &=\sum_{n=1}^{\infty}u_n(x)-\sum_{n=1}^{\infty}u_n(a)=S(x)-S(a).\end{aligned}$$

上式左边是积分变上限函数,因此可对两边求导,得

$$S'(x)=\sum_{n=1}^{\infty}u_n'(x).$$

根据定理 10.4.4,级数$\sum_{n=1}^{\infty}\int_a^x u_n'(t)\mathrm{d}t$在$[a,b]$上一致收敛.又因为

$$\sum_{n=1}^{\infty}u_n(x)=\sum_{n=1}^{\infty}\int_a^x u_n'(t)dt+\sum_{n=1}^{\infty}u_n(a),$$

所以$\sum_{n=1}^{\infty}u_n(x)$也在$[a,b]$上一致收敛.

值得注意的是,在上述定理中,前提条件是“$\sum_{n=1}^{\infty}u_n'(x)$一致收敛”,不能换成“$\sum_{n=1}^{\infty}u_n(x)$一致收敛”;否则就不能保证级数$\sum_{n=1}^{\infty}u_n(x)$可逐项求导.

例 10.4.5 试证函数$f(x)=\sum_{n=1}^{\infty}\frac{\sin nx}{n^3}$在$(-\infty,+\infty)$内连续可导.

证 由于$|u_n'(x)|=\left|\left(\frac{\sin nx}{n^3}\right)'\right|=\left|\frac{\cos nx}{n^2}\right|\leqslant\frac{1}{n^2}$,且$\sum_{n=1}^{\infty}\frac{1}{n^2}$收敛,根据魏尔斯特拉斯判别法,$\sum_{n=1}^{\infty}u_n'(x)$在$(-\infty,+\infty)$内一致收敛.又$|u_n(x)|=\left|\frac{\sin nx}{n^3}\right|\leqslant\frac{1}{n^3}$,故$\sum_{n=1}^{\infty}u_n(x)$在$(-\infty,+\infty)$内也收敛.显然$u_n'(x)=\frac{\cos nx}{n^2}$在$(-\infty,+\infty)$内连续.于是

根据定理 10.4.5 和定理 10.4.3，$f'(x)=\sum\limits_{n=1}^{\infty}u_n'(x)$ 且 $f'(x)$ 在 $(-\infty,+\infty)$ 内连续，即 $f(x)$ 在 $(-\infty,+\infty)$ 内连续可导.

10.5　幂级数

10.5.1　幂级数及其收敛半径

形如 $\sum\limits_{n=0}^{\infty}a_n(x-x_0)^n$ 的函数项级数，称为**幂级数**，其中常数 $a_0,a_1,\cdots,a_n,\cdots$ 称为**幂级数的系数**.

若令 $y=x-x_0$，则幂级数 $\sum\limits_{n=0}^{\infty}a_n(x-x_0)^n=\sum\limits_{n=0}^{\infty}a_ny^n$. 为了简便起见，下面仅考察形如 $\sum\limits_{n=0}^{\infty}a_nx^n$ 的幂级数.

定理 10.5.1　**(阿贝尔定理)** 若 $\sum\limits_{n=0}^{\infty}a_nx^n$ 在点 $x=\xi(\xi\neq0)$ 收敛，则它必在区间 $(-|\xi|,|\xi|)$ 内绝对收敛，又若 $\sum\limits_{n=0}^{\infty}a_nx^n$ 在点 $x=\xi$ 发散，则它必在 $(-\infty,-|\xi|)\cup(|\xi|,+\infty)$ 内发散.

证　设 $\sum\limits_{n=0}^{\infty}a_nx^n$ 在 $x=\xi$ 收敛，即级数 $\sum\limits_{n=0}^{\infty}a_n\xi^n$ 收敛，因此必有 $\lim\limits_{n\to\infty}a_n\xi^n=0$，从而存在常数 $M>0$，使得

$$|a_n\xi^n|\leqslant M\quad(n=0,1,2,\cdots).$$

于是当 $|x|<|\xi|$ 时，

$$|a_nx^n|=|a_n\xi^n|\cdot\left|\frac{x}{\xi}\right|^n\leqslant M\cdot\left|\frac{x}{\xi}\right|^n\quad(n=0,1,2,\cdots).$$

根据比较判别法 $\sum\limits_{n=0}^{\infty}|a_nx^n|$ 收敛.

设 $\sum\limits_{n=0}^{\infty}a_nx^n$ 在 $x=\xi$ 发散. 若存在一点 x_0，$|x_0|>|\xi|$，使得幂级数 $\sum\limits_{n=0}^{\infty}a_nx^n$ 在 $x=x_0$ 收敛，则由定理第一部分的结论知 $\sum\limits_{n=0}^{\infty}a_nx^n$ 在 $x=\xi$ 绝对收敛，这与假设矛盾. 因此 $\sum\limits_{n=0}^{\infty}a_nx^n$ 在 $(-\infty,-|\xi|)\cup(|\xi|,+\infty)$ 内任一点皆发散.

上述定理有助于研究幂级数的收敛域. 设幂级数 $\sum\limits_{n=0}^{\infty}a_nx^n$ 的收敛域为 I，显然

$\sum\limits_{n=0}^{\infty}a_nx^n$在$x=0$处收敛,故$0\in I$.设$R=\sup I$,则$0\leqslant R\leqslant+\infty$.我们将$R$称为幂级数$\sum\limits_{n=0}^{\infty}a_nx^n$的**收敛半径**.

推论 设I,R分别是幂级数$\sum\limits_{n=0}^{\infty}a_nx^n$的收敛域和收敛半径,则当$|x|<R$时幂级数绝对收敛,当$|x|>R$时幂级数发散.

证 R为收敛域I的上确界,即I的最小上界.当$|x|<R$时,$|x|$不是I的上界,即存在$x_0\in I$,使$x_0>|x|$.根据定理10.5.1,$\sum\limits_{n=0}^{\infty}a_nx^n$绝对收敛.

当$|x|>R$时,显然有$x\notin I$,即$\sum\limits_{n=0}^{\infty}a_nx^n$发散.

现在知道,幂级数$\sum\limits_{n=0}^{\infty}a_nx^n$收敛域是一个以原点为中心$R$为半径的区间,即收敛域$I$为区间$(-R,R)$,$[-R,R]$,$(-R,R]$,$[-R,R)$之一.只需要进一步判断当$|x|=R$时幂级数的敛散性即可确定收敛域.特别地,当$R=0$时,收敛域$I$退化为独点集$\{0\}$;当$R=+\infty$时,收敛域$I=(-\infty,+\infty)$.

为使收敛半径R更容易求出,引进如下定理.

定理 10.5.2 若幂级数$\sum\limits_{n=0}^{\infty}a_nx^n$各项系数满足$\lim\limits_{n\to\infty}\left|\dfrac{a_{n+1}}{a_n}\right|=l$(或$\lim\limits_{n\to\infty}\sqrt[n]{|a_n|}=l$),则幂级数的收敛半径

$$R=\begin{cases}\dfrac{1}{l}, & 0<l<+\infty,\\ +\infty, & l=0,\\ 0, & l=+\infty.\end{cases}$$

证 当$x=0$时,幂级数$\sum\limits_{n=0}^{\infty}a_nx^n$显然收敛.所以下面仅需讨论$x\neq0$时的情形.注意到

$$\lim_{n\to\infty}\left|\frac{a_{n+1}x^{n+1}}{a_nx^n}\right|=\lim_{n\to\infty}\left|\frac{a_{n+1}}{a_n}\right|\cdot|x|=\begin{cases}l|x|, & 0\leqslant l<+\infty,\\ +\infty, & l=+\infty.\end{cases}$$

根据定理10.3.3,当$l=+\infty$时,$\sum\limits_{n=0}^{\infty}a_nx^n$总发散.当$l=0$时,级数总收敛.当$0<l<+\infty$时,若$l|x|<1$,即$|x|<\dfrac{1}{l}$,则级数收敛;若$l|x|>1$,即$|x|>\dfrac{1}{l}$,则级数发散.

根据定理10.5.1的推论可知,$\sum\limits_{n=0}^{\infty}a_nx^n$的收敛半径

$$R=\begin{cases}\dfrac{1}{l}, & 0<l<+\infty,\\ +\infty, & l=0,\\ 0, & l=+\infty.\end{cases}$$

对于$\lim\limits_{n\to\infty}\sqrt[n]{|a_n|}=l$的情形,可类似地证明上述结论.

例 10.5.1　证明:幂级数$\sum\limits_{n=0}^{\infty}\dfrac{x^n}{n!}$处处收敛.

证　因为

$$l=\lim_{n\to\infty}\left|\frac{a_{n+1}}{a_n}\right|=\lim_{n\to\infty}\frac{1}{n+1}=0,$$

所以收敛半径 $R=+\infty$,即$\sum\limits_{n=0}^{\infty}\dfrac{x^n}{n!}$处处收敛.

例 10.5.2　求幂级数$\sum\limits_{n=0}^{\infty}\dfrac{x^n}{2^n\sqrt{n+1}}$的收敛域.

解　因为

$$l=\lim_{n\to\infty}\left|\frac{a_{n+1}}{a_n}\right|=\lim_{n\to\infty}\frac{2^n\sqrt{n+1}}{2^{n+1}\sqrt{n+2}}=\frac{1}{2},$$

所以收敛半径 $R=\dfrac{1}{l}=2$.

当 $x=2$ 时,级数为$\sum\limits_{n=0}^{\infty}\dfrac{1}{\sqrt{n+1}}$,而$\dfrac{1}{\sqrt{n+1}}\geqslant\dfrac{1}{n+1}$,根据比较判别法,$\sum\limits_{n=0}^{\infty}\dfrac{1}{\sqrt{n+1}}$发散.

当 $x=-2$ 时,级数为$\sum\limits_{n=0}^{\infty}(-1)^n\dfrac{1}{\sqrt{n+1}}$,根据莱布尼茨判别法,它是收敛的.故收敛域为$[-2,2)$.

例 10.5.3　求幂级数$\sum\limits_{n=0}^{\infty}(-1)^n\dfrac{x^{2n+1}}{2n+1}$的收敛域.

解　当 $x=0$ 时,级数显然收敛.因此只需考虑 $x\neq0$ 的情形.由于该级数中偶次项系数 $a_{2n}=0\quad(n=0,1,2,\cdots)$,所以不能直接应用定理 10.5.2,而改用定理 10.3.3 来求收敛半径.因为

$$\lim_{n\to\infty}\left|\frac{u_{n+1}(x)}{u_n(x)}\right|=\lim_{n\to\infty}\left|\frac{(-1)^{n+1}\dfrac{x^{2n+3}}{2n+3}}{(-1)^n\dfrac{x^{2n+1}}{2n+1}}\right|=x^2,$$

所以当 $x^2<1$ 即 $|x|<1$ 时,所给级数绝对收敛;当 $x^2>1$ 即 $|x|>1$ 时,级数发散.因此收敛半径 $R=1$.

当 $x=\pm1$ 时,级数成为$\pm\sum\limits_{n=0}^{\infty}(-1)^n\dfrac{1}{2n+1}$是收敛的,故收敛域为$[-1,1]$.

例 10.5.4　求$\sum\limits_{n=0}^{\infty}\dfrac{x^{n^2}}{2^n}$的收敛域.

解　与上题类似,只需考虑 $x\neq0$ 的情形,并应用定理 10.3.3 求级数的收敛域.因为

$$\lim_{n\to\infty}\left|\frac{u_{n+1}(x)}{u_n(x)}\right|=\lim_{n\to\infty}\left|\frac{\dfrac{x^{n^2+2n+1}}{2^{n+1}}}{\dfrac{x^{n^2}}{2^n}}\right|=\lim_{n\to\infty}\frac{|x^{2n+1}|}{2}$$

$$=\begin{cases}0, & |x|<1,\\ \dfrac{1}{2}, & x=\pm 1,\\ \infty, & |x|>1,\end{cases}$$

所以级数的收敛域为$[-1,1]$.

例 10.5.5 求$\sum\limits_{n=1}^{\infty}\dfrac{(x-3)^n}{n^2}$的收敛域.

解 令 $t=x-3$,所给级数成为$\sum\limits_{n=1}^{\infty}\dfrac{t^n}{n^2}$.因为

$$l=\lim_{n\to\infty}\left|\frac{a_{n+1}(x)}{a_n(x)}\right|=\lim_{n\to\infty}\frac{n^2}{(n+1)^2}=1,$$

所以收敛半径 $R=\dfrac{1}{l}=1$,当 $t=\pm 1$ 时,级数$\sum\limits_{n=1}^{\infty}\dfrac{t^n}{n^2}$收敛.故当 $t\in[-1,1]$即 $x\in[2,4]$时,所给级数收敛,其收敛域为$[2,4]$.

10.5.2 幂级数的四则运算

设幂级数$\sum\limits_{n=0}^{\infty}a_nx^n$在区间$(-R_1,R_1)$内收敛于 $f(x)$,$\sum\limits_{n=0}^{\infty}b_nx^n$在$(-R_2,R_2)$内收敛于 $g(x)$,$R=\min\{R_1,R_2\}$.

根据性质 10.1.2,在区间$(-R,R)$内必有

$$\sum_{n=0}^{\infty}a_nx^n+\sum_{n=0}^{\infty}b_nx^n=\sum_{n=0}^{\infty}(a_n+b_n)x^n$$

以及

$$\sum_{n=0}^{\infty}a_nx^n-\sum_{n=0}^{\infty}b_nx^n=\sum_{n=0}^{\infty}(a_n-b_n)x^n,$$

或者说,幂级数$\sum\limits_{n=0}^{\infty}(a_n\pm b_n)x^n$在$(-R,R)$内收敛于 $f(x)\pm g(x)$.

关于幂级数的乘法,有

$$\left(\sum_{n=0}^{\infty}a_nx^n\right)\cdot\left(\sum_{n=0}^{\infty}b_nx^n\right)=\sum_{n=0}^{\infty}(a_0b_n+a_1b_{n-1}+\cdots+a_nb_0)x^n.$$

可以证明上式在$(-R,R)$内成立.

幂级数的除法公式形如

$$\frac{\sum_{n=0}^{\infty} a_n x^n}{\sum_{n=0}^{\infty} b_n x^n} = \sum_{n=0}^{\infty} c_n x^n .$$

这里假设 $b_0 \neq 0$. 为了确定幂级数 $\sum_{n=0}^{\infty} c_n x^n$ 的系数 $c_0, c_1, c_2, \cdots$,可设

$$\begin{aligned}\sum_{n=0}^{\infty} a_n x^n &= \left(\sum_{n=0}^{\infty} b_n x^n\right)\cdot\left(\sum_{n=0}^{\infty} c_n x^n\right) \\ &= \sum_{n=0}^{\infty} (b_0 c_n + b_1 c_{n-1} + \cdots + b_n c_0) x^n .\end{aligned}$$

对比两边同次项系数,有

$$\begin{aligned} a_0 &= b_0 c_0 , \\ a_1 &= b_0 c_1 + b_1 c_0 , \\ a_2 &= b_0 c_2 + b_1 c_1 + b_2 c_0 , \\ &\cdots\cdots \end{aligned}$$

由上述方程可解得

$$c_0 = \frac{a_0}{b_0}, c_1 = \frac{1}{b_0}\left(a_1 - b_1 \frac{a_0}{b_0}\right), \cdots$$

相除后得到的幂级数 $\sum_{n=0}^{\infty} c_n x^n$ 的收敛半径比较复杂,有可能比 R_1, R_2 都小很多. 例如,当 $\sum_{n=0}^{\infty} a_n x^n = 1 + 0x + 0x^2 + \cdots = 1$ 且 $\sum_{n=0}^{\infty} b_n x^n = 1 - x + 0x^2 + 0x^3 + \cdots = 1 - x$ 时,可得 $\sum_{n=0}^{\infty} c_n x^n = \sum_{n=0}^{\infty} x^n$,即

$$\frac{1}{1-x} = 1 + x + x^2 + \cdots ,$$

此时 $R_1 = R_2 = +\infty$,但 $\sum_{n=0}^{\infty} x^n$ 的收敛半径为 1.

10.5.3　幂级数的性质

首先讨论幂级数的一致收敛性.

定理 10.5.3　若幂级数 $\sum_{n=0}^{\infty} a_n x^n$ 的收敛半径 $R > 0$,则在收敛域的任一闭子区间 $[a, b]$上,此级数一致收敛.

证　这里仅证明收敛域为开区间$(-R, R)$的情形,其他情形从略. 记 $r = \max\{|a|, |b|\}$,则 $0 < r < R$,且对$[a, b]$上任一点 x,恒有

$$|a_n x^n| \leqslant |a_n r^n| .$$

而$\sum a_n r^n$绝对收敛,根据魏尔斯特拉斯判别法可知$\sum_{n=0}^{\infty} a_n x^n$在$[a,b]$上一致收敛.

利用上述定理以及一致收敛级数的基本性质,可以得到幂级数的如下性质.

定理 10.5.4 幂级数$\sum_{n=0}^{\infty} a_n x^n$的和函数$S(x)$在其收敛域$I$上连续.

定理 10.5.5 设幂级数$\sum_{n=0}^{\infty} a_n x^n$的收敛半径为$R$,则对$(-R,R)$内任一点$x$,有

$$\int_0^x \sum_{n=0}^{\infty} a_n t^n \mathrm{d}t = \sum_{n=0}^{\infty} \int_0^x a_n t^n \mathrm{d}t = \sum_{n=0}^{\infty} \frac{a_n}{n+1} x^{n+1}. \tag{10.5.1}$$

定理 10.5.6 设幂级数$\sum_{n=0}^{\infty} a_n x^n$的收敛半径为$R$,则对$(-R,R)$内任何$x$,有

$$\left(\sum_{n=0}^{\infty} a_n x^n\right)' = \sum_{n=0}^{\infty} (a_n x^n)' = \sum_{n=1}^{\infty} n a_n x^{n-1}. \tag{10.5.2}$$

需要指出的是式(10.5.1)和式(10.5.2)两式右端的幂级数的收敛半径也为R,并且若这两个幂级数在$x=R$(或$x=-R$)处收敛,则式(10.5.1)和式(10.5.2)在$x=R$(或$x=-R$)处仍成立.反复应用定理10.5.6,即知幂级数$\sum_{n=0}^{\infty} a_n x^n$在$(-R,R)$内可以逐项求任意阶导数.

例 10.5.6 求幂级数$\sum_{n=1}^{\infty} (-1)^{n-1} n x^{n-1}$的和函数.

解 易知所给幂级数的收敛域为$(-1,1)$.此级数可由$\sum_{n=1}^{\infty} (-1)^{n-1} x^n$逐项求导得到,当$x \in (-1,1)$时,

$$\sum_{n=1}^{\infty} (-1)^{n-1} x^n = \frac{x}{1+x}.$$

对上式两边求导,即得

$$\sum_{n=1}^{\infty} (-1)^{n-1} n x^{n-1} = \frac{1}{(1+x)^2} \quad (-1<x<1).$$

例 10.5.7 求幂级数$\sum_{n=0}^{\infty} \frac{x^n}{n+1}$的和函数$S(x)$.

解 易知所给幂级数的收敛域为$[-1,1)$.又

$$xS(x) = \sum_{n=0}^{\infty} \frac{x^{n+1}}{n+1},$$

对上式两边求导,得

$$[xS(x)]' = \sum_{n=0}^{\infty} x^n = \frac{1}{1-x}, \quad x \in (-1,1).$$

于是

$$xS(x) = \int_0^x [tS(t)]' \mathrm{d}t = \int_0^x \frac{\mathrm{d}t}{1-t} = -\ln(1-x).$$

当 $0<|x|<1$ 时，就有

$$S(x)=-\frac{1}{x}\ln(1-x). \tag{10.5.3}$$

根据定理 10.5.4，有 $S(0)=\lim\limits_{x\to 0}-\frac{1}{x}\ln(1-x)=1$，并且式(10.5.3)当 $x=-1$ 时仍成立，故和函数

$$S(x)=\begin{cases}-\frac{1}{x}\ln(1-x), & x\in[-1,0)\cup(0,1),\\ 1, & x=0.\end{cases}$$

例 10.5.8　求级数 $\frac{1}{1\cdot 2}+\frac{1}{3\cdot 4}+\frac{1}{5\cdot 6}+\cdots$ 的和.

解

$$\begin{aligned}\frac{1}{1\cdot 2}+\frac{1}{3\cdot 4}+\frac{1}{5\cdot 6}+\cdots &=\frac{1}{1}-\frac{1}{2}+\frac{1}{3}-\frac{1}{4}+\cdots\\ &=\sum_{n=0}^{\infty}\frac{(-1)^n}{n+1},\end{aligned}$$

在例 10.5.7 中幂级数 $\sum\limits_{n=0}^{\infty}\frac{x^n}{n+1}$ 在 $x=-1$ 处的和数为 $\sum\limits_{n=0}^{\infty}\frac{(-1)^n}{n+1}=S(-1)=\ln 2$，故所求和数为 $\ln 2$.

10.6　泰勒级数

在第 4 章中介绍了泰勒公式，即

$$f(x)=f(x_0)+f'(x_0)(x-x_0)+\frac{f''(x_0)}{2!}(x-x_0)^2+\cdots+\frac{f^{(n)}(x_0)}{n!}(x-x_0)^n+R_n(x),$$

其中

$$R_n(x)=\frac{f^{(n+1)}(\xi)}{(n+1)!}(x-x_0)^{n+1}.$$

如果在区间 (a,b) 内公式中的余项 $R_n(x)$ 始终很小，那么 $f(x)$ 就可用等式右边的 n 次多项式来近似. 为了提高近似的精确度，我们希望 $\lim\limits_{n\to\infty}R_n(x)=0\quad(a<x<b)$，为此引进以下概念.

定义 10.6.1　若函数 $f(x)$ 在 $x=x_0$ 处有任意阶导数，则称级数 $\sum\limits_{n=0}^{\infty}\frac{f^{(n)}(x_0)}{n!}(x-x_0)^n$ 为函数 $f(x)$ 在 $x=x_0$ 处的**泰勒级数**. 特别地，$f(x)$ 在 $x=0$ 处的泰勒级数 $\sum\limits_{n=0}^{\infty}\frac{f^{(n)}(0)}{n!}x^n$，称为 $f(x)$ 的**麦克劳林级数**.

显然，当 $x=x_0$ 时 $f(x)$ 的泰勒级数收敛于 $f(x_0)$，但在其他点处 $f(x)$ 的泰勒级数是否仍收敛呢？如果收敛，是否一定收敛于 $f(x)$ 呢？下面的定理将回答这些问题.

定理 10.6.1　若函数 $f(x)$ 在点 x_0 的某个邻域 (a,b) 内有任意阶导数，则 $f(x)$ 在

点 x_0 的泰勒级数在 (a,b) 内收敛于 $f(x)$ 的充分必要条件是对任意 $x\in(a,b)$，

$$\lim_{n\to\infty}R_n(x)=0.$$

证 将 $f(x)$ 的泰勒级数的前 n 项部分和记为 $S_n(x)$. 根据泰勒公式，在 (a,b) 内，$f(x)=S_{n+1}(x)+R_n(x)$. 于是对 $\forall x\in(a,b)$，

$$\begin{aligned}\lim_{n\to\infty}R_n(x)=0 &\Leftrightarrow \text{对}\ \forall x\in(a,b),\ \lim_{n\to\infty}[f(x)-S_{n+1}(x)]=0;\\ &\Leftrightarrow \text{对}\ \forall x\in(a,b),\ f(x)=\lim_{n\to\infty}S_{n+1}(x);\\ &\Leftrightarrow f(x)\text{在点}\ x_0\ \text{的泰勒级数收敛于}\ f(x).\end{aligned}$$

上述定理给出了 $f(x)$ 在点 x_0 展开成泰勒级数的充分必要条件. 下面要证明这样的展开式是唯一的.

定理 10.6.2 若函数 $f(x)$ 在 x_0 的某邻域 (a,b) 内展开成幂级数 $\sum\limits_{n=0}^{\infty}a_n(x-x_0)^n$，则此级数必为 $f(x)$ 在点 x_0 的泰勒级数，即

$$a_n=\frac{f^{(n)}(x_0)}{n!}\quad(n=0,1,2,\cdots).$$

证 因为幂级数 $\sum\limits_{n=0}^{\infty}a_n(x-x_0)^n$ 在 (a,b) 内可逐项求任意阶导数，所以

$$f(x)=a_0+a_1(x-x_0)+a_2(x-x_0)^2+\cdots$$

$$f'(x)=a_1+2a_2(x-x_0)+3a_3(x-x_0)^2+\cdots$$

$$f''(x)=2!a_2+3\cdot2a_3(x-x_0)+4\cdot3a_4(x-x_0)^2+\cdots$$

$$f'''(x)=3!a_3+4\cdot3\cdot2a_4(x-x_0)+5\cdot4\cdot3a_5(x-x_0)^2+\cdots$$

$$\cdots\cdots$$

在以上各式中取 $x=x_0$，即得

$$a_n=\frac{f^{(n)}(x_0)}{n!}\quad(n=0,1,2,\cdots).$$

经过上述讨论，知道只要函数 $f(x)$ 在 (a,b) 内有任意阶导数就可以写出 $f(x)$ 的泰勒级数，但它却未必与 $f(x)$ 相等. 只有在 $\lim\limits_{n\to\infty}R_n(x)=0\quad(a<x<b)$ 的情形下，二者才相等. 至于级数的各项系数 a_n，可以通过公式 $a_n=\dfrac{f^{(n)}(x_0)}{n!}$ 求出.

另一方面，如果已知幂级数 $\sum\limits_{n=0}^{\infty}a_n(x-x_0)^n$ 收敛于 $f(x)$，那么此级数一定为 $f(x)$ 的泰勒展开式.

例 10.6.1 将函数 $f(x)=\mathrm{e}^x$ 展开成 x 的幂级数.

解 因为 $f^{(n)}(x)=\mathrm{e}^x\quad(n=1,2,3,\cdots)$，所以 $f^{(n)}(0)=1\quad(n=0,1,2,\cdots)$. 于是 $f(x)$ 的麦克劳林级数为 $\sum\limits_{n=0}^{\infty}\dfrac{f^{(n)}(0)}{n!}x^n=\sum\limits_{n=0}^{\infty}\dfrac{x^n}{n!}$. 易知，其收敛半径 $R=+\infty$.

对任意实数 x，由于 $R_n(x)$ 中的 ξ 介于 0 和 x 之间，所以

$$|R_n(x)| = \left|\frac{\mathrm{e}^{\xi}}{(n+1)!}x^{n+1}\right| < \frac{\mathrm{e}^{|x|}|x|^{n+1}}{(n+1)!}.$$

不难证明 $\lim\limits_{n\to\infty}\frac{\mathrm{e}^{|x|}|x|^{n+1}}{(n+1)!}=0$. 因此对任意实数 x 都有

$$\lim_{n\to\infty}R_n(x)=0.$$

于是得到展开式

$$\mathrm{e}^x = 1 + x + \frac{x^2}{2!} + \cdots + \frac{x^n}{n!} + \cdots, \quad x\in(-\infty,+\infty).$$

例 10.6.2　将函数 $f(x)=\sin x$ 展开成 x 的幂级数.

解　$f(x)$的各阶导数为 $f^{(k)}(x)=\sin(x+n\frac{\pi}{2})$　$(n=1,2,\cdots)$,故

$$f^{(n)}(0)=\begin{cases}(-1)^{k-1}, & n=2k-1,\\ 0, & n=2k.\end{cases}$$

于是得级数

$$x-\frac{x^3}{3!}+\frac{x^5}{5!}-\cdots+(-1)^{n-1}\frac{x^{2n-1}}{(2n-1)!}+\cdots,$$

它的收敛半径 $R=+\infty$.

对任意实数 x,

$$|R_n(x)| = \left|\frac{\sin\left[\xi+\frac{(n+1)\pi}{2}\right]}{(n+1)!}x^{n+1}\right| \leqslant \frac{|x|^{n+1}}{(n+1)!}\to 0 \quad (n\to\infty),$$

因此 $\lim\limits_{n\to\infty}R_n(x)=0$,得到展开式

$$\sin x = x-\frac{x^3}{3!}+\frac{x^5}{5!}-\cdots+(-1)^{n-1}\frac{x^{2n-1}}{(2n-1)!}+\cdots \quad (-\infty<x<+\infty).$$

按照以上二题的方法,我们还可将许多常见函数展开成幂级数,例如:

$$\cos x = 1-\frac{x^2}{2!}+\frac{x^4}{4!}-\cdots+(-1)^n\frac{x^{2n}}{(2n)!}+\cdots \quad (-\infty<x<+\infty);$$

$$(1+x)^m = 1+mx+\frac{m(m-1)}{2!}x^2+\cdots+\frac{m(m-1)\cdots(m-n+1)}{n!}x^n+\cdots \quad (-1<x<1);$$

$$\ln(1+x) = x-\frac{x^2}{2}+\frac{x^3}{3}-\cdots+(-1)^{n-1}\frac{x^n}{n}+\cdots \quad (-1<x\leqslant 1).$$

在前面的解题过程中,总是先求 $f(x)$的各阶导数及其在 $x=0$ 处的导数值,并求级数的收敛半径,还要研究余项 $R_n(x)$是否趋于零.这种方法称为直接展开法,它一般比较繁琐.因此常采用间接展开法将 $f(x)$展开成幂级数.间接展开法就是利用一些已知的函数展开式、幂级数的运算(包括四则运算、逐项求导、逐项求积分等)以及变量代换,将所给函数展开成幂级数的方法.下面通过一些例子说明这种方法.

例 10.6.3　将函数 $f(x)=\sqrt{1+x^2}$ 展开成 x 的幂级数.

解　在已知的展开式

$$(1+x)^m = 1 + mx + \frac{m(m-1)}{2!}x^2 + \cdots + \frac{m(m-1)\cdots(m-n+1)}{n!}x^n + \cdots$$

$$(-1<x<1)$$

中,令 $m=\frac{1}{2}$,$x=t^2$,即得

$$\sqrt{1+t^2} = 1 + \frac{1}{2}t^2 - \frac{1}{2\cdot4}t^4 + \frac{1\cdot3}{2\cdot4\cdot6}t^6 - \frac{1\cdot3\cdot5}{2\cdot4\cdot6\cdot8}t^8 + \cdots \quad (t^2<1).$$

根据莱布尼茨判别法,上式右边的级数在 $t=\pm1$ 处收敛.对上式两边同时求极限($t^2\to1^-$),并应用定理10.5.4,可知上述等式在 $t^2=1$ 时亦成立.再将字母 t 换成 x,即得

$$\sqrt{1+x^2} = 1 + \frac{1}{2}x^2 - \frac{1}{2\cdot4}x^4 + \frac{1\cdot3}{2\cdot4\cdot6}x^6 - \frac{1\cdot3\cdot5}{2\cdot4\cdot6\cdot8}x^8 + \cdots \quad (-1\leqslant x\leqslant1).$$

例 10.6.4 将 $\cos^2 x$ 展开成 x 的幂级数.

解 在 $\cos x$ 的展开式中将 x 换成 $2x$,即得

$$\cos 2x = 1 - \frac{(2x)^2}{2!} + \frac{(2x)^4}{4!} - \cdots + (-1)^n\frac{(2x)^{2n}}{(2n)!} + \cdots \quad (-\infty<x<+\infty),$$

于是

$$\begin{aligned}\cos^2 x &= \frac{1+\cos 2x}{2}\\ &= 1 - \frac{(2x)^2}{2\cdot2!} + \frac{(2x)^4}{2\cdot4!} - \cdots + (-1)^n\frac{(2x)^{2n}}{2\cdot(2n)!} + \cdots \quad (-\infty<x<+\infty).\end{aligned}$$

例 10.6.5 将 $\arctan x$ 展开成 x 的幂级数.

解 由于

$$\frac{1}{1+x^2} = 1 - x^2 + x^4 - x^6 + \cdots \quad (-1<x<1),$$

两边求积分即得

$$\arctan x = x - \frac{x^3}{3} + \frac{x^5}{5} - \frac{x^7}{7} + \cdots \quad (-1\leqslant x\leqslant1).$$

上式中允许 x 取 ±1.这是因为此时上式右边的级数收敛,根据幂级数和的连续性及 $\arctan x$ 的连续性可知 $x=\pm1$ 时,等式亦成立.

例 10.6.6 将 $\sin x$ 展开成 $(x-\frac{\pi}{4})$ 的幂级数.

解 在 $\sin x$ 及 $\cos x$ 的展开式中,将 x 换成 $(x-\frac{\pi}{4})$ 即得

$$\sin(x-\frac{\pi}{4}) = (x-\frac{\pi}{4}) - \frac{(x-\frac{\pi}{4})^3}{3!} + \frac{(x-\frac{\pi}{4})^5}{5!} - \cdots \quad (-\infty<x<+\infty),$$

$$\cos(x-\frac{\pi}{4}) = 1 - \frac{(x-\frac{\pi}{4})^2}{2!} + \frac{(x-\frac{\pi}{4})^4}{4!} - \cdots \quad (-\infty<x<+\infty),$$

于是

$$\begin{aligned}\sin x &= \sin\left[\left(x-\frac{\pi}{4}\right)+\frac{\pi}{4}\right]\\&=\frac{1}{\sqrt{2}}\sin\left(x-\frac{\pi}{4}\right)+\frac{1}{\sqrt{2}}\cos\left(x-\frac{\pi}{4}\right)\\&=\frac{1}{\sqrt{2}}\left[1+\left(x-\frac{\pi}{4}\right)-\frac{\left(x-\frac{\pi}{4}\right)^2}{2!}-\frac{\left(x-\frac{\pi}{4}\right)^3}{3!}+\cdots\right]\quad(-\infty<x<+\infty).\end{aligned}$$

10.7　傅里叶级数

10.7.1　三角级数与三角函数系

将函数 $f(x)$展开成函数项级数,实际上就是把 $f(x)$表示成无限多个简单函数的叠加,前面讨论的幂级数就是由一列非常简单的函数

$$1,x,x^2,x^3,\cdots$$

叠加而成的.在周期函数中有一种函数既常见又简单,那就是三角函数.因此在展开周期函数的时候,人们自然会想到:能不能将一个复杂的周期函数展开成无限多个简单的正弦函数和余弦函数的叠加?

为了深入研究这个问题,我们先介绍一些相关概念.

定义 10.7.1　函数列

$$1,\cos x,\sin x,\cos 2x,\sin 2x,\cdots,\cos nx,\sin nx,\cdots$$

称为**三角函数系**.这些函数的叠加

$$\frac{a_0}{2}+(a_1\cos x+b_1\sin x)+(a_2\cos 2x+b_2\sin 2x)+\cdots$$

称为**三角级数**.

由于三角函数系中每个函数都以 2π 为周期,它们叠加成的三角级数如果收敛,和函数一定以 2π 为周期.而且讨论三角函数系的性质时,也只要考察一个长为 2π 的区间即可,一般选取区间$[-\pi,\pi]$.对于任意正整数 m 和 n,不难验证

$$\int_{-\pi}^{\pi}\cos nx\,\mathrm{d}x=\int_{-\pi}^{\pi}\sin nx\,\mathrm{d}x=0,$$

$$\int_{-\pi}^{\pi}\cos nx\cos mx\,\mathrm{d}x=\int_{-\pi}^{\pi}\sin nx\sin mx\,\mathrm{d}x=\begin{cases}0, & m\neq n,\\ \pi, & m=n,\end{cases}$$

$$\int_{-\pi}^{\pi}\sin nx\cos mx\,\mathrm{d}x=0.$$

以上性质称为三角函数系的正交性.将周期函数展开成三角级数时,这些性质会发挥重要作用.

10.7.2 函数展开成傅里叶级数

设 $f(x)$ 是周期为 2π 的函数,且可展开成三角级数

$$f(x)=\frac{a_0}{2}+\sum_{n=1}^{\infty}(a_n\cos nx+b_n\sin nx). \tag{10.7.1}$$

下面考察 $f(x)$ 与三角级数的系数 $a_0,a_n,b_n(n=1,2,\cdots)$ 之间的关系.为此,假设式(10.7.1)右边在 $[-\pi,\pi]$ 可逐项求积分,且 $f(x)$ 在 $[-\pi,\pi]$ 可积.于是对 $f(x)$ 的展开式两边同时求积分,并根据三角函数系的正交性,有

$$\int_{-\pi}^{\pi}f(x)\mathrm{d}x=\frac{a_0}{2}\int_{-\pi}^{\pi}\mathrm{d}x+\sum_{n=1}^{\infty}\left(a_n\int_{-\pi}^{\pi}\cos nx\mathrm{d}x+b_n\int_{-\pi}^{\pi}\sin nx\mathrm{d}x\right)=\pi a_0,$$

于是

$$a_0=\frac{1}{\pi}\int_{-\pi}^{\pi}f(x)\mathrm{d}x.$$

将展开式两边同乘 $\cos kx$ 后再积分,则有

$$\begin{aligned}&\int_{-\pi}^{\pi}f(x)\cos kx\mathrm{d}x\\&=\frac{a_0}{2}\int_{-\pi}^{\pi}\cos kx\mathrm{d}x+\sum_{n=1}^{\infty}\left(a_n\int_{-\pi}^{\pi}\cos nx\cos kx\mathrm{d}x+b_n\int_{-\pi}^{\pi}\sin nx\cos kx\mathrm{d}x\right)\\&=a_k\int_{-\pi}^{\pi}\cos^2 kx\mathrm{d}x=\pi a_k,\end{aligned}$$

于是得

$$a_k=\frac{1}{\pi}\int_{-\pi}^{\pi}f(x)\cos kx\mathrm{d}x\quad(k=1,2,\cdots).$$

类似地,将展开式两边同乘 $\sin kx$ 后再积分,可得

$$b_k=\frac{1}{\pi}\int_{-\pi}^{\pi}f(x)\sin kx\mathrm{d}x\quad(k=1,2,\cdots).$$

注意到当 $k=0$ 时,a_k 的表达式仍然成立,于是以上结果可以合并成**欧拉公式**:

$$a_n=\frac{1}{\pi}\int_{-\pi}^{\pi}f(x)\cos nx\mathrm{d}x\quad(n=0,1,2,\cdots),$$

$$b_n=\frac{1}{\pi}\int_{-\pi}^{\pi}f(x)\sin nx\mathrm{d}x\quad(n=1,2,\cdots).$$

按欧拉公式计算出来的系数 $a_0,a_1,b_1,\cdots$ 称为函数 $f(x)$ 的**傅里叶系数**.由这些系数确定的三角级数

$$\frac{a_0}{2}+\sum_{n=1}^{\infty}(a_n\cos nx+b_n\sin nx)$$

称为函数 $f(x)$ 的**傅里叶级数**,记为

$$f(x)\sim\frac{a_0}{2}+\sum_{n=1}^{\infty}(a_n\cos nx+b_n\sin nx).$$

由于上式右边的傅里叶级数是否收敛于 $f(x)$ 尚待考察，因此式中不用“=”号，而用“~”号.

在应用上，常常只给定 $f(x)$ 在某个长为 2π 的区间上的取值. 为了将 $f(x)$ 展开成傅里叶级数，就要先拓展 $f(x)$ 的定义域，使其成为以 2π 为周期的函数. 举例说明如下.

例 10.7.1　求函数 $f(x)=x(-\pi<x<\pi)$ 的傅里叶级数.

分析　题设中只给出了 $(-\pi,\pi)$ 内 $f(x)$ 的表达式，但我们可以把 $f(x)$ 设想成以 2π 为周期的函数. 保持 $f(x)$ 在 $(-\pi,\pi)$ 内的取值不变，由周期性易知对任意整数 k，

$$f(x)=x-2k\pi\quad (2k-1)\pi<x<(2k+1)\pi,$$

图 10.3 给出了 $f(x)$ 的图像.

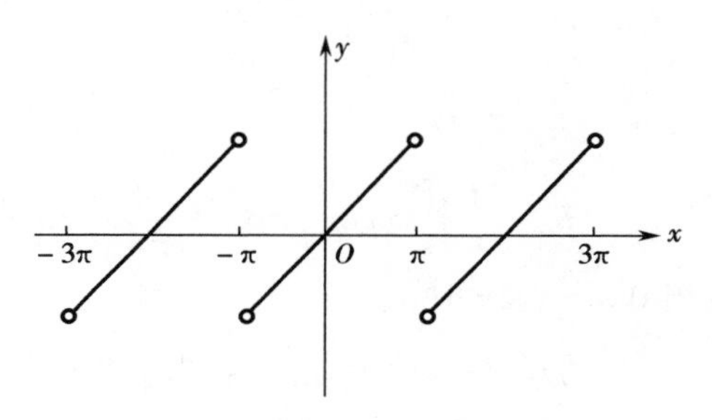

图 10.3　例 10.7.1 图

解　由欧拉公式 $a_n=\frac{1}{\pi}\int_{-\pi}^{\pi}x\cos nx\,\mathrm{d}x$ 及 $x\cos nx$ 为奇函数可知

$$a_n=0\quad (n=0,1,2,\cdots),$$

$$\begin{aligned}b_n&=\frac{1}{\pi}\int_{-\pi}^{\pi}x\sin nx\,\mathrm{d}x\\&=\frac{1}{\pi n^2}(\sin nx-nx\cos nx)\Big|_{-\pi}^{\pi}\\&=(-1)^{n+1}\frac{2}{n}.\end{aligned}$$

于是当 $-\pi<x<\pi$ 时，

$$f(x)\sim 2\left(\sin x-\frac{\sin 2x}{2}+\frac{\sin 3x}{3}-\cdots\right).$$

从例 10.7.1 中可以看出，当 $f(x)$ 在 $(-\pi,\pi)$ 上为奇函数时，$f(x)\cos nx$ 也为奇函数，从而 $a_n=\frac{1}{\pi}\int_{-\pi}^{\pi}f(x)\cos nx\,\mathrm{d}x=0(n=0,1,2,\cdots)$. 此时 $f(x)$ 的傅里叶级数为 $\sum_{n=1}^{\infty}b_n\sin nx$，它是由无限多个正弦函数叠加而成的，故称为**正弦级数**.

类似地，若 $f(x)$ 在 $(-\pi,\pi)$ 上为偶函数，则必有

$$b_n=\frac{1}{\pi}\int_{-\pi}^{\pi}f(x)\sin nx\,\mathrm{d}x=0\quad (n=1,2,3,\cdots),$$

此时 $f(x)$ 的傅里叶级数为余弦级数 $\frac{a_0}{2}+\sum_{n=1}^{\infty}a_n\cos nx$.

例 10.7.2　求 $f(x)=x$ 在 $[0,2\pi]$ 上的傅里叶级数.

分析　首先将 $f(x)$ 改造成以 2π 为周期的函数. 注意到 $f(0)\neq f(2\pi)$，这不符合 $f(x)$ 的周期性. 因此，需要先统一 $f(0)$ 与 $f(2\pi)$ 的取值：可以任意指定一个数值，如令 $f(0)=f(2\pi)=0$. 也可以假设 $f(0)$ 和 $f(2\pi)$ 无定义，这两种方式计算出来的傅里叶级数完全相同. 这里采用后一种方式(如图 10.4).

解　由 $f(x)$ 的周期性可知

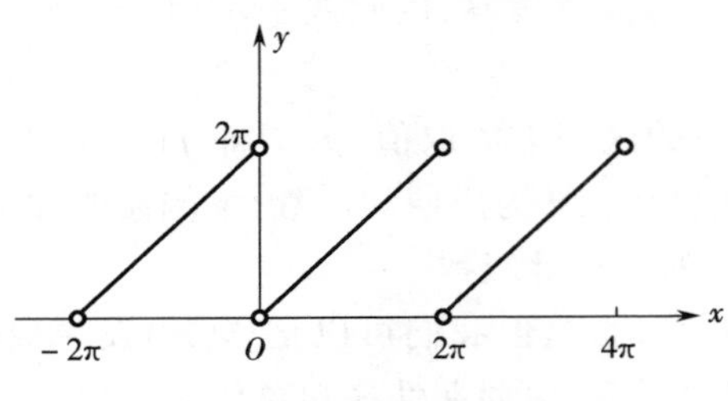

图 10.4 例 10.7.2 图

$$a_0=\frac{1}{\pi}\int_{-\pi}^{\pi}f(x)\mathrm{d}x=\frac{1}{\pi}\int_0^{2\pi}f(x)\mathrm{d}x=\frac{1}{\pi}\int_0^{2\pi}x\mathrm{d}x=2\pi.$$

类似地，当 $n\geqslant1$ 时，

$$a_n=\frac{1}{\pi}\int_0^{2\pi}x\cos nx\mathrm{d}x=\frac{1}{\pi n^2}(\cos nx+nx\sin nx)\Big|_0^{2\pi}=0,$$

$$b_n=\frac{1}{\pi}\int_0^{2\pi}x\sin nx\mathrm{d}x=\frac{1}{\pi n^2}(\sin nx-nx\cos nx)\Big|_0^{2\pi}=-\frac{2}{n}.$$

故当 $0\leqslant x\leqslant2\pi$ 时，

$$f(x)\sim\pi-2\left(\sin x+\frac{\sin 2x}{2}+\frac{\sin 3x}{3}+\cdots\right).$$

10.7.3 傅里叶级数的收敛性

给出函数 $f(x)$的傅里叶级数之后，需要研究的问题是：傅里叶级数在什么条件下收敛？是否收敛于 $f(x)$？为此，我们引进傅里叶级数收敛的充分性定理(不加证明).

定理 10.7.1 (狄尼(Dini)定理) 设函数 $f(x)$在区间$[-\pi,\pi]$上逐段光滑，则 $f(x)$的傅里叶级数在 $f(x)$的连续点 x 处收敛于$f(x)$，在 $f(x)$的间断点 x 处收敛于 $\frac{1}{2}[f(x-0)+f(x+0)]$.

当我们在$[-\pi,\pi]$上求傅里叶级数的时候，总是假定 $f(x)$以 2π 为周期. 因此由狄尼定理可以得到傅里叶级数的区间端点是 $\pm\pi$ 处的收敛情况.

推论 设 $f(x)$在$[-\pi,\pi]$上逐段光滑，则 $f(x)$的傅里叶级数在 $x=\pm\pi$ 收敛于 $\frac{1}{2}[f(\pi-0)+f(-\pi+0)]$.

根据狄尼定理，例 10.7.1 中 $f(x)=x$ 在$(-\pi,\pi)$上的展开式

$$2\left(\sin x-\frac{\sin 2x}{2}+\frac{\sin 3x}{3}-\cdots\right)=\begin{cases}x, & -\pi<x<\pi,\\0, & x=\pm\pi,\end{cases}$$

于是有

$$x=2\left(\sin x-\frac{\sin 2x}{2}+\frac{\sin 3x}{3}-\cdots\right),\quad -\pi<x<\pi.$$

类似地，例 10.7.2 中 $f(x)=x$ 在$[0,2\pi]$上的展开式可写成

$$x\sim\pi-2\left(\sin x-\frac{\sin 2x}{2}+\frac{\sin 3x}{3}-\cdots\right)=\begin{cases}x, & 0<x<2\pi,\\ \pi, & x=0 \text{ 或 } 2\pi.\end{cases}$$

此外，还有许多判定傅里叶级数收敛性的充分性定理，例如定理 10.7.2.

定理 10.7.2　（狄利克雷（Dirichlet）定理） 设函数 $f(x)$ 在区间 $[-\pi,\pi]$ 上逐段连续，且至多只有有限个极值点，则 $f(x)$ 的傅里叶级数在 $f(x)$ 连续点 x 处收敛于 $f(x)$，在 $f(x)$ 的间断点 x 处收敛于 $\frac{1}{2}[f(x-0)+f(x+0)]$，在端点 $\pm\pi$ 处收敛于 $\frac{1}{2}[f(\pi-0)+f(-\pi+0)]$.

定理 10.7.1 和定理 10.7.2 都指出了傅里叶级数收敛的充分性条件. 前者允许 $f(x)$ 在 $[-\pi,\pi]$ 上有无穷多个极值点，但光滑性要求必须满足；后者只允许 $f(x)$ 在 $[-\pi,\pi]$ 上有有限个极值点，但对 $f'(x)$ 是否存在没有要求，因此这两个定理有着不尽相同的适用范围，不能相互替代.

例 10.7.3　将函数

$$f(x)=\begin{cases}-x, & -\pi\leqslant x<0,\\ x, & 0\leqslant x\leqslant\pi\end{cases}$$

展开成傅里叶级数.

解　$f(x)$ 在区间 $[-\pi,\pi]$ 上满足狄尼定理的条件. 如果将 $f(x)$ 拓展成以 2π 为周期的函数，则 $f(x)$ 在 $\mathbf{R}$ 上连续（如图 10.5）. 因此，$f(x)$ 展开成的傅里叶级数处处收敛于 $f(x)$.

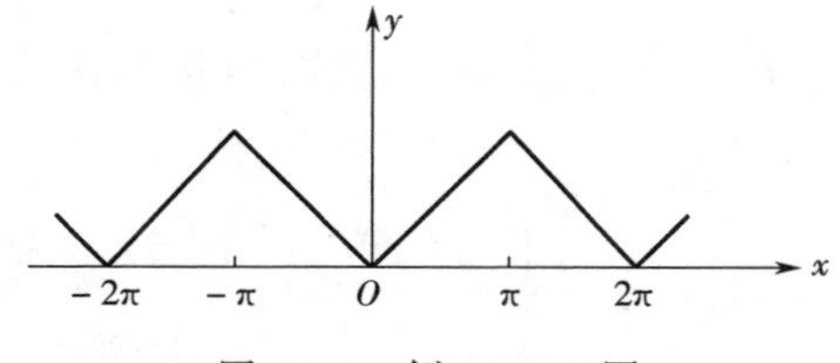

图 10.5　例 10.7.3 图

由于 $f(x)$ 为偶函数，所以 $b_n=0(n=1,2,3,\cdots)$.

$$a_0=\frac{1}{\pi}\int_{-\pi}^{\pi}f(x)\mathrm{d}x=\frac{2}{\pi}\int_0^{\pi}x\mathrm{d}x=\pi,$$

$$a_n=\frac{2}{\pi}\int_0^{\pi}x\cos nx\mathrm{d}x=\frac{1}{\pi}\left(\frac{x\sin nx}{n}+\frac{\cos nx}{n^2}\right)\Big|_0^{\pi}$$

$$=\frac{2}{n^2\pi}(\cos n\pi-1)=\begin{cases}-\dfrac{4}{n^2\pi}, & n=1,3,5,\cdots,\\ 0, & n=2,4,6,\cdots.\end{cases}$$

于是 $f(x)$ 的傅里叶展开式为

$$f(x)=\frac{\pi}{2}-\frac{4}{\pi}\left(\cos x+\frac{1}{3^2}\cos 3x+\frac{1}{5^2}\cos 5x+\cdots\right),\quad x\in[-\pi,\pi].$$

10.7.4　任意区间上函数的傅里叶级数

1. 区间为 $[-l,l]$（常数 $l>0$）的情形

在很多情况下，我们已知函数 $f(x)$ 在 $[-l,l]$ 上的定义，并且需要将 $f(x)$ 在 $[-l,l]$ 上展开成傅里叶级数. 这时，只要作代换 $t=\frac{\pi x}{l}$，则新的自变量 t 的取值范围就是$[-\pi,\pi]$.于是前面求傅里叶系数的方法及判定傅里叶级数收敛的定理仍然成立.最后,再将自变量 t 换成$\frac{\pi x}{l}$即可.此时得欧拉公式:

$$a_n=\frac{1}{l}\int_{-l}^{l}f(x)\cos\frac{n\pi x}{l}\mathrm{d}x\quad(n=0,1,2,\cdots),$$

$$b_n=\frac{1}{l}\int_{-l}^{l}f(x)\sin\frac{n\pi x}{l}\mathrm{d}x\quad(n=1,2,\cdots),$$

于是 $f(x)$可展成傅里叶级数

$$f(x)\sim\frac{a_0}{2}+\sum_{n=1}^{\infty}\left(a_n\cos\frac{n\pi x}{l}+b_n\sin\frac{n\pi x}{l}\right).$$

2.区间为$[a,b]$的情形

若需要将 $f(x)$在$[a,b]$上展开成傅里叶级数,则可作代换 $t=\frac{2\pi}{b-a}\left(x-\frac{a+b}{2}\right)$,于是就有 $-\pi\leqslant t\leqslant\pi$.与前面类似,可求出傅里叶级数.

此外,还可以令 $l=\frac{b-a}{2}$,并将 $f(x)$拓展为以 $2l$ 为周期的函数.这样就可确定 $f(x)$在$[-l,l]$上的表达式,再按前面的方法展开 $f(x)$.由欧拉公式及 $f(x)$的周期性,就有

$$a_n=\frac{1}{l}\int_{-l}^{l}f(x)\cos\frac{n\pi x}{l}\mathrm{d}x=\frac{1}{l}\int_{a}^{b}f(x)\cos\frac{n\pi x}{l}\mathrm{d}x\quad(n=0,1,2,\cdots),$$

类似地,

$$b_n=\frac{1}{l}\int_{a}^{b}f(x)\sin\frac{n\pi x}{l}\mathrm{d}x\quad(n=1,2,\cdots).$$

例 10.7.4 试求周期为 π 的函数

$$f(x)=x^2\quad(0\leqslant x<\pi)$$

的傅里叶展开式(如图 10.6).

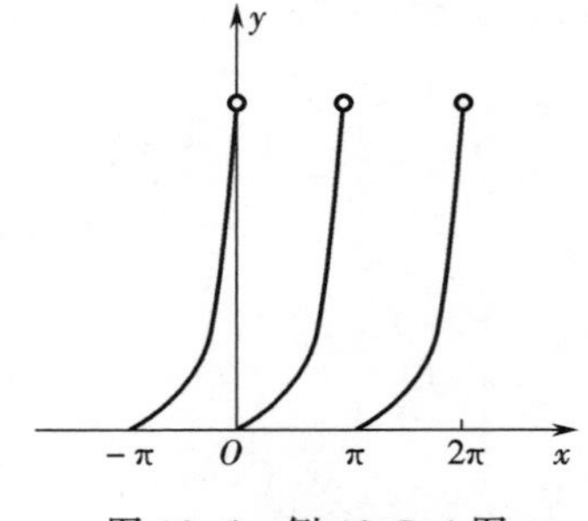

图 10.6 例 10.7.4 图

解 令 $l=\frac{\pi}{2}$,由欧拉公式,有

$$a_0=\frac{2}{\pi}\int_0^{\pi}x^2\mathrm{d}x=\frac{2}{3}\pi^2.$$

当 $n\geqslant1$ 时,

$$a_n=\frac{2}{\pi}\int_0^{\pi}x^2\cos 2nx\mathrm{d}x=\frac{1}{n\pi}x^2\sin 2nx\Big|_0^{\pi}-\frac{2}{n\pi}\int_0^{\pi}x\sin 2nx\mathrm{d}x$$
$$=0+\frac{1}{n^2\pi}x\cos 2nx\Big|_0^{\pi}-\frac{1}{n^2\pi}\int_0^{\pi}\cos 2nx\mathrm{d}x=\frac{1}{n^2},$$

$$b_n=\frac{2}{\pi}\int_0^{\pi}x^2\sin 2nx\mathrm{d}x=-\frac{1}{n\pi}x^2\cos 2nx\Big|_0^{\pi}+\frac{2}{n\pi}\int_0^{\pi}x\cos 2nx\mathrm{d}x$$
$$=-\frac{\pi}{n}+\frac{1}{n^2\pi}x\sin 2nx\Big|_0^{\pi}-\frac{1}{n^2\pi}\int_0^{\pi}\sin 2nx\mathrm{d}x=-\frac{\pi}{n}.$$

于是得到傅里叶展开式,并根据狄尼定理,有

$$f(x) \sim \frac{\pi^2}{3} + \sum_{n=1}^{\infty}\left(\frac{1}{n^2}\cos 2nx - \frac{\pi}{n}\sin 2nx\right)$$
$$= \begin{cases} f(x), & x \neq k\pi (k \in \mathbf{Z}), \\ \frac{\pi^2}{2}, & x = k\pi (k \in \mathbf{Z}). \end{cases}$$

10.7.5 奇延拓与偶延拓

在实际应用中，常常要将定义在$[0,l]$上的函数 $f(x)$展开成正弦级数或余弦级数.很明显，正弦级数如果收敛，其和函数必为奇函数.反过来，奇函数的傅里叶级数也一定是正弦级数(见例 10.7.1 之后的讨论).因此，只要适当给出 $f(x)$在$[-l,0]$上的定义，使 $f(x)$为$[-l,l]$上的奇函数，再延拓为以 $2l$ 为周期的函数，即可将 $f(x)$展开成正弦级数，这种方法称为奇延拓.类似地，先将 $f(x)$延拓为$[-l,l]$上的偶函数，再延拓为以 $2l$ 为周期的函数，则会得到余弦级数，这就是偶延拓.

1.奇延拓

设 $f(x)$在$[0,l]$上可积，作奇函数

$$F(x) = \begin{cases} -f(-x), & -l < x < 0, \\ 0, & x = \pm l \text{ 或 } 0, \\ f(x), & 0 < x < l. \end{cases}$$

再将 $F(x)$延拓到$(-\infty,\infty)$，使其以 $2l$ 为周期，则可得欧拉公式

$$a_n = 0 \quad (n = 0,1,2,\cdots),$$

$$b_n = \frac{2}{l}\int_0^l f(x)\sin\frac{n\pi x}{l}dx \quad (n = 1,2,\cdots).$$

在$(-\infty,\infty)$上，

$$F(x) \sim \sum_{n=1}^{\infty} b_n \sin\frac{n\pi x}{l}.$$

故在$[0,l]$上，

$$f(x) \sim \sum_{n=1}^{\infty} b_n \sin\frac{n\pi x}{l}.$$

2.偶延拓

设 $f(x)$在$[0,l]$上可积，作偶函数

$$F(x) = \begin{cases} f(-x), & -l \leqslant x < 0, \\ f(x), & 0 \leqslant x \leqslant l. \end{cases}$$

再以 $2l$ 为周期将 $F(x)$延拓到$(-\infty,\infty)$.于是有欧拉公式

$$a_n = \frac{2}{l}\int_0^l f(x)\cos\frac{n\pi x}{l}dx \quad (n = 0,1,2,\cdots),$$

$$b_n = 0 \quad (n = 1,2,\cdots).$$

在$(-\infty,\infty)$上，

$$F(x)\sim\frac{a_0}{2}+\sum_{n=1}^{\infty}a_n\cos\frac{n\pi x}{l}.$$

故在$[0.l]$上，

$$f(x)\sim\frac{a_0}{2}+\sum_{n=1}^{\infty}a_n\cos\frac{n\pi x}{l}.$$

例 10.7.5 将 $f(x)=\frac{\pi-x}{2}\quad(0\leqslant x\leqslant\pi)$分别展开成正弦级数和余弦级数.

解 延拓后的函数如图 10.7 所示.

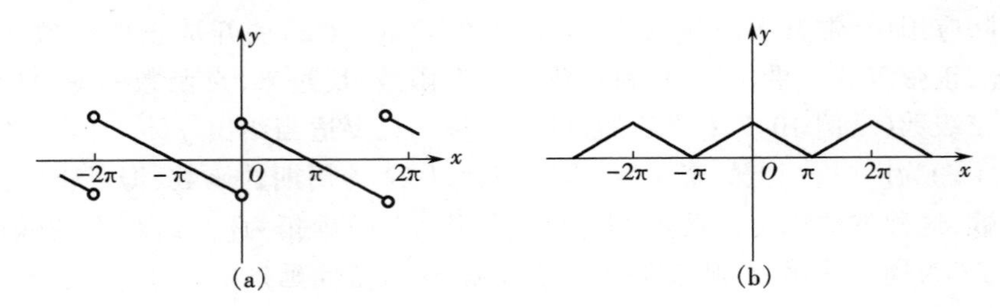

图 10.7 例 10.7.5 图

(a)奇延拓 (b)偶延拓

(1)正弦级数

将 $f(x)$作奇延拓后,按欧拉公式

$$a_n=0\quad(n=0,1,2,\cdots),$$

$$b_n=\frac{2}{l}\int_0^l f(x)\sin\frac{n\pi x}{l}\mathrm{d}x=\frac{2}{\pi}\int_0^{\pi}\frac{\pi-x}{2}\sin nx\mathrm{d}x=\frac{1}{n}\quad(n=1,2,\cdots).$$

于是得到正弦级数.又根据狄尼定理,有

$$f(x)\sim\sum_{n=1}^{\infty}\frac{1}{n}\sin nx=\begin{cases}\frac{\pi-x}{2}, & 0<x\leqslant\pi,\\ 0, & x=0.\end{cases}$$

(2)余弦级数

将 $f(x)$作偶延拓后,按欧拉公式

$$a_0=\frac{2}{l}\int_0^l f(x)\mathrm{d}x=\frac{2}{\pi}\int_0^{\pi}\frac{\pi-x}{2}\mathrm{d}x=\frac{\pi}{2},$$

$$a_n=\frac{2}{l}\int_0^l f(x)\cos\frac{n\pi x}{l}\mathrm{d}x=\frac{2}{\pi}\int_0^{\pi}\frac{\pi-x}{2}\cos nx\mathrm{d}x$$

$$=\frac{1}{n^2\pi}(1-\cos n\pi)=\begin{cases}\frac{2}{n^2\pi}, & n\text{ 为奇数},\\ 0, & n\text{ 为偶数}.\end{cases}$$

于是得到余弦级数,又根据狄尼定理,有

$$f(x)\sim\frac{\pi}{4}+2\sum_{n=1}^{\infty}\frac{\cos(2n-1)x}{(2n-1)^2\pi}=\frac{\pi-x}{2}\quad(0\leqslant x\leqslant\pi).$$

由以上例子可以看出,无论是奇延拓还是偶延拓,都可以通过$[0,l]$上的积分直接算出傅里叶系数,不必再写出辅助函数 $F(x)$的表达式.另外,同一个函数 $f(x)$在同样的区间上可以展开成不同形式的傅里叶级数,这是初学者需要注意的.

习题 10

1. 根据定义证明下列级数收敛,并求其和:

(1) $\left(\frac{1}{2}+\frac{1}{3}\right)+\left(\frac{1}{2^2}+\frac{1}{3^2}\right)+\cdots+\left(\frac{1}{2^n}+\frac{1}{3^n}\right)+\cdots$;

(2) $\sum\limits_{n=0}^{\infty}\frac{1}{(4n+1)(4n+5)}$;

(3) $\sum\limits_{n=1}^{\infty}(\sqrt{n+2}-2\sqrt{n+1}+\sqrt{n})$.

2. 根据级数的基本性质,判断下列级数的敛散性:

(1) $\sum\limits_{n=1}^{\infty}\sin\frac{n\pi}{6}$;　(2) $\sum\limits_{n=1}^{\infty}\frac{1}{2n}$;

(3) $\sum\limits_{n=1}^{\infty}\left(\frac{\ln^n 2}{2^n}+\frac{1}{3^n}\right)$;　(4) $\sum\limits_{n=1}^{\infty}\frac{1}{\sqrt[n]{3}}$;

(5) $\sum\limits_{n=1}^{\infty}\frac{n-1}{3n+1}\cos\frac{\pi}{n}$.

3. 根据柯西收敛原理,判断下列级数的敛散性:

(1) $\sum\limits_{n=1}^{\infty}\frac{\cos n}{3^n}$;　(2) $\sum\limits_{n=1}^{\infty}(-1)^n\frac{1}{n^2}$;

(3) $\sum\limits_{n=1}^{\infty}\frac{\cos nx-\cos(n+1)x}{n}$.

4. 用比较判别法研究下列级数的敛散性:

(1) $\sum\limits_{n=1}^{\infty}\frac{1}{(2n-1)^2}$;　(2) $\sum\limits_{n=1}^{\infty}\frac{1}{n\sqrt{n+1}}$;

(3) $\sum\limits_{n=1}^{\infty}\frac{n+1}{n(n+2)}$;　(4) $\sum\limits_{n=1}^{\infty}\tan\frac{\pi}{3n}$;

(5) $\sum\limits_{n=1}^{\infty}\left(\frac{n}{3n-1}\right)^n$;　(6) $\sum\limits_{n=1}^{\infty}\frac{1+n}{1+n^2}$;

(7) $\sum\limits_{n=1}^{\infty}\left(\frac{\sqrt{n}}{2n+1}\right)^n$;　(8) $\sum\limits_{n=1}^{\infty}2^n\sin\frac{\pi}{3^n}$;

(9) $\sum\limits_{n=1}^{\infty}(\sqrt[n]{2}-1)^p\quad(p>0)$;　(10) $\sum\limits_{n=2}^{\infty}\frac{1}{(\ln n)^{\ln n}}$.

5. 用根值判别法研究下列级数的敛散性:

(1) $\sum\limits_{n=1}^{\infty}\frac{3^n}{\left(\frac{n+1}{n}\right)^{n^2}}$;　(2) $\sum\limits_{n=1}^{\infty}\left(\cos\frac{1}{n}\right)^{n^3}$;

(3) $\sum_{n=1}^{\infty}\frac{1}{[\ln(n+1)]^n}$；(4) $\sum_{n=1}^{\infty}\frac{2^n}{3^{\ln n}}$.

6. 用比值判别法研究下列级数的敛散性：

(1) $\sum_{n=1}^{\infty}\frac{n!}{3^n}$；(2) $\sum_{n=1}^{\infty}\frac{2^n n!}{n^n}$；

(3) $\sum_{n=1}^{\infty}\frac{(n!)^2}{2^{n^2}}$；(4) $\sum_{n=1}^{\infty}\frac{2n^2-1}{2^n}$；

(5) $\sum_{n=1}^{\infty}\frac{(a+1)(2a+1)\cdots(na+1)}{(b+1)(2b+1)\cdots(nb+1)}(b>a>0)$.

7. 用积分判别法研究级数 $\sum_{n=3}^{\infty}\frac{1}{n\ln n\ln\ln n}$ 的敛散性.

8. 选择适当方法研究下列级数的敛散性：

(1) $\sum_{n=2}^{\infty}\frac{n^{\ln n}}{(\ln n)^n}$；(2) $\sum_{n=1}^{\infty}\frac{4^n}{5^n-3^n}$；

(3) $\sum_{n=1}^{\infty}(\sqrt[n]{n}-1)$；(4) $\sum_{n=1}^{\infty}\frac{1}{\ln(n+1)}\sin\frac{1}{n}$；

(5) $\sum_{n=1}^{\infty}\frac{1}{1+x^{2n}}$；(6) $\sum_{n=1}^{\infty}\frac{3+(-1)^n}{2^n+(-1)^n}$；

(7) $1+\frac{1}{2}-\frac{1}{3}+\frac{1}{4}+\frac{1}{5}-\frac{1}{6}+\cdots$；

(8) $\frac{1}{a+b}+\frac{1}{2a+b}+\frac{1}{3a+b}+\cdots\quad(a>0,b>0)$；

(9) $\sum_{n=1}^{\infty}\frac{x^n}{(1+x)(1+x^2)\cdots(1+x^n)}\quad(x\geqslant 0)$.

9. 设正项级数 $\sum_{n=1}^{\infty}u_n$ 收敛，证明 $\sum_{n=1}^{\infty}u_n^2$ 也收敛，但反之不然.

10. 设正项级数 $\sum_{n=1}^{\infty}u_n$ 收敛，证明 $\sum_{n=1}^{\infty}\sqrt{u_n u_{n+1}}$ 也收敛，试问反之是否成立？

11. 利用级数收敛的必要条件证明：

(1) $\lim_{n\to\infty}\frac{n^n}{(n!)^2}=0$；(2) $\lim_{n\to\infty}\frac{(2n)!}{a^{n!}}=0\quad(a>1)$.

12. 判断下列级数是否收敛.若收敛，是绝对收敛还是条件收敛？

(1) $\sum_{n=1}^{\infty}(-1)^{n-1}\frac{\ln(n+1)}{n}$；(2) $\sum_{n=1}^{\infty}(-1)^{n-1}\frac{2^{n^2}}{n!}$；

(3) $\sum_{n=1}^{\infty}(-1)^{n-1}\frac{1}{n-\ln n}$；(4) $\sum_{n=1}^{\infty}(-1)^{n-1}\frac{1}{n+2\sin n}$；

(5) $\sum_{n=1}^{\infty}\sin(\pi\sqrt{n^2+1})$；(6) $\sum_{n=1}^{\infty}[\frac{(-1)^n}{\sqrt{n}}+\frac{1}{n}]$；

(7) $\sum_{n=1}^{\infty}(-1)^n(\frac{2n+10}{3n-1})^n$；

(8) $\frac{1}{\sqrt{2}-1}-\frac{1}{\sqrt{2}+1}+\frac{1}{\sqrt{3}-1}-\frac{1}{\sqrt{3}+1}+\cdots+\frac{1}{\sqrt{n}-1}-\frac{1}{\sqrt{n}+1}+\cdots$.

13. 若任意项级数 $\sum_{n=1}^{\infty} a_n$ 收敛，并且 $\lim_{n\to\infty}\frac{a_n}{b_n}=1$. 能否断定 $\sum_{n=1}^{\infty} b_n$ 也收敛？

14. 根据函数项级数的部分和函数，讨论级数在指定区间上的一致收敛性.

(1) $S_n(x)=\frac{1}{x+n}, x\in[0,+\infty)$;

(2) $S_n(x)=x^n-x^{2n}, x\in[0,1]$;

(3) $S_n(x)=\sin\frac{x}{n}$

(i) $x\in(-l,l)$，常数 $l>0$，　(ii) $x\in(-\infty,+\infty)$;

(4) $S_n(x)=e^{x-n}\sin nx, x\in[-\pi,\pi]$;

(5) $S_n(x)=x^n(1-x), x\in[0,1]$;

(6) $S_n(x)=\min\{nx,1\}, x\in[0,1]$.

15. 讨论下列级数的一致收敛性.

(1) $\sum_{n=1}^{\infty}\frac{1}{x^2+n^2}, x\in(-\infty,+\infty)$;　(2) $\sum_{n=1}^{\infty}\frac{e^{nx}}{n!}, x\in[-10,10]$;

(3) $\sum_{n=1}^{\infty}\sin\frac{1}{n^2x}, x\in(0,+\infty)$;　(4) $\sum_{n=1}^{\infty}\frac{(-1)^{n-1}x^2}{(1+x^2)^n}, x\in(-\infty,+\infty)$;

(5) $\sum_{n=1}^{\infty}\frac{(-1)^{n-1}}{x^2+n}, x\in(-\infty,+\infty)$;　(6) $\sum_{n=1}^{\infty}x^ne^{-nx}, x\in(0,+\infty)$.

16. 证明函数 $S(x)=\sum_{n=1}^{\infty}\frac{1}{n^x}$ 在 $(1,+\infty)$ 连续，并有连续各阶导数.

17. 求下列幂级数的收敛域：

(1) $\sum_{n=1}^{\infty}\frac{2^nx^n}{n!}$;　(2) $\sum_{n=1}^{\infty}\frac{(n!)^2}{(2n)!}x^n$;

(3) $\sum_{n=1}^{\infty}(1+\frac{1}{2}+\cdots+\frac{1}{n})x^n$;　(4) $\sum_{n=1}^{\infty}\frac{x^{2n}}{2^n}$;

(5) $\sum_{n=1}^{\infty}\frac{x^{2n+1}}{n!}$;　(6) $\sum_{n=1}^{\infty}\frac{x^{n^2}}{n!}$;

(7) $\sum_{n=1}^{\infty}\frac{(x+3)^n}{\sqrt{n}}$;　(8) $\sum_{n=1}^{\infty}n(x-1)^{n-1}$.

18. 应用逐项求导或逐项求积分方法求下列级数的和函数：

(1) $\sum_{n=1}^{\infty}\frac{x^{2n}}{2n}$;　(2) $\sum_{n=1}^{\infty}(-1)^{n-1}\frac{x^{n-1}}{n}$;

(3) $\sum_{n=1}^{\infty}nx^{2n-1}$;　(4) $\sum_{n=1}^{\infty}n^2x^{n-1}$.

19. 设对充分大的 n，$\frac{1}{2}|b_n|\leqslant|a_n|\leqslant 2|b_n|$. 证明级数 $\sum_{n=1}^{\infty}a_nx^n$ 与 $\sum_{n=1}^{\infty}b_nx^n$ 收敛半径

相同.

20. 利用已知展开式将下列函数展开成 x 的幂级数,并指出收敛范围:

(1) $f(x)=e^{-x^2}$; (2) $f(x)=(e^x+1)^2$;

(3) $f(x)=\dfrac{x^5}{1-x}$; (4) $f(x)=\dfrac{1}{6x^2-x-1}$;

(5) $f(x)=\ln\dfrac{1+x}{1-x}$; (6) $f(x)=\ln(x+\sqrt{x^2+1})$;

(7) $f(x)=\dfrac{1}{(x-1)^2}$; (8) $f(x)=(1+x^2)\arctan x$.

21. 将 $f(x)=e^{\frac{x}{a}}$ 展开成 $(x-a)$ 的幂级数.

22. 将 $f(x)=\dfrac{1}{\sqrt{2-x}}$ 展开成 $(x-1)$ 的幂级数.

23. 求下列函数的泰勒级数,并求收敛半径.

(1) $\int_0^x \dfrac{\sin t}{t}\mathrm{d}t$; (2) $\int_0^x \cos t^2\mathrm{d}t$;

(3) $\int_0^x \dfrac{\arctan t}{t}\mathrm{d}t$.

24. 求 $\ln(2-x)$ 在 $x=-1$ 处的幂级数展开式,并求 $\sum\limits_{n=1}^{\infty}\dfrac{1}{n3^n}$ 之值.

25. 设函数

$$f(x)=\sum_{n=1}^{\infty}\frac{x^n}{n^2},x\in[0,1].$$

证明:对任意 $x\in(0,1)$, $f(x)+f(1-x)+\ln x\ln(1-x)=f(1)$.

26. 将下列函数展开成傅里叶级数.

(1) $f(x)=e^{\frac{x}{2}}, -\pi\leqslant x<\pi$; (2) $f(x)=\pi^2-x^2, -\pi<x<\pi$;

(3) $f(x)=\begin{cases}1, & 0\leqslant x\leqslant\lambda,\\ 0, & \lambda<x<2\pi.\end{cases}$

27. 设 $f(x)$ 周期为 π. 证明:若将 $f(x)$ 在 $[-\pi,\pi]$ 上展成傅里叶级数,则

$$a_{2m-1}=b_{2m-1}=0, m=1,2,3,\cdots.$$

28. 将函数 $f(x)=4-x$ 在区间 $[0,4]$ 上展开成傅里叶级数.

29. 将函数 $f(x)=e^x, 0\leqslant x\leqslant\pi$ 展开成正弦级数,并指出它何时收敛于 $f(x)$.

30. 将函数

$$f(x)=\begin{cases}\cos\dfrac{\pi x}{l}, & 0\leqslant x\leqslant\dfrac{l}{2},\\ 0, & \dfrac{l}{2}<x\leqslant l,\end{cases}$$

展开成余弦级数.

31. 试把函数 $f(x)=x, 0\leqslant x\leqslant 1$ 分别展开成:

(1)傅里叶级数; (2)正弦级数; (3)余弦级数.

习题参考答案

习题 7

1. (1) $z=7, z=-5$　(2) $x=2$

2. 7

3. $|AB|=\sqrt{149}, |AC|=\sqrt{146}, |BC|=7$

7. $5\boldsymbol{a}-11\boldsymbol{b}+7\boldsymbol{c}$

8. $\pm\left\{\frac{6}{11},\frac{7}{11},-\frac{6}{11}\right\}$

9. $\left\{\frac{11}{4},-\frac{1}{4},3\right\}$

10. $\boldsymbol{m}=2\boldsymbol{a}-\boldsymbol{b}+\boldsymbol{c}$

11. $\sqrt{129}, 7$

12. $10; \frac{4}{5}, 0, \frac{3}{5}$

13. $\lambda=2\mu$

14. $-\frac{4}{7}$

15. $\sqrt{11}$

16. $\pm\left\{-\frac{1}{3},\frac{2}{3},\frac{2}{3}\right\}$

17. (1) $-8\boldsymbol{j}-24\boldsymbol{k}$　(2) $-\boldsymbol{j}-\boldsymbol{k}$　(3) 2

21. $-\frac{3}{2}, -\frac{1}{2}(|\boldsymbol{a}|^2+|\boldsymbol{b}|^2+|\boldsymbol{c}|^2)$

24. (1) $y-5=0$　(2) $x-3y=0$　(3) $9y-z-2=0$

25. (1) yOz 平面　(2)平行于 z 轴的平面　(3)平行于 y 轴的平面
(4)过原点的平面

26. $\frac{x}{\frac{5}{3}}+\frac{y}{-\frac{5}{4}}+\frac{z}{5}=1$

27. $a=2, b=2, c=-8$

28. (1) $\frac{x}{3}+\frac{y}{-\frac{3}{2}}+\frac{z}{\frac{3}{2}}=1$　(2) $\frac{x}{\frac{3}{2}}+\frac{y}{-3}+\frac{z}{\frac{3}{2}}=3$

29. $d_1=\frac{2}{3}, d_2=\frac{13}{3}, d_3=1$

30. (1) $\arccos\frac{2}{15}$　(2) $\frac{\pi}{2}$

31. (1) $\frac{x-3}{1}=\frac{y-5}{1}=\frac{z+2}{-3}$　(2) $\frac{x}{1}=\frac{y+3}{-3}=\frac{z-2}{-1}$　(3) $\frac{x-3}{2}=\frac{y}{3}=\frac{z+1}{-1}$

32. (1)标准方程: $\frac{x}{4}=\frac{y-4}{1}=\frac{z+1}{-3}$,参数方程: $\begin{cases}x=4t,\\y=t+4,\\z=-3t-1\end{cases}$

(2)标准方程: $\frac{x+5}{3}=\frac{y+8}{2}=\frac{z}{1}$,参数方程: $\begin{cases}x=3t-5,\\y=2t-8,\\z=t\end{cases}$

33. $\frac{\pi}{3}$

34. $\frac{\sqrt{6}}{2}$

35. $\frac{2\sqrt{3}}{3}$

36. (1)平行　(2)垂直

37. $\frac{x}{2}=\frac{y+1}{-3}=\frac{z}{1}$

38. $(x-1)^2+(y-3)^2+(z+2)^2=14$

39. $x^2+y^2+z^2-\frac{7}{2}x-2y-\frac{3}{2}z=0$

40. (1)母线平行 z 轴的椭圆柱面　(2)母线平行 x 的圆柱面

(3)母线平行于 y 轴的抛物柱面

41. $(y+z)^2-4(x+2z)=0$

42. (1) $\begin{cases}\frac{y^2}{25}+\frac{z^2}{4}=1,\\x=0\end{cases}$　(2) $\begin{cases}\frac{y^2}{25}+\frac{z^2}{4}=\frac{5}{9},\\x=2\end{cases}$　(3) $\begin{cases}\frac{x^2}{9}+\frac{z^2}{4}=1,\\y=0\end{cases}$　(4) $\begin{cases}\frac{x^2}{9}+\frac{y^2}{25}=\frac{3}{4},\\z=1\end{cases}$

习题 8

1. (1)有界,闭区域　(2)无界,开区域　(3)无界,开区域

(4)无界,闭区域　(5)无界,闭区域　(6)无界,闭区域

2. (1)闭区域　(2)闭区域　(3)开区域　(4)闭区域　(5)开区域

3. (1) $\{(x,y)\mid xy<4\}$

(2) $\{(x,y)\mid x\in\mathbf{R}$ 且 $|y|\leqslant 1\}$

(3) $\{(x,y)\mid 2k\pi\leqslant x^2+y^2\leqslant(2k+1)\pi, k=0,\pm1,\pm2,\cdots\}$

(4) $\{(x,y)\mid 0<x<p, 0<y<p, x+y>p\}$

4. $f(x,y)=\begin{cases}x^2\frac{1-y}{1+y}, & y\neq -1\\ 0, & x=0 \text{ 且 } y=-1\\ \text{无定义}, & x\neq 0 \text{ 且 } y=-1\end{cases}$

6. (1)不存在　(2)不存在

7. (1) $\lim\limits_{x\to0}\lim\limits_{y\to0}f(x,y)=1$, $\lim\limits_{y\to0}\lim\limits_{x\to0}f(x,y)=-1$, $\lim\limits_{\substack{x\to0\\y\to0}}f(x,y)$不存在

(2) $\lim\limits_{x\to0}\lim\limits_{y\to0}f(x,y)=0$, $\lim\limits_{y\to0}\lim\limits_{x\to0}f(x,y)=0$, $\lim\limits_{\substack{x\to0\\y\to0}}f(x,y)$不存在

8. (1) 0　(2) a　(3) 1　(4) $\ln 2$

9. (1) $\lim\limits_{x\to\infty}\lim\limits_{y\to\infty}f(x,y)=0$, $\lim\limits_{y\to\infty}\lim\limits_{x\to\infty}f(x,y)=1$

(2) $\lim\limits_{x\to+\infty}\lim\limits_{y\to0^+}f(x,y)=\frac{1}{2}$, $\lim\limits_{y\to0^+}\lim\limits_{x\to+\infty}f(x,y)=1$

(3) $\lim\limits_{x\to\infty}\lim\limits_{y\to\infty}f(x,y)=0$, $\lim\limits_{y\to\infty}\lim\limits_{x\to\infty}f(x,y)=1$

(4) $\lim\limits_{x\to0}\lim\limits_{y\to\infty}f(x,y)=0$, $\lim\limits_{y\to\infty}\lim\limits_{x\to0}f(x,y)=1$

(5) $\lim\limits_{x\to1}\lim\limits_{y\to0}f(x,y)=1$, $\lim\limits_{y\to0}\lim\limits_{x\to1}f(x,y)$不存在

10. (1) $(0,0)$　(2) 直线 $x+y=0$

(3) $xy=0$ 上一切点　(4) $x=m\pi, y=n\pi(m,n=0,\pm1,\pm2,\cdots)$

13. (1) $\frac{\partial z}{\partial x}=y+\frac{1}{y}$, $\frac{\partial z}{\partial y}=x-\frac{x}{y^2}$, $\frac{\partial^2 z}{\partial x^2}=0$, $\frac{\partial^2 z}{\partial y^2}=\frac{2x}{y^3}$, $\frac{\partial^2 z}{\partial x\partial y}=1-\frac{1}{y^2}$

(2) $\frac{\partial z}{\partial x}=\sin(x+y)+x\cos(x+y)$, $\frac{\partial z}{\partial y}=x\cos(x+y)$,

$\frac{\partial^2 z}{\partial x^2}=2\cos(x+y)-x\sin(x+y)$, $\frac{\partial^2 z}{\partial y^2}=-x\sin(x+y)$,

$\frac{\partial^2 z}{\partial x\partial y}=\cos(x+y)-x\sin(x+y)$

(3) $\frac{\partial z}{\partial x}=yx^{y-1}$, $\frac{\partial z}{\partial y}=x^y\ln x$, $\frac{\partial^2 z}{\partial x^2}=y(y-1)x^{y-2}$,

$\frac{\partial^2 z}{\partial y^2}=x^y\ln^2 x$, $\frac{\partial^2 z}{\partial x\partial y}=x^{y-1}+yx^{y-1}\ln x$, $x>0$

(4) $\frac{\partial u}{\partial x}=\frac{z}{x}\left(\frac{x}{y}\right)^z$, $\frac{\partial u}{\partial y}=-\frac{z}{y}\left(\frac{x}{y}\right)^z$, $\frac{\partial u}{\partial z}=\left(\frac{x}{y}\right)^z\ln\frac{x}{y}$,

$\frac{\partial^2 u}{\partial x^2}=\frac{z(z-1)}{x^2}\left(\frac{x}{y}\right)^z$, $\frac{\partial^2 u}{\partial y^2}=\frac{z(z+1)}{y^2}\left(\frac{x}{y}\right)^z$, $\frac{\partial^2 u}{\partial z^2}=\left(\frac{x}{y}\right)^z\ln^2\frac{x}{y}$,

$\frac{\partial^2 u}{\partial x\partial y}=-\frac{z^2}{xy}\left(\frac{x}{y}\right)^z$, $\frac{\partial^2 u}{\partial y\partial z}=-\frac{1+z\ln\frac{x}{y}}{y}\left(\frac{x}{y}\right)^z$,

$\frac{\partial^2 u}{\partial z\partial x}=\frac{1+z\ln\frac{x}{y}}{x}\left(\frac{x}{y}\right)^z\left(\frac{x}{y}>0\right)$

14. $1, \frac{1}{2}, \frac{1}{2}$

19. (1) $\mathrm{d}z=\frac{1}{1+y}\mathrm{d}x+\frac{1-x}{(1+y)^2}\mathrm{d}y$　(2) $\mathrm{d}z=\frac{x\mathrm{d}x+y\mathrm{d}y}{x^2+y^2}$

20. $\mathrm{d}x-\mathrm{d}y$, $2(\mathrm{d}y-\mathrm{d}x)(\mathrm{d}y+\mathrm{d}z)$

23. 2(此题利用二阶混合偏导数相等的关系)

24. (1) $2xf'(x^2+y^2+z^2)$, $2f'(x^2+y^2+z^2)+4x^2f''(x^2+y^2+z^2)$, $4xyf''(x^2+y^2+z^2)$

(2) $\dfrac{e^x+3x^2e^{x^3}}{e^x+e^{x^3}}$

(3) $(2\sin t+e^t)\cos t+(2e^t+\sin t)e^t$

(4) $\dfrac{-y}{x^2+y^2}$, $\dfrac{x}{x^2+y^2}$

(5) $(2xy-y^2)\cos t+(x^2-2xy)\sin t$, $5(y^2-2xy)\sin t+s(x^2-2xy)\cos t$, $x=s\cos t$, $y=s\sin t$

(6) $\dfrac{\partial z}{\partial x}=2xf'_1+ye^{xy}f'_2$, $\dfrac{\partial z}{\partial y}=-2yf'_1+xe^{xy}f'_2$

(7) $f'_1+yf'_2+yzf'_3$, $xf'_2+xzf'_3$, xyf'_3

(8) $f''_{11}+xf''_{12}+yf''_{21}+xyf''_{22}+f'_2$

(9) $f''_{11}+\dfrac{1}{y}f''_{12}+\dfrac{1}{y}f''_{21}+\dfrac{1}{y^2}f''_{22}$, $\dfrac{2x}{y^3}f'_2+\dfrac{x^2}{y^4}f''_{22}$, $\dfrac{-1}{y^2}(xf''_{12}+f'_2+\dfrac{x}{y}f''_{22})$

25. $z(x,y)=(2-x)\sin y-\dfrac{1}{y}\ln|1-xy|+y^2$

26. (1) $du=f'(t)\dfrac{xdy-ydx}{x^2}$,

$$d^2u=f''(t)\frac{(xdy-ydx)^2}{x^4}-2f'(t)\frac{dx(xdy-ydx)}{x^3}$$

(2) $du=af'_1dx+bf'_2dy$, $d^2u=a^2f''_{11}dx^2+2abf''_{12}dxdy+b^2f''_{22}dy^2$

27. (1) $\dfrac{\cos x}{2\sin y}$ (2) $-\dfrac{y(xy+2)}{x(xy+3)}$

28. (1) $\dfrac{1+yz\sin(xyz)}{1-xy\sin(xyz)}$, $\dfrac{1+xz\sin(xyz)}{1-xy\sin(xyz)}$

(2) $\dfrac{x^2-yz}{xy-z^2}$, $\dfrac{y^2-xz}{xy-z^2}$

29. (1) $\dfrac{x+y}{x-y}$ (2) $\dfrac{yz}{z^2-xy}$, $\dfrac{xz}{z^2-xy}$

(3) $\dfrac{-1}{\sin 2z}(\sin 2xdx+\sin 2ydy)$ (4) $\dfrac{yz}{e^z-xy}$, $\dfrac{xz}{e^z-xy}$

(5) -1, -1

(6) $\dfrac{-2xzy^3}{(z^2-xy)^3}$, $\dfrac{-2yzx^3}{(z^2-xy)^3}$, $\dfrac{z(z^4-2xyz^2-x^2y^2)}{(z^2-xy)^2}$

31.

(1) $\dfrac{(\sin v+x\cos v)dx-(\sin u-x\cos v)dy}{x\cos v+y\cos u}$, $\dfrac{-(\sin v-y\cos u)dx+(\sin u+y\cos u)dy}{x\cos v+y\cos u}$

(2) $\dfrac{y-z}{x-y}$, $\dfrac{z-x}{x-y}$

32. $-1,0,-\frac{4}{5},\frac{4}{5}$

34. (1) $5+2(x-1)^2-(x-1)(y+2)-(y+2)^2$

(2) $3[(x-1)^2+(y-1)^2+(z-1)^2-(x-1)(y-1)-(x-1)(z-1)-(y-1)(z-1)]+(x-1)^3+(y-1)^3+(z-1)^3-3(x-1)(y-1)(z-1)$

36. $\frac{\pi}{4}+\frac{1}{2}(x+y)+\frac{1}{4}(y^2-x^2)$

37. $\cos\alpha+\sin\alpha$　(1) $\frac{\pi}{4}$　(2) $\frac{5\pi}{4}$　(3) $\frac{3\pi}{4}$与$\frac{7\pi}{4}$

38. (1) $\cos\alpha+\cos\beta+\cos\gamma$　(2) 3

39. (1) $12\boldsymbol{i}+14\boldsymbol{j}-12\boldsymbol{k}$　(2) $\boldsymbol{i}+\boldsymbol{j}$　(3) $\frac{1}{r^2}(x\boldsymbol{i}+y\boldsymbol{j})$

41. (1) $\frac{x-\frac{\pi}{2}}{2}=\frac{y-3}{-2}=\frac{z-1}{3}$, $2x-2y+3z=\pi-3$

(2) $\frac{x-1}{1}=\frac{y-1}{1}=\frac{z-1}{2}$, $x+y+2z=4$

(3) $\frac{x-1}{3}=\frac{y-1}{3}=\frac{z-3}{-1}$, $3x+3y-z=3$

42. $M_1(-1,1,-1)$, $M_2(-\frac{1}{3},\frac{1}{9},-\frac{1}{27})$

43. (1) $z=\frac{\pi}{4}-\frac{1}{2}(x-y)$, $\frac{x-1}{1}=\frac{y-1}{-1}=\frac{z-\frac{\pi}{4}}{2}$

(2) $3x+4y+12z=169$, $\frac{x-3}{3}=\frac{y-4}{4}=\frac{z-12}{12}$

44. $x+4y+6z=\pm 21$

45. (1) $(2,1)$是极小值点，极小值是-28；$(-2,-1)$是极大值点，极大值 28

(2) 极小值点$(0,1)$，极小值 0

(3) 极大值点(a,b)，极大值 a^2b^2

(4) 极大值点$(3,2)$，极大值 36

46. $x_0=\frac{3a-2b}{2a^2-b^2}$, $y_0=\frac{4a-3b}{2(2a^2-b^2)}$　（万尾）

47. $y=-\frac{177}{35}x+\frac{596}{3}$

48. (1) $z(\frac{ab^2}{a^2+b^2},\frac{a^2b}{a^2+b^2})=\frac{a^2b^2}{a^2+b^2}$是极小值

(2) $z(\frac{1}{2},\frac{1}{2})=\frac{1}{4}$是极大值

(3) $u(-\frac{1}{3},\frac{2}{3},-\frac{2}{3})=-3$ 是极小值，$u(\frac{1}{3},\frac{2}{3},\frac{2}{3})=3$ 是极大值

49. (1) $2\sqrt{10}$m, $3\sqrt{10}$m　　(2) $R(6,3)=40$(万元)

(3) $D_1=5, D_2=3$，最大利润为 125

50. 3, -2

习题 9

1. (1) $\iint\limits_D (x+y)^2 d\sigma \geqslant \iint\limits_D (x+y)^3 d\sigma$　　(2) $\iint\limits_D (x+y)^3 d\sigma \geqslant \iint\limits_D (x+y)^2 d\sigma$

(3) $\iint\limits_D \ln(x+y) d\sigma \geqslant \iint\limits_D [\ln(x+y)]^2 d\sigma$　　(4) $\iint\limits_D [\ln(x+y)]^2 d\sigma \geqslant \iint\limits_D \ln(x+y) d\sigma$

2. (1) $\frac{\sqrt{2}}{4}\pi^2 \leqslant I \leqslant \frac{\pi^2}{2}$　　(2) $\frac{8}{\ln 2} \leqslant I \leqslant \frac{16}{\ln 2}$

(3) $36\pi \leqslant I \leqslant 100\pi$　　(4) $0 \leqslant I \leqslant 2$

3. 1

5. (1) $\frac{16}{3}$　(2) 20　(3) $\frac{1}{2}(e^{16}-1)(e^3-e)$　(4) $-\frac{3\pi}{2}$

6. (1) $\frac{32}{3}$　(2) $\frac{64}{15}$　(3) 0　(4) $e-e^{-1}$　(5) $\frac{\pi}{3}$　(6) 0

7. (1) $\int_0^4 dx \int_x^{2\sqrt{x}} f(x,y) dy$ 或 $\int_0^4 dy \int_{\frac{y^2}{4}}^{y} f(x,y) dx$

(2) $\int_0^1 dx \int_0^x f(x,y) dy + \int_1^2 dx \int_0^{2-x} f(x,y) dy$ 或 $\int_0^1 dy \int_y^{2-y} f(x,y) dx$

(3) $\int_0^{2a} dx \int_0^{\sqrt{2ax-x^2}} f(x,y) dy$ 或 $\int_0^a dy \int_{a-\sqrt{a^2-y^2}}^{a+\sqrt{a^2-y^2}} f(x,y) dx$

(4) $\int_1^3 dx \int_x^{3x} f(x,y) dy$ 或 $\int_1^3 dy \int_1^y f(x,y) dx + \int_3^9 dy \int_{\frac{y}{3}}^3 f(x,y) dx$

(5) $$\int_{-2}^2 dx \int_{-\sqrt{16-x^2}}^{-\sqrt{4-x^2}} f(x,y) dy + \int_{-2}^2 dx \int_{\sqrt{4-x^2}}^{\sqrt{16-x^2}} f(x,y) dy$$
$$+ \int_{-4}^{-2} dx \int_{-\sqrt{16-x^2}}^{\sqrt{16-x^2}} f(x,y) dy + \int_2^4 dx \int_{-\sqrt{16-x^2}}^{\sqrt{16-x^2}} f(x,y) dy$$

或

$$\int_{-2}^2 dy \int_{-\sqrt{16-y^2}}^{-\sqrt{4-y^2}} f(x,y) dx + \int_{-2}^2 dy \int_{\sqrt{4-y^2}}^{\sqrt{16-y^2}} f(x,y) dx$$
$$+ \int_{-4}^{-2} dy \int_{-\sqrt{16-y^2}}^{\sqrt{16-y^2}} f(x,y) dx + \int_2^4 dy \int_{-\sqrt{16-y^2}}^{\sqrt{16-y^2}} f(x,y) dx$$

9. (1) $\int_0^2 dy \int_{\frac{y}{2}}^{y} f(x,y) dx + \int_2^4 dy \int_{\frac{y}{2}}^{2} f(x,y) dx$

(2) $\int_0^4 dx \int_{\frac{x}{2}}^{\sqrt{x}} f(x,y) dy$

(3) $\int_0^{2a} dy \int_0^{\sqrt{2ay-y^2}} f(x,y)dx$

(4) $\int_0^1 dy \int_{2-y}^{1+\sqrt{1-y^2}} f(x,y)dx$

(5) $\int_{-1}^0 dy \int_{-2\arcsin y}^{\pi} f(x,y)dx + \int_0^1 dy \int_{\arcsin y}^{\pi-\arcsin y} f(x,y)dx$

(6) $\int_0^1 dy \int_{\sqrt{y}}^{1+\sqrt{1-y^2}} f(x,y)dx$

10. (1) $\int_0^{2\pi} d\theta \int_0^a f(r\cos\theta, r\sin\theta) r dr$

(2) $\int_{-\frac{\pi}{2}}^{\frac{\pi}{2}} d\theta \int_0^{2\cos\theta} f(r\cos\theta, r\sin\theta) r dr$

(3) $\int_0^{2\pi} d\theta \int_a^b f(r\cos\theta, r\sin\theta) r dr$

(4) $\int_0^{\frac{\pi}{4}} d\theta \int_0^{\frac{\sin\theta}{\cos^2\theta}} f(r\cos\theta, r\sin\theta) r dr + \int_{\frac{\pi}{4}}^{\frac{3\pi}{4}} d\theta \int_0^{\csc\theta} f(r\cos\theta, r\sin\theta) r dr$

$+ \int_{\frac{3\pi}{4}}^{\pi} d\theta \int_0^{\frac{\sin\theta}{\cos^2\theta}} f(r\cos\theta, r\sin\theta) r dr$

11. (1) $\int_0^{\frac{\pi}{2}} d\theta \int_0^R f(r^2) r dr$　(2) $\int_0^{\frac{\pi}{2}} d\theta \int_0^{2R\sin\theta} f(r\cos\theta, r\sin\theta) r dr$

(3) $\int_0^{\frac{\pi}{2}} d\theta \int_{(\cos\theta+\sin\theta)^{-1}}^1 f(r\cos\theta, r\sin\theta) r dr$　(4) $\int_0^R r dr \int_0^{\arctan R} f(\tan\theta) d\theta$

12. (1) $\frac{3}{4}\pi a^4$　(2) $\sqrt{2}-1$

13. (1) $\frac{1}{3}a^3$　(2) $(3\ln 3 - 2\ln 2 - 1)\pi$

(3) $\frac{3}{64}\pi^2$　(4) $\pi(1-\frac{1}{e})$

14. (1) $\frac{1}{2}e^4 - e^2$　(2) $\frac{\pi}{8}(\pi-2)$

(3) $14a^4$　(4) $\frac{16}{45}R^5$

15. (1) $\frac{\pi^4}{3}$　(2) $\frac{7}{3}\ln 2$　(3) $\frac{e-1}{2}$　(4) $\frac{1}{2}\pi ab$

16. (1) $e + e^{-1} - 2$　(2) $\frac{5\pi}{6} + \frac{7}{8}\sqrt{3}$

17. (1) $\sqrt{2}\pi h^2$　(2) $\frac{1}{2}\sqrt{a^2b^2+b^2c^2+a^2c^2}$

18. (1) 6π　(2) $\frac{7}{6}\pi$

20. (1) $\int_{-1}^{1}\mathrm{d}x\int_{-\sqrt{1-x^2}}^{\sqrt{1-x^2}}\mathrm{d}y\int_{x^2+y^2}^{1}f(x,y,z)\mathrm{d}z$

(2) $\int_{-1}^{1}\mathrm{d}x\int_{-\sqrt{1-x^2}}^{\sqrt{1-x^2}}\mathrm{d}y\int_{x^2+2y^2}^{2-x^2}f(x,y,z)\mathrm{d}z$

(3) $\int_{0}^{1}\mathrm{d}z\int_{-\sqrt{a^2+z^2}}^{\sqrt{a^2+z^2}}\mathrm{d}y\int_{-\sqrt{a^2-y^2+z^2}}^{\sqrt{a^2-y^2+z^2}}f(x,y,z)\mathrm{d}x$

21. (1) $\int_{0}^{1}\mathrm{d}z\int_{z}^{1}\mathrm{d}y\int_{0}^{z-y}f(x,y,z)\mathrm{d}x$　　(2) $\int_{-1}^{1}\mathrm{d}z\int_{z^2}^{1}\mathrm{d}y\int_{-\sqrt{y-z^2}}^{\sqrt{y-z^2}}f(x,y,z)\mathrm{d}x$

22. (1) $\frac{1}{2}(\ln 2-\frac{5}{8})$　　(2) 0　　(3) $\frac{\pi}{4}h^2R^2$

23. (1) $\frac{5}{8}\pi$　　(2) $\frac{16}{3}\pi$

24. (1) $\frac{7}{6}\pi a^4$　　(2) $\frac{\pi}{10}$

25. (1) $\frac{405}{3}\pi$　　(2) $\frac{243}{14}\sqrt{3}\pi$　　(3) $\pi(2-\sqrt{2})(\mathrm{e}-2)$

26. $\frac{8}{9}\pi abc$

27. (1) $\frac{32}{3}\pi$　　(2) $6\sqrt{2}\pi$

28. (1) $\frac{8}{3}a^4$　　(2) $\bar{x}=\bar{y}=0,\bar{z}=\frac{7}{15}a^2$　　(3) $\frac{112}{45}a^6\rho$

30. $4\pi t^2 f(t^2)$

习题 10

1. (1) $\frac{3}{2}$　　(2) $\frac{1}{4}$　　(3) $1-\sqrt{2}$

2. (1)发散　(2)发散　(3)收敛　(4)发散　(5)发散

3. (1)收敛　(2)收敛　(3)收敛

4. (1)收敛　(2)收敛　(3)发散　(4)发散

(5)收敛　(6)发散　(7)收敛　(8)收敛

(9) $p>1$ 时收敛，$p\leqslant 1$ 时发散　(10)收敛

5. (1)发散　(2)收敛　(3)收敛　(4)发散

6. (1)发散　(2)收敛　(3)收敛　(4)收敛　(5)收敛

7. 发散

8. (1)收敛　(2)收敛　(3)发散　(4)发散

(5) $x>1$ 或 $x<-1$ 时收敛，$-1\leqslant x\leqslant 1$ 时发散

(6)收敛　(7)发散　(8)发散　(9)收敛

10. 不成立

12. (1)条件收敛　(2)发散　(3)条件收敛　(4)条件收敛

(5)条件收敛 (6)发散 (7)绝对收敛 (8)发散

13. 不能断定

14. (1)一致收敛 (2)非一致收敛

(3)(i)一致收敛 (ii)非一致收敛 (4)一致收敛

(5)一致收敛 (6)非一致收敛

15. (1)一致收敛 (2)一致收敛 (3)非一致收敛

(4)一致收敛 (5)一致收敛 (6)一致收敛

17. (1)$(-\infty,+\infty)$ (2)$(-4,4)$ (3)$(-1,1)$ (4)$(-\sqrt{2},\sqrt{2})$

(5)$(-\infty,+\infty)$ (6)$[-1,1]$ (7)$[-4,-2)$ (8)$(0,2)$

18. (1)$-\frac{1}{2}\ln(1-x^2),x\in(-1,1)$ (2)$\frac{1}{x}\ln(1+x),x\in(-1,1]\setminus\{0\}$

(3)$\frac{x}{(1-x^2)^2},x\in(-1,1)$ (4)$\frac{1+x}{(1-x)^3},x\in(-1,1)$

20. (1)$\sum_{n=0}^{\infty}(-1)^n\frac{x^{2n}}{n!},-\infty<x<+\infty$ (2)$4+\sum_{n=1}^{\infty}\frac{(2^n+2)x^n}{n!},-\infty<x<+\infty$

(3)$\sum_{n=5}^{\infty}x^n,-1<x<1$ (4)$\sum_{n=0}^{\infty}\frac{(-3)^{n+1}-2^{n+1}}{5}x^n,-\frac{1}{3}<x<\frac{1}{3}$

(5)$\sum_{n=0}^{\infty}\frac{2}{2n+1}x^{2n+1},-1<x<1$ (6)$\sum_{n=0}^{\infty}\frac{(-1)^n(2n-1)!!}{(2n+1)2^n n!}x^{2n+1}$,

$-1\leqslant x\leqslant 1$

(7)$\sum_{n=1}^{\infty}nx^{n-1},-1<x<1$ (8)$x+\sum_{n=1}^{\infty}(-1)^{n+1}\frac{2}{4n^2-1}x^{2n+1}$

21. $\sum_{n=0}^{\infty}\frac{e}{a^n n!}(x-a)^n,-\infty<x<+\infty$

22. $1+\sum_{n=1}^{\infty}\frac{(2n-1)!!}{(2n)!!}(x-1)^n,0\leqslant x<2$

23. (1)$\sum_{n=1}^{\infty}\frac{(-1)^{n-1}}{(2n-1)(2n-1)!}x^{2n-1},R=+\infty$

(2)$\sum_{n=0}^{\infty}\frac{(-1)^n}{(4n+1)(2n)!}x^{4n+1},R=+\infty$

(3)$\sum_{n=0}^{\infty}(-1)^n\frac{x^{2n+1}}{(2n+1)^2},R=1$

24. $\ln(2-x)=\ln 3-\sum_{n=1}^{\infty}\frac{(x+1)^n}{n\cdot 3^n}$ $(-4\leqslant x<2)$, $\sum_{n=1}^{\infty}\frac{1}{n\cdot 3^n}=\ln\frac{3}{2}$

26.

(1)$f(x)\sim\frac{1}{\pi}(e^{\frac{\pi}{2}}-e^{-\frac{\pi}{2}})+\frac{2(e^{\frac{\pi}{2}}-e^{-\frac{\pi}{2}})}{\pi}\sum_{n=1}^{\infty}(-1)^n\frac{1}{4n^2+1}(\cos nx-2n\sin nx)$

(2)$f(x)\sim\frac{2}{3}\pi^2+\sum_{n=1}^{\infty}(-1)^{n+1}\frac{4}{n^2}\cos nx$

(3) $f(x) \sim \frac{\lambda}{2\pi} + \frac{1}{\pi}\sum_{n=1}^{\infty}\frac{1}{n}[\sin n\lambda\cos nx + (1-\cos n\lambda)\sin nx]$

28. $f(x) \sim 2 - \frac{4}{\pi}\sum_{n=1}^{\infty}\frac{1}{n}\sin\frac{n\pi x}{2}$

$$= \begin{cases} 4-x, & 0<x<4, \\ 2, & x=0 \text{ 或 } 4 \end{cases}$$

29. $f(x) = \frac{2}{\pi}\sum_{n=1}^{\infty}\frac{n}{n^2+1}[1-(-1)^n e^{\pi}]\sin nx, x\in(0,\pi)$

30. $f(x) = \frac{1}{\pi} + \frac{1}{2}\cos\frac{\pi x}{l} + (-1)^{k+1}\frac{2}{\pi}\sum_{k=1}^{\infty}\frac{1}{4k^2-1}\cos\frac{2k\pi x}{l}, 0\leqslant x\leqslant l$

31. (1) $f(x) \sim \frac{1}{2} - \frac{1}{\pi}\sum_{n=1}^{\infty}\frac{\sin(2n\pi x)}{n} = \begin{cases} x, & 0<x<1, \\ \frac{1}{2}, & x=0 \text{ 或 } 1 \end{cases}$

(2) $f(x) \sim \frac{2}{\pi}\sum_{n=1}^{\infty}(-1)^{n+1}\frac{\sin(n\pi x)}{n} = \begin{cases} x, & 0\leqslant x<1, \\ 0, & x=1 \end{cases}$

(3) $f(x) = \frac{1}{2} - \frac{4}{\pi^2}\sum_{k=1}^{\infty}\frac{\cos(2k-1)\pi x}{(2k-1)^2}, 0\leqslant x\leqslant 1$